高等学校新工科计算机类专业教材

C 语言程序设计

主　编　邱少明

副主编　盖荣丽　崔　鑫　赵宏伟　贾龙渊

西安电子科技大学出版社

内 容 简 介

本书以 C 程序设计语言为基础，讲解了程序设计与软件开发的基本概念、方法和基本思路，注重培养读者的程序设计能力、抽象思维能力和逻辑思维能力。

本书主要内容包括程序设计概述、语法规则、数组与指针、函数、结构体与共用体、文件等。全书内容丰富，结构精练，例题典型，习题丰富，实用性强。

本书可以作为高等院校理工科各专业程序设计课程的教材。为方便教师的教与学生的学，本书配有《C 语言程序设计学习指导与实训》(随后由西安电子科技大学出版社出版)及丰富的网络教学资源。

图书在版编目(CIP)数据

C 语言程序设计 / 邱少明主编. —西安：西安电子科技大学出版社，2021.7(2022.7 重印)
ISBN 978-7-5606-6116-2

Ⅰ. ①C…　Ⅱ. ①邱…　Ⅲ. ①C 语言—程序设计—高等学校—教材　Ⅳ. ①TP312.8

中国版本图书馆 CIP 数据核字(2021)第 129190 号

策　　划　明政珠
责任编辑　雷鸿俊
出版发行　西安电子科技大学出版社(西安市太白南路 2 号)
电　　话　(029)88202421　88201467　　邮　　编　710071
网　　址　www.xduph.com　　电子邮箱　xdupfxb001@163.com
经　　销　新华书店
印刷单位　陕西天意印务有限责任公司
版　　次　2021 年 7 月第 1 版　2022 年 7 月第 2 次印刷
开　　本　787 毫米×1092 毫米　1/16　印　张　19.5
字　　数　462 千字
印　　数　1001～4000 册
定　　价　51.00 元
ISBN 978-7-5606-6116-2 / TP
XDUP 6418001-2

前　　言

为适应现代信息社会的发展，培养高素质人才，各高等院校的计算机专业及相关理工科专业非常重视程序设计基础课程，将C语言程序设计课程设为必修课。目前虽然有众多的相关教材与参考书，但大多偏向语法理论内容的介绍，理论知识与实际应用的结合内容不突出，配套的网络习题练习系统、在线判题等资源不够全面，无法满足自学、职业技能及本科等层次的教学需求。本书就是在传统教材的基础上，注重理论知识与实际应用的结合，注重动手实践的过程，结合在线视频、网络习题练习系统、在线判题等手段，加深学生对基本知识的掌握与理解，通过大量线上互动式实践，促进读者动手实践。

本书内容丰富，系统讲述了C语言的基本语法规范，结合大量的典型例题，介绍了常用的程序设计方法，并注重实用性、通用性的编程训练。

全书共9章，主要内容包括：第1章给出了一些简单的实例，使读者对C语言有一个初步的认识；第2章主要介绍了C语言的基础知识，包括数据类型、运算符和表达式；第3章介绍了基本的输入与输出方法；第4章主要介绍了结构化程序设计的常用结构——顺序结构、选择结构和循环结构；第5章主要介绍了数组的定义和引用；第6章主要介绍了函数的概念与调用以及变量的作用域与存储类型；第7章介绍了指针的定义和引用，包括指针与数组、指针与函数之间的关系等；第8章介绍了结构体与共用体的知识及链表的基本操作；第9章主要介绍了磁盘文件与文件类型指针的概念及对文件进行操作的函数的使用。

本书的所有程序均在华为云的CloudIDE环境下编译运行。CloudIDE的编译器为GCC，操作系统为Linux。同时在华为云的Classroom上有全部的例题代码、教学视频等教学资料可供下载，读者可扫描下方华为云Classroom二维码或登录其网址，加入Classroom，并在其中进行课后习题的提交，程序设计题目提交的代码可自动进行判题。

华为云Classroom二维码：

华为云 Classroom 网址：https://classroom.devcloud.huaweicloud.com/ joinclass/87691ff23e ee4fbda551608483cb2ad1/1。

本书由邱少明任主编，盖荣丽、崔鑫、赵宏伟、贾龙渊任副主编。各章编写分工为：第1、2章由赵宏伟编写，第3、4、5章由邱少明编写，第6、8章由盖荣丽编写，第7章由崔鑫编写，第9章由贾龙渊编写。全书由邱少明统编定稿并进行网络资源的建设。

虽然编者力求精准，但由于水平有限，书中难免有疏漏、不妥之处，敬请广大读者批评指正。

编　者

2021年3月

目　　录

第 1 章 概 述

C 语言是计算机界公认的有史以来最重要的语言之一，大部分从事程序设计和开发的人员都必须熟练掌握。C 语言是一门面向过程的、抽象化的通用程序设计语言，广泛应用于计算机系统设计和应用程序编写，比较流行的 UNIX、Windows、Linux 等操作系统都使用 C 语言开发过。

1.1 C 语言简介

1.1.1 C 语言

1. 发展历史

C 语言是在美国 AT&T 公司的贝尔实验室诞生的，最早可以追溯到 1960 年的 ALGOL 60。1963 年，英国剑桥大学推出了 CPL(Combined Programming Language)。CPL 在 ALGOL 60 的基础上更接近硬件，但是规模较大，难以实现。1967 年，剑桥大学的 Martin Richards 对 CPL 做了简化，推出了 BCPL(the Basic Combined Programming Language)。1970 年，美国贝尔实验室的 Ken Thompson 以 BCPL 为基础，进一步简化，设计出简单且接近硬件的 B 语言(取 BCPL 的第一个字母)，并用 B 语言开发了第一个 UNIX 操作系统。1972 年至 1973 年，贝尔实验室的 Dennis M. Ritchie 在 B 语言的基础上设计出了 C 语言(取 BCPL 的第二个字母)。C 语言既保持了 BCPL 和 B 语言的精练、接近硬件的优点，又克服了它们过于简单、数据无类型等缺点。之后，Thompson 和 Ritchie 用 C 语言重写了 UNIX 操作系统。以 1978 年发表的 UNIX 第七版中的 C 编译程序为基础，Brain W. Kernighan 和 Dennis M. Ritchie 合著的《The C Programming Language》问世。1989 年，美国国家标准协会(ANSI)发布了第一个完整的 C 语言标准——ANSI X3.159-1989，简称“C89”(也称其为 ANSI C)。C89 在 1990 年被国际标准化组织 ISO (International Standard Organization)采纳。截至 2020 年，最新的 C 语言标准为 2017 年发布的“C17”。

2. 特点

C 语言是结构化语言，层次清晰，可编写模块化的程序，有利于程序的调试，它依靠非常全面的运算符和多样的数据类型，可以完成各种数据结构的构建，而通过指针类型可对内存直接寻址以及对硬件进行直接操作，因此既能够用于系统开发，也可用于应用软件开发。其主要特点如下：

(1) 语言简洁，使用方便、灵活。C 语言中只有 9 种控制语句和 32 个主要关键字，程序编写时的语法要求不太严格，自由度较大。

(2) 运算符丰富，数据类型多。C 语言中有 34 个运算符，并包含整型、浮点型、字符型、数组类型、指针类型、结构体类型、共用体类型等多种数据类型，能实现各种复杂的数据类型的运算。

(3) 既是高级语言，又具有低级语言的功能。C 语言可以进行位运算，直接访问硬件内存的物理地址，因此可以实现汇编语言的功能，直接对硬件进行操作。C 语言不仅具有高级语言所具备的可读性强的特点，而且具有低级语言的优点，所以经常应用在系统软件编程中。

(4) 生成目标代码质量高，程序执行效率高。C 语言相对其他高级语言来说，可以生成高质量和高效率的目标代码，因此在嵌入式系统软件开发中应用较为广泛。

(5) 可移植性好。C 语言在不同的硬件环境或系统平台中，实现相同功能的代码基本一致，可移植性强。

1.1.2　C 语言的编译、运行及调试

C 语言的程序执行分为编辑、编译、链接和执行 4 个步骤，执行过程如图 1.1 所示。常见的集成开发环境都可以实现这个过程，如 Code::Blocks (开源免费的 C/C++ IDE)、Dev-C++ (可移植的 C/C++ IDE)、CodeLite(开源、跨平台的 C/C++ 集成开发环境)、Visual Studio 系列等。

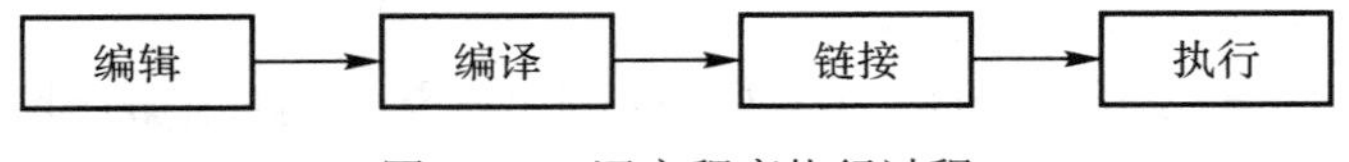

图 1.1　C 语言程序执行过程

【例 1.1】 在屏幕上输出字符串"The C Programming Language"。

程序代码如下：

```
#include <stdio.h>               //头文件
int main()
{   printf("The C Programming Language \n");
    return 0;
}
```

程序运行结果如图 1.2 所示。

```
user@ekwphqrdar-machine:~/Cproject$ gcc 1.1.c
user@ekwphqrdar-machine:~/Cproject$ ./a.out
The C Programming Language
```

图 1.2　例 1.1 程序运行结果

C 语言程序的编写和执行过程具体如下：

(1) 用 C 语言把源代码写好，生成后缀名为 .c 的源文件。如例 1.1 所示，C 语言程序的构成一般如下：

① C 语言是由函数构成的，至少有一个 main()函数；

② 每个函数由函数首部和函数体组成，函数体由说明语句、执行语句组成；

③ 每个 C 语言程序从 main() 函数开始执行，并在 main()函数中结束；

④ 每个语句和数据定义的最后必须加分号；

⑤ C 语言程序无输入、输出语句，输入功能由 scanf()等函数完成，输出功能由 printf()

等函数完成；

⑥ 可加注释 /*……*/ 或 //。

同时，建议初学者采用良好的程序设计书写风格：

① 每条语句占一行；

② 采用缩进格式(可使用 Tab 键)，同一层次的语句从同一位置处开始书写；

③ 适当使用空行，如函数定义之间空一行书写；

④ { }要对齐；

⑤ 学会使用注释。

(2) 对编辑好的 C 语言代码进行编译。C 语言编译器很多，常用的编译器有 GCC(GNU 组织开发的开源免费的编译器)、MinGW(Windows 操作系统下的 GCC)、Visual C++ (Microsoft VC++ 编译器)等。编译器将 C 语言代码进行词法和语法上的解析，然后生成与源文件相对应的目标文件。目标文件在 Windows 系统上一般是 .obj 文件，而在 UNIX/Linux 系统上是 .o 文件。

(3) 通过链接器将编译生成的目标文件链接生成一个最终的可执行文件，Windows 系统上一般为 .exe 文件，而在 UNIX 系统中可执行文件没有后缀。一般所写的程序最终是要在某个操作系统上运行的，因此，即使是一个很简单的程序，也需要操作系统来处理很多事情，程序才能正常运行。操作系统往往会提供一些被称为开发库的文件，编译器产生的目标文件只有和这些库文件结合，才能生成一个可执行程序，才能使编写的程序正常地在某个操作系统上运行。链接器所做的工作就是将所有的二进制文件链接起来融合成一个可执行程序，而不管这些二进制文件是目标二进制文件还是库二进制文件。链接器将二进制文件融合的过程，在计算机中称为“链接”。

(4) 用户在当前操作系统中运行可执行文件。

C 语言的调试一般在两个阶段进行。在编译阶段，编译器可以查找出程序中的语法错误并加以提示，程序员可以在本阶段对语法错误进行修改，没有语法错误才能通过编译，生成目标文件，进而链接生成可执行文件。需要提醒读者的是，可执行文件并不意味着执行结果是正确的。在执行阶段，如果执行结果不正确，说明程序有逻辑错误，需要重新编辑修改源程序代码，重复上述步骤，直至得到正确的结果。

通常应留存 .c 源文件，这样可以在不同平台上使用其对应的集成开发环境对源文件进行编译、链接及执行。

1.2　应用程序示例

本节通过 4 个例题使读者熟悉 C 语言程序的基本构成和书写风格。

1.2.1　算术计算

【例 1.2】 计算两个整数之和。

程序代码如下：

```
#include <stdio.h>                    //头文件
```

```
int main()
{   int data1, data2, sum;
    scanf("%d%d", &data1, &data2);       //从键盘输入两个整数
    sum = data1 + data2;
    printf("Sum = %d\n", sum);
    return 0;
}
```

程序运行结果如图 1.3 所示。

```
user@ekwphqrdar-machine:~/Cproject$ gcc 1.2.c
user@ekwphqrdar-machine:~/Cproject$ ./a.out
3 4
Sum = 7
```

图 1.3　例 1.2 程序运行结果

例 1.2 的功能是求出从键盘输入的两个整数之和，其中将 stdio.h 头文件包含进来的作用是程序中可以使用 scanf()、printf()等标准的输入/输出函数，scanf()函数完成从键盘输入的功能，printf()完成向屏幕输出的功能；int 是整型数据类型，表示后面定义的变量 data1 和 data2 中存放的是整型数据。将程序中的加号“+”替换为减号“-”、乘号“*”或除号“/”即可实现简单的算术运算。

1.2.2　比较与排序

比较与排序是现实生活中常见的计算问题，如数值的大小比较、成绩的高低排序等。

【例 1.3】 比较两个整数的大小并输出较大的一个。

程序代码如下：

```
#include <stdio.h>
int main()
{   int data1, data2;
    scanf("%d%d", &data1, &data2);
    if(data1>data2)
        printf("%d\n", data1);
    else
        printf("%d\n", data2);
    return 0;
}
```

```
user@ekwphqrdar-machine:~/Cproject$ gcc 1.3.c
user@ekwphqrdar-machine:~/Cproject$ ./a.out
56 23
56
user@ekwphqrdar-machine:~/Cproject$ ./a.out
18 86
86
user@ekwphqrdar-machine:~/Cproject$ ./a.out
49 49
49
```

图 1.4　例 1.3 程序 3 种情况的运行结果

程序运行结果如图 1.4 所示。

从例 1.3 可以看出，从键盘输入两个整数的程序代码没有变化，比较大小用到了 if-else 条件判断语句，针对可能存在的 3 种结果(大于、等于和小于)分两种情况进行判断。此外，本例题程序的缩进格式可以借鉴。

思考：两数相等时，执行哪个语句？或者说输出的是 data1 还是 data2？

【例 1.4】 有 5 名同学参加了英语测试，要求按照由高到低的顺序输出其成绩。

程序代码如下：

```c
#include <stdio.h>
#define N 5                              //定义常量N为5，后续出现的N都用5替代
int main()
{   int i, j, t, score[N];
    for(i=0; i<N; i++)                   /*输入N个学生成绩*/
        scanf("%d", &score[i]);
    for(i=0; i<N-1; i++)                 /*对N个成绩从高到低进行排序*/
        for(j=i+1; j<N ; j++ )
            if(score[i]<score[j])
            {   //下面三个语句实现score[i]和score[j]交换
                t=score[i];
                score[i]=score[j];
                score[j]=t;
            }
    for(i=0; i<N; i++)                   /*输出已排序的N个成绩*/
        printf("%d ", score[i]);
    printf("\n");
    return 0;
}
```

程序运行结果如图 1.5 所示。

```
user@ekwphqrdar-machine:~/Cproject$ gcc 1.4.c
user@ekwphqrdar-machine:~/Cproject$ ./a.out
56 99 76 85 63
99 85 76 63 56
```

图 1.5　例 1.4 程序运行结果

从例 1.4 可以看出，从键盘输入或者向屏幕输出多个整数时，不是简单地多次重复使用 scanf()或者 printf()函数，而是使用了一个 for()语句。for()语句是循环控制语句，可以重复执行，执行的次数由 N 决定。排序的算法将在第 5 章进行讲解，读者现在可以借鉴其代码书写的缩进格式。

思考：如果 10 名同学或者更多的同学参加考试，如何修改程序以完成对参加考试的同学成绩进行由高到低排序？如果想将成绩由低到高排序，怎么修改？另外，读者可以思考并分析实现 score[i]和 score[j]交换的 3 个语句。

1.2.3　计算分段函数的值

分段函数是数学上经常用到的函数，可以设计程序计算分段函数的函数值。

【例 1.5】　设计程序计算下面分段函数的函数值：

$$y=\begin{cases}\sin(2x) & x<1\\ 2x-1 & 1\leqslant x<10\\ 1.2^{x}+5 & x\geqslant 10\end{cases}$$

程序代码如下：

```
#include <stdio.h>
#include <math.h>
int main()
{
    double x, y;
    scanf("%lf", &x);
    if(x<1)
        y=sin(2*x);
    else if(x<10)
            y=2*x-1;
        else
            y=pow(1.2, x)+5;
    printf("%lf\n", y);
    return 0;
}
```

程序运行结果如图 1.6 所示。

```
user@ekwphqrdar-machine:~/Cproject$ gcc 1.5.c -lm
user@ekwphqrdar-machine:~/Cproject$ ./a.out
0.785
1.000000user@ekwphqrdar-machine:~/Cproject$
user@ekwphqrdar-machine:~/Cproject$
user@ekwphqrdar-machine:~/Cproject$ gcc 1.5.c -lm
user@ekwphqrdar-machine:~/Cproject$ ./a.out
0.785
1.000000
user@ekwphqrdar-machine:~/Cproject$ ./a.out
8
15.000000
user@ekwphqrdar-machine:~/Cproject$ ./a.out
100
82817979.522014
```

图 1.6　例 1.5 程序运行结果

例 1.5 中将 math.h 头文件包含进来的作用是程序中可以使用求正弦 sin()、求乘方 pow()等数学函数。double 是双精度浮点型数据类型，也就是说其定义的变量可以存放小数。

思考：第二个 if 语句后的条件为什么不用写“x>=1”？第三个 if 语句后面为什么不用写“x>=10”？（“>=”是 C 语言中的大于等于符号，代替“≥”）

本 章 小 结

本章主要介绍了 C 语言程序的构成和书写格式，同时简单介绍了 C 语言的发展历史和特点，主要内容包括：

(1) C 语言的发展历史；

(2) C 语言的特点；

(3) C 语言的编译、运行及调试过程；

(4) 简单程序示例。

习　　题

一、选择题

1. 一个 C 程序的执行是从_________。

(A) 本程序的 main()函数开始，到本程序文件的最后一个函数结束

(B) 本程序文件的第一个函数开始，到本程序文件的最后一个函数结束

(C) 本程序的 main()函数开始，到 main()函数结束

(D) 本程序文件的第一个函数开始，到本程序 main()函数结束

2. 以下叙述不正确的是_________。

(A) 在 C 程序中，注释说明只能位于一条语句的后面

(B) 一个 C 程序必须包含一个 main()函数

(C) C 程序的基本组成单位是函数

(D) 一个 C 程序可由一个或多个函数组成

3. 以下叙述中正确的是_________。

(A) C 语言比其他语言高级

(B) C 语言以接近英语国家的自然语言和数学语言作为语言的表达形式

(C) C 语言可以不用编译就能被计算机识别执行

(D) C 语言出现得最晚，具有其他语言的一切优点

二、填空题

1. C 语言程序的注释总是以_____________符号作为开始标记，以“*/”符号作为结束标记。

2. 在 C 语言中，输入操作是由库函数_____________完成的。

3. 在 C 语言中，输出操作是由库函数_____________完成的。

4. C 程序的执行总是由 main()函数开始，并且在_____________函数中结束。

5. C 语言程序语句的结束符是_____________。

6. 一个完整的 C 程序至少有且仅有一个_____________函数。

三、程序设计题

1. 在屏幕上输出自己的名字。

2. 读入两个双精度浮点数(data1 和 data2)，计算 data1/data2 的值。

3. 比较两个整数的大小并输出较小的一个数。

第 2 章　数据类型、运算符和表达式

如果说 C 语言程序是一篇篇行云流水的文章，那么数据类型、运算符和表达式则是组成文章最基本的字、词、词组以及最根本的语法要求。数据类型规定了程序中数据的组织形式和操作方法；运算符提供了数据之间进行各种运算的方法；表达式描述了某种实际需求的计算形式。本章重点介绍构成 C 语言程序的基本元素。

2.1　数据的表示形式及其运算

C 语言中常用的数据表示形式有二进制、八进制、十进制和十六进制。常用的是十进制，但众所周知，计算机中数据的存储基本上都采用的是二进制，是“0”和“1”的组合。本节简要介绍这几种进制之间的转换。

1. 二进制、八进制、十六进制

所谓的 X 进制，就是指“逢 X 进一”。二进制就是“逢二进一”，每一位上用 0 和 1 计数，到 2 的时候就进一位，用 10 表示；八进制就是“逢八进一”，每一位上用 0～7 计数，到 8 的时候就进一位，用 10 表示；十六进制就是“逢十六进一”，每一位上用 0～9、A～F(表示 10～15)计数，到 16 的时候就进一位，用 10 表示。

2. 十进制转换为二进制、八进制、十六进制

十进制转换为二进制、八进制、十六进制的方法：将十进制数连续除以要转换为的进制数，从低到高记录余数，直到商为 0。

例如：要将 49 转换为二进制，则连续除以 2；以此类推，八进制则连续除以 8，十六进制则连续除以 16，如图 2.1 所示。

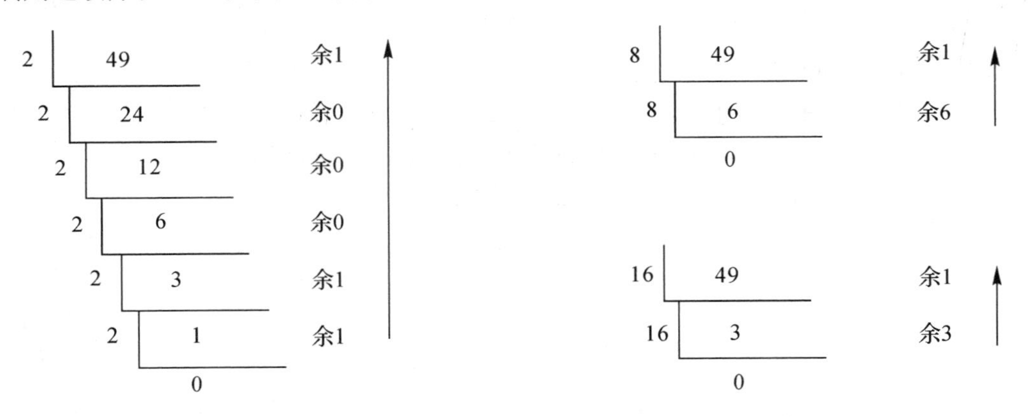

图 2.1　十进制数 49 转换为二进制、八进制、十六进制计算过程

将余数从低到高记录下来，得到的 110001 就是 49 的二进制，可以记作：

$$(49)_{10} = (110001)_2 = (61)_8 = (31)_{16}$$

3. 二进制、八进制、十六进制转换为十进制

二进制、八进制、十六进制转换为十进制的方法：自右向左，当前数位的数字乘以进制的对应次幂(从零开始)，累加求和。

以上面的数字为例：

$$(110001)_2 = 1\times 2^0 + 0\times 2^1 + 0\times 2^2 + 0\times 2^3 + 1\times 2^4 + 1\times 2^5 = (49)_{10}$$

$$(61)_8 = 1\times 8^0 + 6\times 8^1 = (49)_{10}$$

$$(31)_{16} = 1\times 16^0 + 3\times 16^1 = (49)_{10}$$

4. 二进制与八进制、十六进制之间的转换

(1) 二进制与八进制之间的转换。

二进制转换成八进制的方法：从右向左，每 3 位一组(不足 3 位左补 0)，转换成八进制。

八进制转换成二进制的方法：用 3 位二进制数代替每一位八进制数。例如：

$$(1010111)_2 = (001, 010, 111)_2 = (127)_8$$

$$(526)_8 = (101, 010, 110)_2 = (101010110)_2$$

(2) 二进制与十六进制之间的转换。

二进制转换成十六进制的方法：从右向左，每 4 位一组(不足 4 位左补 0)，转换成十六进制。

十六进制转换成二进制的方法：用 4 位二进制数代替每一位十六进制数。例如：

$$(10110101001111)_2 = (0010, 1101, 0100, 1111)_2 = (2D4F)_{16}$$

$$(5C8E)_{16} = (0101, 1100, 1000, 1110)_2 = (101110010001110)_2$$

需要注意的是，上面提到了计算机中的数据基本上都是以二进制形式存储，但在存储形式上，以整数为例，数据在内存中是以二进制补码的形式存储的。这里再说明一下原码、反码和补码的概念。

原码：最高位为符号位(正数为 0，负数为 1)，其余各位为数值本身的绝对值。

反码：正数的反码与原码相同；负数的反码是符号位为 1，其余各位对原码取反；

补码：正数的补码依然与原码相同；负数的补码是最高位为 1，其余各位对原码取反，再对整个数加 1，也就是负数的反码加 1。

原码、反码和补码的对比见表 2.1 所示。

表 2.1　整数的原码、反码、补码表示(按两个字节 16 位存储表示)

数据	原 码	反 码	补 码
2	0000000000000010	0000000000000010	0000000000000010
−2	1000000000000010	1111111111111101	1111111111111110

2.2 数据类型

在计算机系统中，程序运行时的数据都是存储在内存中的，数据的表现形式不同，有

数字、文字、声音、图形、图像等。但不论哪种表现形式，在内存中都是以二进制的形式存储的，那么形如 00001000 这个二进制数，是表示数字 8，还是表示图形中的某个颜色的像素点，还是某个声音呢？为了能够更高效地识别和处理数据，就需要在使用数据之前，将数据的类型事先进行声明。C 语言就是利用数据类型这个概念，来声明数据的类型的。

数据类型有三方面的含义：

(1) 数据在计算机内部的表示方式；

(2) 数据的取值范围；

(3) 在该数据上可以进行的操作。

因此，数据类型不仅仅是规定了一个数据是整数、浮点数或者其他类型的数据，而且还规定了数据的组织形式和操作方法。C 语言的数据类型如图 2.2 所示。

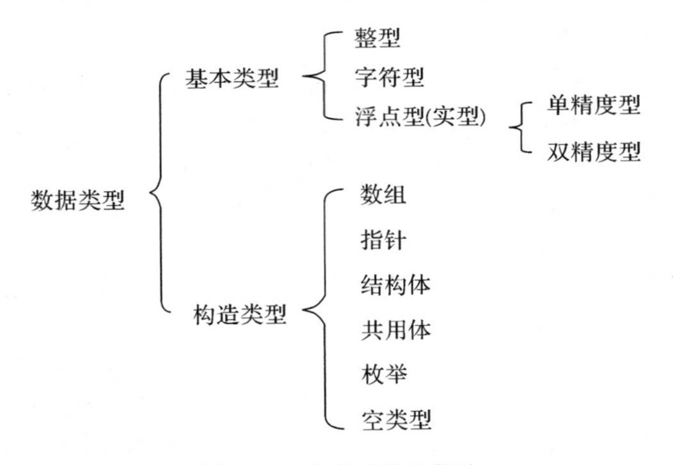

图 2.2　C 语言的数据类型

由以上这些数据类型还可以构成更复杂的数据结构。例如，利用指针和结构体类型可以构成表、树、栈等复杂的数据结构。在程序中对用到的所有数据都必须指定其数据类型。本节主要介绍基本数据类型。

因为数据在使用时都是存储在内存中，而内存的容量是有限的，所以每种数据必须规定使用时在内存中所占的存储容量；根据所占用的存储容量的字节数，可以计算出每种数据类型数据的取值范围。

2.2.1　整型

整型(在 C 语言中，使用关键字 int 表示整型)，即整数类型，指不包含小数部分的数值型数据。按照其占用的内存容量(通常称为字节长度)划分，有 8 位、16 位、32 位、64 位、128 位(大型机)等。

每一种长度的整数又分为有符号(signed)和无符号(unsigned)两种类型，这里的符号是指数学中的正号“+”和负号“-”，无符号就表示不区分正负，全部都是正整数。一般情况下，如果没有明确表示是有符号还是无符号的，默认为有符号(signed)类型。

根据其表示的长度的不同和有无符号的区别，整型数据的表示范围也不相同，常用的整型数据分类如表 2.2 所示。

表 2.2　整型数据分类

类型名称	类型关键字	字节数	位数	表 示 范 围
短整型	signed short int	2	16	−32768～32767(-2^{15}～$2^{15}-1$)
无符号短整型	unsigned short int	2	16	0～65535(0～$2^{16}-1$)
整型	signed int	4	32	−2147483648～2147483647(-2^{31}～$2^{31}-1$)
无符号整型	unsigned int	4	32	0～4294967295(0～$2^{32}-1$)
长整型	signed long int	8	64	−9223372036854775808～9223372036854775807(-2^{63}～$2^{63}-1$)
无符号长整型	unsigned long int	8	64	0～18446744073709551615(0～$2^{64}-1$)

表 2.2 所列的各种整型数据是在 Linux 的 64 位操作系统下给出的，在不同的操作系统中这些整型数据的长度可能会有所不同，在使用过程中应测试之后再使用。测试的时候，可以使用 sizeof(类型标识符)运算符测试。

【例 2.1】 sizeof 的应用举例。

```
#include <stdio.h>
int main()
{
    printf("int 字节数：%d\n", sizeof(int));
    printf("short int 字节数：%d\n", sizeof(short int));
    printf("long int 字节数：%d\n", sizeof(long int));
    return 0;
}
```

程序运行结果如图 2.3 所示。

```
user@ekwphqrdar-machine:~/Cproject$ gcc 2.1.c
user@ekwphqrdar-machine:~/Cproject$ ./a.out
int字节数：4
short int字节数：2
long int字节数：8
```

图 2.3　例 2.1 程序运行结果

无论在哪种操作系统中运行，所有的编译器都应满足 C 语言所规定的整数长度关系式：short int≤int≤long int。

2.2.2　浮点型

浮点型也称实型，分为单精度浮点型(float)和双精度浮点型(double)。浮点型数据其实就是我们常见的带小数形式的数据，常用的浮点型数据分类如表 2.3 所示。

表 2.3　浮点型数据分类

类型名称	类型关键字	字节数	位数	表示范围
单精度浮点数	float	4	32	7 位有效数字，$-3.4\times10^{38}\sim3.4\times10^{38}$
双精度浮点数	double	8	64	15～16 位有效数字，$-1.7977\times10^{308}\sim1.7977\times10^{308}$

2.2.3 字符型

字符型(char)是针对处理 ASCII 字符而设置的。它是由单引号括起来的单个字符来表示，如'a' 'x' '8'等，在表示方式和操作上与整型类似，表示范围也是整型的子集。字符型由一个字节(8bit)组成，能表示 256 个值，和整型一样，也分为有符号(signed)和无符号(unsigned)两种类型，默认为有符号(signed)类型。有符号字符型取值范围为 −128～127，无符号字符型取值范围为 0～255，因此可以将字符型看作整型的子集，所以在其有效范围内，字符型可以参与到整型运算中。例如：

```
int   a;
char   b='h';
a=b+1;
```

字符型和整型的主要区别在输出方式上，字符型输出的结果不是整数，而是整数所代表的 ASCII 码字符，这个将在后面章节详细说明。

字符型中有一种特殊形式表示的字符，在反斜线后面加一个字符或一个代码值表示的字符，称为转义字符，如 '\n' '\101' 等，常用的转义字符及含义如表 2.4 所示。

表 2.4　常用的转义字符

转义字符	含　义	转义字符	含　义
\a	响铃	\b	退格
\f	换页	\n	换行
\r	回车	\t	水平制表
\v	垂直制表	\\	反斜线
\'	单引号	\"	双引号
\ddd	3 位八进制数代表的字符	\xhh	2 位十六进制数代表的字符

【例 2.2】 观察程序运行结果。

```
#include <stdio.h>
int main()
{
    printf("\101 \x42 C\n");
    printf("Tom:\ "Hello\"\n");
    printf("\\SQL Server\\\n");
    printf("\'code::blocks\'\n");
    return 0;
}
```

程序运行结果如图 2.4 所示。

```
user@ekwphqrdar-machine:~/Cproject$ gcc 2.2.c
user@ekwphqrdar-machine:~/Cproject$ ./a.out
A B C
Tom:"Hello"
\SQL Server\
'code::blocks'
```

图 2.4　例 2.2 程序运行结果

2.2.4　不同数据类型之间的转换

数据类型转换是指不同数据类型混合运算时，需要将运算符两侧的数据转换为同一类型之后再进行运算。转换方式分为自动类型转换和强制类型转换。

自动类型转换是指在不同类型的数据进行混合运算时，C 语言编译器会自动进行类型转换。这里一般是指整型、浮点型、字符型数据之间的类型转换。自动转换时按照下面的标准执行，如图 2.5 所示。

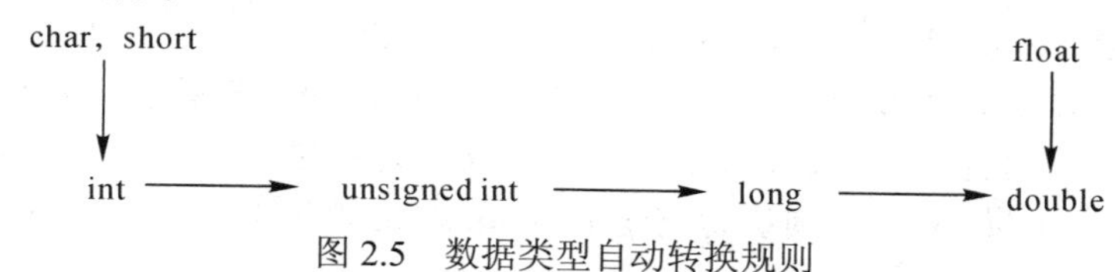

图 2.5　数据类型自动转换规则

图 2.5 中，自上而下的箭头表示相应的转换是必定要执行的，而自左向右的箭头表示运算对象类型不同时的转换。图 2.5 中各个数据类型的精度自左向右逐步提高，并且在进行转换时不需要按部就班一级一级转换，可直接转换为更高级别。例如，int 型数据和 float 型数据混合运算中，int 型直接转换为 double 型，不需要经过中间的类型，float 型也转换为 double 型，然后二者进行运算，结果为 double 型。例如，表达式“'A'+3.2”的运行结果是 double 类型的。因为 'A' 为 char 型，按箭头方向首先必须转换为 int 型，3.2 为 double 类型，int 和 double 两种不同类型的数据进行运算，int 型需按箭头方向转换为 double 型之后再进行运算。

2.3　标　识　符

标识符是用来给变量、常量、数组、函数等命名的，命名规则如下：

(1) 由字母、数字、下划线组成；

(2) 第一个字符必须是字母或下划线；

(3) 区分大小写字母，即相同的大小写字符序列代表不同内容；

(4) 不能使用关键字，关键字是系统用来表示特定含义的一些字符序列，也称为保留字。

例如：

```
sum year Sum H.F.Johnson Date 5cards person_name #demo char a>b    _above $888
```

以上字符序列中，sum 和 Sum 是两个不同的标识符，H.F.Johnson、5cards、#demo、

char、a>b、$888 为不合法标识符。

标识符的命名一般要遵循以下原则：

(1) 见名知意，如 score 表示分数，data 表示数据等；

(2) 不宜混淆，尽量不使用难分辨的字符，如 l 与 1、o 与 0 等。

2.4 常　　量

常量指程序运行时其值不能改变的量(即常数)。C 语言中分为整型常量、浮点型常量、字符常量和字符串常量。

1. 整型常量

整型常量即整常数，一般有 3 种表示形式：

(1) 八进制表示：由数字 0 开头，后面用数字 0～7 表示，如 0123、0107 等；

(2) 十进制表示：由数字 0～9 和正负号表示，如 123、－456、0 等；

(3) 十六进制表示：由 0x 开头，后面用 0～9、a～f、A～F 表示，如 0x123、0xff 等。

整型常量的类型是根据其值所在范围确定其数据类型的，如 123 默认为 int 型。如果在整型常量后面加字母 l 或 L，则认为它是 long int 型常量，如 512 默认为 int 型，而 512L 则为 long int 型。

2. 浮点型常量

浮点型常量即实数或浮点数，一般有两种表示形式：

(1) 十进制数表示：必须有小数点，如 0.123、123.、.123、123.0、0.0。

(2) 指数表示：e 或 E 之前必须有数字，指数必须为整数，如 63.3e5、456E2、5.25e6。

浮点型常量的类型默认为 double 型，如果在浮点型常量后加字母 f 或 F，则认为它是 float 型，如 12.345 默认为 double 型，而 12.345f 则为 float 型。

3. 字符常量

字符常量是用单引号括起来的单个普通字符或转义字符，它的值是该字符所对应的 ASCII 码值，如 'A' 的值为 65，'a' 的值为 97，'\102' 的值为 66，'\x43' 的值为 67 等。

4. 字符串常量

字符串常量是由多个字符组成，并用双引号(" ")括起来的字符序列，如 "china"。它和字符常量的主要区别在存储方式上，每个字符串在存储时自动在字符串最后加一个 '\0' 作为字符串结束标志('\0' 对应的 ASCII 值为 0)。

例如，"china" 在内存中的存储形式如下：

'c'	'h'	'i'	'n'	'a'	'\0'

'a' 和 "a" 在存储上的区别是前者只占一个字节，而后者则占两个字节。

'a'

'a'	'\0'

5. 常量的声明

在 C 语言中，声明常量的格式如下：

#define 常量名 常量值

语法规则：

(1) #define 是关键字，表示要声明常量；

(2) 常量名必须为合法的标识符；

(3) 这样定义的常量值是没有数据类型的，程序编译时，会用常量值替代常量名，替代之后，在具体的语句中才能确定数据类型。

例如：

```
#define PI 3.14
int main()
{
    int r=3;
    double c;
    c=2*PI*r;
    printf("圆的周长为：%.2lf", c);
    return 0;
}
```

定义常量 PI 时，3.14 并不表示一个实数。程序编译时，语句“c=2*PI*r; ”中的 PI 会用 3.14 替换。一旦声明了这样的一个 PI 常量，在其作用范围内 PI 的值就一直为 3.14，不能改变。

2.5 变　　量

变量是指在程序的运行过程中其值发生变化的量。变量根据存储内容的不同分为整型变量、浮点型变量和字符变量。

1. 变量的定义

变量要先定义后使用，其一般定义形式为：

[存储类型] 数据类型 变量名列表;

语法规则：

(1) 存储类型可以省略不写，这部分知识将在第 6 章进行介绍；

(2) 变量名列表中的变量至少要有一个，若有多个，变量之间需用逗号分隔；

(3) 变量名要符合标识符命名的规则；

(4) 最后的分号表示定义语句结束，不能省略。

例如：

```
int data, year;
float score;
char c;
```

2. 变量的初始化

变量定义之后，必须赋值之后才能使用，未赋值变量的值是随机数。变量初始化的方式有两种：

(1) 在定义变量的同时进行初始化，其一般形式为：

[存储类型] 数据类型 变量名=初始值;

语法规则：

① 初始值可以是一个常量，也可以是一个表达式，但数据类型要与变量的数据类型相匹配；

② 定义时若有多个变量，每个变量需单独赋初始值，并且用逗号分隔。

例如：

```
int data=2, year=2021;
float f=3.78f;
char c='W';
double d=5.2+9.6;
```

(2) 先定义，后初始化，即不在定义的同时初始化，在需要的时候再进行初始化，例如：

```
int data, year;
…
data=2;
year=2021;
```

2.6 运算符和表达式

在学习运算符时应注意以下几个问题：

(1) 运算符的功能，即它可以实现什么样的计算，例如“+”是求两个数的和；

(2) 与运算量的关系，包括要求参与运算的运算量的个数及其类型，例如“%”要求参与运算的两个数必须为整型；

(3) 运算符的优先级别及结合方向，详见附录2。

C语言中常用的运算符有：

算术运算符：+、–、*、/、%。

自加自减运算符：++、– –。

关系运算符：<、<=、==、>、>=、!=。

逻辑运算符：!、&&、||。

位运算符：<<、>>、~、|、^、&。

赋值运算符：= 及其扩展。

条件运算符：?、:。

逗号运算符：, 。

指针运算符：*、&。

求字节数：sizeof。

强制类型转换：(类型)。

分量运算符：.、->。

变址运算符：[]。

其他：( )、-。

本节主要介绍其中最基本的运算符及其表达式。

2.6.1　算术运算符

C 语言中的算术运算就是数学中常见的算术运算，由算术运算符及操作对象组合在一起的有意义的式子，称为算术表达式。

算术运算符包括 +、-、*、/、% 5 个，分别实现加、减、乘、除、求模(取余)运算，需要两个数据参与运算，是双目运算符，结合性为自左向右，乘、除、求模 3 个运算符的优先级高于加和减两个运算符。其中，求模“%”运算符要求参与运算的数据必须为整型。例如：8%3 是正确的算术表达式，结果为 2，而 6.0%4 是错误的。

另外，两个整型数相除，结果也为整型。例如：7/2 结果为 3。

2.6.2　自加运算符与自减运算符

自加运算符(++)与自减运算符(--)的作用是使变量的值加 1 或者减 1，也可以把它们作为算术运算符来看。根据它们与数据的相对位置的不同，具体作用略有差别。

前置：++i，--i　(先执行 i=i+1 或 i=i-1，再使用 i 值)。

后置：i++，i--　(先使用 i 值，再执行 i=i+1 或 i=i-1)。

例如：

```
j=3; k=++j;          //运算结果是 j=4，k=4
j=3; k=j++;          //运算结果是 j=4，k=3
```

从上例中可以看出，无论++运算符前置还是后置，变量的值都要加 1，有影响的是需要使用 j 值的其他变量。

++ 和 -- 运算符是一元运算符，运算数只能是变量，不能是常量或者表达式。例如，6++、(x+y)++ 都是错误的。

2.6.3　赋值运算符

1. 简单赋值运算符

简单赋值运算符就是常见的“=”，格式为“变量名 = 表达式”，作用是将“=”右边的表达式的值赋给“=”左边的变量。例如：

```
int a, b;
a=3;          //将 3 赋值给变量 a，a 的值就是 3
b=25/4;       //将 25/4 的结果 6 赋给变量 b，b 的值就是 6
```

使用赋值运算符需要注意的是，“=”左边必须是变量，不能是表达式，如“a+b=5; ”是错误的赋值表达式，应该写成“a=5-b;”；如果“=”两边的数据类型不一致，那么要使赋值号右边表达式的值自动转换成其左边变量的类型。例如：

```
int i;
i=2.56;        //结果 i=2
```

2. 复合赋值运算符

复合赋值运算符是“=”与其他运算符结合起来使用，常用的有 +=、-=、*=、/=、%=、<<=、>>=、&=、^= 以及 |= 等。其含义为：

变量 op= 表达式

等价于

变量=变量 op 表达式

例如：

a+=5;　　等价于　a=a+5;

复合赋值运算符的右侧是一个整体，例如：

b*=c+2;　等价于　b=b*(c+2);

赋值表达式的值与变量值相等，且可嵌套。例如：

```
int a=6;
a*=a+=a-=a*=5;   //结果 a=0，等价于 a=a*(a=a+(a=a-(a=a*5)));
```

2.6.4 逗号运算符

逗号运算符就是常见的“,”，其表达式形式为：

表达式 1，表达式 2，…，表达式 n

各表达式的运算顺序由左向右，依次运算；逗号表达式的值等于最后表达式 n 的值。例如：

```
a=2*6, a*4              //结果为 a=12，表达式的值为 48
a=2*6, a*4, a+5         //结果为 a=12，表达式的值为 17
```

从上例中可以看出，逗号运算符的优先级要低于赋值运算符。

2.6.5 关系运算符

关系运算符是指用来比较两个运算数大小的运算符，包括<、<=、>、>=、==(相等)、!=(不等)。运算时结合方向为自左向右，<、<=、>、>=的优先级高于==和!=。

关系表达式的值是逻辑值“真”或“假”，用 1 和 0 表示。例如：

```
6>4          //表达式的值为 1
```

在 C 语言中允许出现连续的比较运算，但是运算时自左向右依次进行。例如：

```
10>6>4      //表达式的值为 0
```

上例中先进行 10>6 的比较，结果为 1，再进行 1>4 的比较，最后结果为 0。

2.6.6 逻辑运算符

逻辑运算符包括非(!)、与(&&)、或(||)。在逻辑表达式中参与逻辑运算的运算量中 0 表示“假”，非 0 表示“真”，运算结果中 0 表示“假”，1 表示“真”。其运算规则如表 2.5 所示。

表 2.5 逻辑真值表

a	b	!a	!b	a&&b	a‖b
真	真	假	假	真	真
真	假	假	真	假	真
假	真	真	假	假	真
假	假	真	真	假	假

逻辑运算符中，非(!)的优先级最高，运算时结合方向为自右向左；与(&&)的优先级高于或(‖)，结合方向是自左向右。

逻辑表达式求解时，并非所有的逻辑运算符都被执行，只是在必须执行下一个逻辑运算符才能求出表达式的解时，才执行该运算符，这个性质被称为逻辑运算的“短路特性”。例如：

```
a&&b&&c        //只在 a 为真时，才判别 b 的值；只在 a、b 都为真时，才判别 c 的值
a||b||c        //只在 a 为假时，才判别 b 的值；只在 a、b 都为假时，才判别 c 的值
```

【例 2.3】 分析程序运行结果。

```
#include <stdio.h>
int main()
{
    int x, y, z;
    x=y=z=-1;
    ++x||++y||++z;
    printf("%d %d %d\n", x, y, z);
    x=y=z=-1;
    ++x&&++y&&++z;
    printf("%d %d %d\n", x, y, z);
    return 0;
}
```

程序的运行结果如图 2.6 所示。

```
user@ekwphqrdar-machine:~/Cproject$ gcc 2.3.c
user@ekwphqrdar-machine:~/Cproject$ ./a.out
0 0 0
0 -1 -1
```

图 2.6　例 2.3 程序运行结果

例 2.3 中语句“++x&&++y&&++z;”先进行“++x”运算，x 结果为 0，表示假，因为&&运算规则中，运算量中只要有一个为假，结果必定为假，所以后面的“++y”和“++z”不执行也能确定表达式的运行结果，因此 y 和 z 的值没有变化，还是−1。

本 章 小 结

本章介绍了 C 语言的基础知识，主要内容包括：

(1) C 语言的基本数据类型的种类，其中比较重要的是各种整型数据类型的取值范围，

浮点型数据的有效数字位数；

(2) C 语言不同类型数据之间混合运算时的转换规则；

(3) C 语言的标识符、常量、变量的定义和使用方法；

(4) C 语言的各种运算符和表达式的使用方法和优先级等注意事项。

习　题

一、选择题

1. 以下能定义为用户标识符的是________。

(A) int　(B) scanf　(C) void　(D) _3com_

2. 若有代数式 3 × a × e÷(b × c)，则不正确的 C 语言表达式是________。

(A) 3*a*e/b/c　(B) 3*a*e/b*c

(C) a*e/c/b*3　(D) a/b/c*e*3

3. 设以下变量均为 int 类型，则值不等于 7 的表达式是________。

(A) (x=y=6, x+y, y+1)　(B) (x=6, x+l, y=6, x+y)

(C) (y=6, y+1, x=y, x+1)　(D) (x=y=6, x+y, x+1)

4. 若有定义“int a=8, b=5, c; ”执行语句 c=a/b+0.4；后 c 的值为________。

(A) 1.4　(B) 2.0　(C) 1　(D) 2

5. 设有:

```
char w;
int x;
float y;
double z;
```

则表达式 w*x+z-y 值的数据类型为________。

(A) float　(B) double　(C) int　(D) char

6. 以下叙述正确的是________。

(A) 可以把 define 和 if 定义为用户标识符

(B) 可以把 if 定义为用户标识符，但不能把 define 定义为用户标识符

(C) 可以把 define 定义为用户标识符，但不能把 if 定义为用户标识符

(D) define 和 if 都不能定义为用户标识符

7. 假设所有变量均为整型，则表达式(a=2, b=5, b++, a+b)的值是________。

(A) 7　(B) 6　(C) 8　(D) 2

8. 下面四个选项中，均是不合法的转义字符的选项是________。

(A) '\"'、'\\'、'\xf'　(B) '\011'、'\f'、'\}'

(C) '\1011'、'\'、'\aa'　(D) '\abc'、'\101'、'x1f'

9. 以下选项中，与 k=n++完全等价的表达式是________。

(A) k+=n+1　(B) n=n+1, k=n　(C) k=++n　(D) k=n, n=n+1

10. 已有定义“int x=3, y=4, z=5; ”则表达式 !(x+y)+z-1&&y+z/2 的值是________。

(A) 6　　(B) 1　　(C) 2　　(D) 0

11. 若以下变量(sum，num，sUM)均是整型，且“num=sum=7;”，则计算表达式“sUM= num++，sUM++，++num”后 sum 的值为________。

(A) 10　　(B) 8　　(C) 9　　(D) 7

12. 下面正确的字符常量是________。

(A) 'W'　　(B) '\\"　　(C) "c"　　(D) "

13. 下面四个选项中，均是正确的数值常量或字符常量的选项是________。

(A) 0.0、0f、8.9e3.1、'&'　　(B) +001、0xabcd、2e2、50

(C) '3'、011、0xFF00、0a　　(D) "a"、3.9E-2.5、1e1、'\"'

二、填空题

1. 若 a 是 int 型变量，则表达式“(a=4*5, a*2), a+6”的值为________。

2. 若有定义“char c='\010';”，则变量 c 中包含的字符个数为_______个。

3. 有“int x, y, z; ”且“x=3, y=-4, z=5”，则表达式(x&&y)==(x||z)的值为____________。

4. 假设变量 a 和 b 均为整型，以下语句可以不借助任何变量把 a、b 中的值进行交换，请填空：

```
a+=b;
b=a-b;
a-=          ;
```

5. 定义“int x, y, z; x=3, y=-4, z=5;”，则表达式“x++-y+(++z)”的值为_________。

6. 读入两个整数 data1 和 data2(其中 data1 小于 data2)，则 data1/ data2 的值为________。

7. 已知字母 a 的 ASCII 码为十进制数 97，且设 ch 为字符型变量，则表达式 ch='a'+'8'-'3'的值为____________。

8. 若有定义“int x=3, y=2; float a=2.5, b=3.5;”，则表达式“(x+y)%2+ (int)a/(int)b”的值为____________。

9. 十进制数 66 转换为对应的二进制数为________________。

10. 十六进制数 ab 转换为对应的二进制数为________________。

11. 在 Linux 的 64 位操作系统下，long int 的字节数为________________。

12. 在 C 语言中，使用关键字________________表示整型。

13. 在 C 语言中，使用关键字________________表示单精度浮点型。

14. 在 C 语言中，使用关键字________________表示双精度浮点型。

15. 在 C 语言的转义字符中，使用________________表示反斜线。

16. 表达式 'A'- 6.8 的运行结果是________________类型。

17. 定义变量时，若有多个变量，变量之间需用________________分隔。

18. 若有定义“int m=5，y=2;”，则计算表达式“y+=y-=m*=y”后的 y 值是________。

19. 当 a=3, b=2, c=1 时，表达式“f=a>b>c”的值是____________。

20. 当 a=5, b=4, c=2 时，表达式“a>b!=c”的值是____________。

21. 条件“2<x<3 或 x<−10”的 C 语言表达式是____________。

第 3 章　输入与输出

输入是指向程序填充一些数据；输出是指要向屏幕、打印机或任意文件中显示或写入一些数据。C 语言提供了一系列内置的函数来读取给定的输入和输出，并根据需要选择不同的函数完成相应的输入和输出功能。这些内置函数包含在 stdio.h 的头文件中，使用的时候需要在程序的开头加上#include <stdio.h>。

输入数据时，输入源可以是键盘这样的外部硬件设备，也可以是磁盘上的文件。输出数据时，输出端可以是显示器屏幕、打印机这样的硬件，也可以是磁盘上的文本或二进制文件。本章先讨论输入源是键盘，输出端是显示屏幕的情况。

3.1 数 据 输 出

1. 字符输出

C 语言中，字符输出函数是 putchar()。

函数原型：

```
int putchar(int c);
```

函数功能：把字符 c 的值输出到显示屏幕上，每次只能输出一个字符。

函数参数：c 为字符常量、变量或表达式。

函数返回值：如果正常输出，则返回值为显示的字符 ASCII 码值；如果出错，则返回值为 EOF(−1)。

【例 3.1】 观察程序运行结果。

```
#include <stdio.h>
int main()
{   int c;
    char a;
    c=97;
    a='b';
    putchar(c);
    putchar('\n');
    putchar(a);
    putchar('\n');
    return 0;
}
```

程序的运行结果如图 3.1 所示。

```
user@ekwphqrdar-machine:~/Cproject$ gcc 3.1.c
user@ekwphqrdar-machine:~/Cproject$ ./a.out
a
b
```

图 3.1　例 3.1 程序运行结果

变量 c 虽然是整数，但 putchar(c)输出时，是以字符形式输出的，所以屏幕上看到的是字符 a。

2. 格式输出

C 语言中的格式输出函数为 printf()。

函数原型：

int printf(const char *format, [argument]...);

函数功能：按指定格式向屏幕输出数据。

函数参数：format 为格式控制字符串，是由普通字符序列与格式控制字符组成的一串文字，用来控制参数 argument 在屏幕上显示的格式，格式控制字符及其作用如表 3.1 所示；argument 为可选参数，可以没有，若有多个时以“，”分隔。

函数返回值：如果输出正常，则返回输出字节数；如果出错，则返回值为 EOF(−1)。

表 3.1　C 语言的格式控制字符使用说明

字符	含　义	示　例	输出结果
%d	十进制整数	int a=123; printf("a=%d", a);	a=123
%o	八进制无符号整数	int a=65; printf("%o", a);	101
%x	十六进制无符号整数	int a=97; printf("%x", a);	61
%u	十进制无符号整数	int a=456; printf("%u", a);	456
%c	单个字符	char c='S'; printf("%c", c);	S
%s	字符串	printf("%s", "hello")	hello
%e	指数形式浮点数	float a=123.456; printf("%e", a);	1.234560e+002
%f	小数形式单精度浮点数	float a=123.456f; printf("%f", a);	123.456000
%g	取 e 和 f 中较短的一种格式	float a=123.456; printf("a=%g", a);	a=123.456
%%	百分号本身	printf("%%");	%

【例 3.2】 观察程序运行结果。

```
#include <stdio.h>
int main()
{
    int a=123;
    printf("%d\n", a);
```

```
    return 0;
}
```

程序的运行结果如图 3.2 所示。

```
user@ekwphqrdar-machine:~/Cproject$ gcc 3.2.c
user@ekwphqrdar-machine:~/Cproject$ ./a.out
123
```

图 3.2　例 3.2 程序运行结果

例 3.2 中，语句“printf("%d", a); ”中的 "%d" 即为格式控制字符串，格式控制字符串双引号中的内容就是输出时屏幕上显示的内容，%d 即为格式控制字符。格式控制字符的作用就是限制变量 a 在屏幕上显示时是以十进制整数形式显示的。又如表 3.1 中%d 格式控制字符的示例中“printf("a=%d", a); ”其中格式控制字符串中的 "a=" 属于普通字符序列，会原样输出到屏幕中。

表 3.1 中%e 格式字符的示例中，输出结果是科学计数法形式，小数点保留 6 位，不足 6 位用 0 补足，“+”表示指数为正(指数为负时用“-”表示)，它后面是由 3 位数字组成的指数，不足 3 位时前面补 0；%f 和%lf 格式字符的示例中，要求输出结果小数点后要补足 6 位；%g 格式字符的示例中，输出结果不仅取 e 和 f 中较短的一种格式，而且还去掉自动补足的无意义的 0；%%的格式字符示例中，与转义字符中的 '\\' 类似，'%'用作格式字符的指定字符，要想输出其本身，可用%%形式输出。

【例 3.3】 观察程序运行结果。

```
#include <stdio.h>
int main()
{
    int a=123, b=65;
    float f=36.7f;
    printf("%d, %f, %c\n", a, f, b);
    return 0;
}
```

程序的运行结果如图 3.3 所示。

```
user@ekwphqrdar-machine:~/Cproject$ gcc 3.3.c
user@ekwphqrdar-machine:~/Cproject$ ./a.out
123,36.700001,A
```

图 3.3　例 3.3 程序运行结果

格式字符数量应与输出项个数相同，按先后顺序一一对应；当格式字符与输出项类型不一致时，自动按指定格式输出。例 3.3 中，“printf("%d, %f, %c", a, f, c); ”中的输出项变量 b，虽然定义时数据类型为整型，但因对应的格式控制字符为%c，所以屏幕的输出结果为字符 A。

格式控制字符可以加修饰符，格式为 "%[修饰符]格式控制字符"，如 "%4d"，表示输出时整数在屏幕上占 4 个字符的位置。修饰符的具体含义如表 3.2 所示。

表 3.2　C 语言中格式输出函数修饰符使用说明

修饰符	含　义
m	指定输出数据的域宽，若数据长度<m，左补空格；否则按实际输出
.n	若输出数据为实数，则指定小数点后的位数(四舍五入)
	若输出数据为字符串，则指定实际输出位数
-	输出数据在域内左对齐(缺省为右对齐)
+	指定在有符号数的正数前显示正号 +
0	输出数据时，若需要左补空格，改为补 0
#	在八进制和十六进制数前显示前导符 0 或 0x
l	若在 d、o、x、u 格式字符前，指定输出精度为 long 型
	若在 e、f、g 前，指定输出精度为 double 型
h	在 d、o、x、u 格式字符前，表示一个输出 short int 型

下面举例说明表 3.2 中的各个修饰符的使用方法，试根据表 3.1、表 3.2 的说明，仔细分析运行结果。

【例 3.4】　“m.n”形式的应用举例。

```
#include <stdio.h>
int main()
{
    int a=123;
    float f=123.456f;
    char c='a';
    printf("%4d, %2d\n", a, a);
    printf("%f, %8f, %8.1f, %.2f, %.2e\n", f, f, f, f, f);
    printf("%4c\n", c);
    return 0;
}
```

程序运行结果如图 3.4 所示。

```
user@ekwphqrdar-machine:~/Cproject$ gcc 3.4.c
user@ekwphqrdar-machine:~/Cproject$ ./a.out
 123,123
123.456001,123.456001,   123.5,123.46,1.23e+02
   a
```

图 3.4　例 3.4 程序运行结果

注意本例中的%8f，由于 f 的值为 123.456，以 f 格式字符输出，要补足小数点后的 6 位，则长度已经超过 8(小数点也算 1 位)位，所以按实际长度输出。

将上例中的程序段换成下面的代码：

```
char str[]="Visual C++";
```

```
printf("%s\n%12s\n%8.4s\n%4.6s\n%.5s\n", str, str, str, str, str);
```

程序运行结果如图 3.5 所示。

```
user@ekwphqrdar-machine:~/Cproject$ gcc 3.4-1.c
user@ekwphqrdar-machine:~/Cproject$ ./a.out
Visual C++
  Visual C++
    Visu
Visual
Visua
```

图 3.5　程序运行结果

【例 3.5】　“-”形式的应用举例。

```
#include <stdio.h>
int main()
{
    int a=123;
    float f=123.456;
    char str[]="Visual C++";
    printf("%4d, %-4d\n", a, a);
    printf("%8.2f, %-8.2f\n", f, f);
    printf("%12.6s, %-12.6s\n", str, str);
    return 0;
}
```

程序运行结果如图 3.6 所示。

```
user@ekwphqrdar-machine:~/Cproject$ gcc 3.5.c
user@ekwphqrdar-machine:~/Cproject$ ./a.out
 123,123
  123.46,123.46
      Visual,Visual
```

图 3.6　例 3.5 程序运行结果

【例 3.6】　“0”和“+”形式的应用举例。

```
#include <stdio.h>
int main()
{
    int a=123;
    float f=123.456;
    printf("%06d\n", a);
    printf("%010.2f\n", f);
    printf("%0+6d\n", a);
    printf("%0+10.2f\n", f);
    return 0;
}
```

程序运行结果如图 3.7 所示。

```
user@ekwphqrdar-machine:~/Cproject$ gcc 3.6.c
user@ekwphqrdar-machine:~/Cproject$ ./a.out
000123
0000123.46
+00123
+000123.46
```

图 3.7　例 3.6 程序运行结果

【例 3.7】 “#”形式的使用说明。

```
#include <stdio.h>
int main()
{
    int a=123;
    printf("%o, %#o, %x, %X, %#X, %#x\n", a, a, a, a, a, a);
    return 0;
}
```

程序运行结果如图 3.8 所示。

```
user@ekwphqrdar-machine:~/Cproject$ gcc 3.7.c
user@ekwphqrdar-machine:~/Cproject$ ./a.out
173,0173,7b,7B,0X7B,0x7b
```

图 3.8　例 3.7 程序运行结果

注意本例中的格式字符 x 和 X 在输出上的区别，当使用 X 时，所有十六进制数的字母字符和前导符都要以大写形式输出。

3.2　数据输入

1. 字符输入

C 语言中，字符输入函数是 getchar()。

函数原型：

```
int getchar();
```

函数功能：从键盘读一个字符。

函数返回值：如果正常输入，则返回读取的 ASCII 码值；如果出错，则返回值为 EOF(−1)。

【例 3.8】 getchar()的应用举例。

```
#include <stdio.h>
int main()
{
    char c;
    printf("请输入一个字符\n");
```

```
    c=getchar();
    printf("%c\n", c);
    return 0;
}
```

程序运行结果如图 3.9 所示。

```
user@ekwphqrdar-machine:~/Cproject$ gcc 3.8.c
user@ekwphqrdar-machine:~/Cproject$ ./a.out
请输入一个字符
Y
Y
```

图 3.9　例 3.8 程序运行结果

2. 格式输入

C 语言中，格式输入的函数是 scanf()。

函数原型：

```
int scanf(char *format[, argument, ...]);
```

函数功能：按指定格式从键盘读入数据，存入地址表指定的存储单元中，并按回车键结束。

函数参数：format 为格式控制字符串，是由普通字符序列与格式控制字符组成的一串文字，用来控制参数 argument 在键盘输入时的输入格式。格式控制字符包含%d、%i、%o、%x、%u、%c、%s、%f、%e(各格式字符含义参见表 3.1)；argument 是输入项地址列表，可以没有，若有多个时以“,”分隔。

函数返回值：当输入正常时，返回值为输入数据的个数；否则，返回值为 EOF(−1)。

【例 3.9】 输入一个整型变量的值，查看其输出结果。

```
#include <stdio.h>
int main()
{
    int a;
    scanf("%d", &a);
    printf("%d\n", a);
    return 0;
}
```

程序运行结果如图 3.10 所示。

```
user@ekwphqrdar-machine:~/Cproject$ gcc 3.9.c
user@ekwphqrdar-machine:~/Cproject$ ./a.out
4
4
```

图 3.10　例 3.9 程序运行结果

运行时从键盘输入 4 后回车，则输出结果为 4，表示变量 a 中存储的值为 4。

同 C 语言中的输出函数一样，输入函数除了格式字符以外还有修饰符，修饰符说明见表 3.3。

表 3.3　C 语言中格式输入函数修饰符使用说明

修饰符	含　义
h	用于 d、o、x 前，指定输入为 short 型整数
l	用于 d、o、x 前，指定输入为 long 型整数
	用于 e、f 前，指定输入为 double 型实数
m	指定输入数据宽度，遇空格或不可转换字符则结束
*	抑制符，指定输入项读入后不赋给变量

下面举例说明表 3.3 中的各个修饰符的使用方法，并根据表 3.3 的说明，分析运行结果。

【例 3.10】 “m”形式的应用举例。

```
#include<stdio.h>
int main()
{
    int a, b, c;
    scanf("%3d%2d%3d", &a, &b, &c);
    printf("a=%d   b=%d c=%d\n", a, b, c);
    return 0;
}
```

程序运行结果如图 3.11 所示。

```
user@ekwphqrdar-machine:~/Cproject$ gcc 3.10.c
user@ekwphqrdar-machine:~/Cproject$ ./a.out
123456789
a=123  b=45 c=678
```

图 3.11　例 3.10 程序运行结果

【例 3.11】 “*”形式的应用举例。

```
#include<stdio.h>
int main()
{   int a, b;
    scanf("%3d%*2d%3d", &a, &b);
    printf("a=%d   b=%d\n", a, b);
    return 0;
}
```

程序运行结果如图 3.12 所示。

```
user@ekwphqrdar-machine:~/Cproject$ gcc 3.11.c
user@ekwphqrdar-machine:~/Cproject$ ./a.out
123456789
a=123  b=678
```

图 3.12　例 3.11 程序运行结果

例 3.10 与例 3.11 对比可以看出，*的作用是使对应的输入不赋值给任何变量。

这里还需要注意 scanf 函数的输入分隔符的问题，从上面的例子可以看出，当连续的几个格式字符之间没有指明分隔符的时候，可以用空格、回车或 Tab 键来分隔；若明确指明用哪一种分隔符，则在输入的时候就要按照指定的分隔符来分隔。例如：

```
scanf("%d, %d", &a, &b);
```

输入的时候就要用逗号分隔，如“65, 78”，否则输入会出错。

如果没有指定连续输入的分隔符，当输入出现输入数据的类型与要求的类型不一致的情况时，系统自动停止接收输入。例如：

```
scanf("%d%d%d", &a, &b, &c);
```

当输入 12a345 时，只有 a 接收了输入，值为 12，b 和 c 都没有接收输入的值。

【例 3.12】 含有“%c”形式的应用举例。

```
#include<stdio.h>
int main()
{   int a, b;
    char c;
    scanf("%d%c%d", &a, &c, &b);
    printf("a=%d, c=%c, b=%d\n", a, c, b);
    return 0;
}
```

程序运行结果如图 3.13 所示。

```
user@ekwphqrdar-machine:~/Cproject$ gcc 3.12.c
user@ekwphqrdar-machine:~/Cproject$ ./a.out
1a3
a=1,c=a,b=3
```

图 3.13　例 3.12 程序运行结果

注意：如果输入的为字符型数据，则空格、回车、Tab 键等都将作为有效字符被接收。

另外，对于 scanf()函数的带小数的格式输入来说，不要指定输入精度，否则会出错。例如：“scanf("%6.2f", &a); ”的写法是错误的。

本 章 小 结

本章内容为 C 语言的基本输入和输出知识，主要分为以下几部分：

(1) 字符数据的输入和输出函数的使用；

(2) 格式化数据的输入和输出函数的使用；

(3) 格式控制字符的含义及使用规则。

通过本章的学习，应该掌握输入、输出函数的基本使用方法，重点是理解并掌握格式控制字符的使用规则，并能利用其正确完成输入、输出操作。

习　　题

一、 选择题

1. 以下程序段的输出结果是__________。

```
int a=1234;
printf("%2d\n", a);
```

(A) 34　　(B) 1234
(C) 提示出错、无结果　　(D) 12

2. putchar 函数可以向终端输出一个__________。

(A) 整型变量表达式值　　(B) 字符或字符型变量值
(C) 字符串　　(D) 浮点型变量值

3. 有以下程序：

```
int main()
{
    char a='a', b;
    printf("%c, ", ++a);
    printf("%c\n", b=a++);
    return 0;
}
```

程序运行后的输出结果是__________。

(A) b, b　　(B) a, c　　(C) b, c　　(D) a, b

4. 以下程序的输出结果是__________。

```
int main()
{
    int a=5, b=4, c=6, d;
    printf("%d\n", d=a>b?(a>c?a:c):(b));
    return 0;
}
```

(A) 6　　(B) 4　　(C) 5　　(D) 不确定

5. 有以下程序：

```
int main()
{
    int m=0256, n=256;
    printf("%o %o\n", m, n);
    return 0;
}
```

程序运行后的输出结果是__________。

(A) 0256 256　　(B) 400 400　　(C) 256 400　　(D) 0256 0400

6. 有以下程序段：

```
int m=0, n=0; char c='a';
scanf("%d%c%d", &m, &c, &n);
printf("%d, %c, %d\n", m, c, n);
```

若从键盘上输入“10A10<回车>”，则输出结果是__________。

(A) 10, A, 0 (B) 10, a, 10 (C) 10, a, 0 (D) 10, A, 10

7. 以下程序，当输入数据的形式为“25, 13, 10<CR>”，正确的输出结果为__________。

```
#include<stdio.h>
int main()
{
    int x, y, z;
    scanf("%d%d%d", &x, &y, &z);
    printf("x+y+z=%d\n", x+y+z);
    return 0;
}
```

(A) 不确定值 (B) x+y+z=48

(C) x+y+z=35 (D) x+z=35

8. 已有定义“int x; float y; ”且执行“scanf("%3d%f", &x, &y); ”语句时，从第一列开始输入数据“12345 678<回车>，”则 x 的值为__________，y 的值为__________。

(A) 12345 和 678 (B) 45 和 123

(C) 123 和 45.000000 (D) 345 和 678

9. 根据题目中已给出的数据的输出和输入形式，程序中输入、输出语句的正确内容是__________。

```
int main()
{
    int x;
    float y;
    printf("输入 x, y:");
    输入语句
    输出语句
    return 0;
}
```

输入形式　输入 x, y: 2 3.4

输出形式　x+y=5.40

(A) scanf("%d, %f", &x, &y); printf("x+y=%4.2f", x+y);

(B) scanf("%d%f", &x, &y);　printf("x+y=%6.1f", x+y);

(C) scanf("%d%f", &x, &y);　printf("x+y=%4.2f", x+y);

(D) scanf("%d, %3.1f", &x, &y);　printf("x+y=%4.2f", x+y);

10. 根据下面的程序及数据的输入和数出形式，程序中输入语句的正确形式应该为__________。

```
int main()
{
    char ch1, ch2, ch3;
    输入语句
```

```
        printf("%c%c%c", ch1, ch2, ch3);
        return 0;
    }
```

输入形式：AB C

输出形式：AB

(A) scanf("%c%c", &ch1, &ch2, &ch3);

(B) scanf("%c, %c, %c", &ch1, &ch2, &ch3);

(C) scanf("%c %c %c", &ch1, &ch2, &ch3);

(D) scanf("%c%c%c", &ch1, &ch2, &ch3);

二、填空题

1. 以下程序运行后的输出结果是＿＿＿＿＿＿＿＿。

```
int main()
{
    char a;
    a='H'-'A'+'0';
    printf("%c", a);
    return 0;
}
```

2. 以下程序的输出结果为＿＿＿＿＿＿＿＿。

```
int main()
{
    printf("* %f, %4.3f *", 3.14, 3.1415);
    return 0;
}
```

3. 以下程序输出的结果是＿＿＿＿＿＿＿＿。

```
int main()
{
    int a=5, b=4, c=3, d;
    d=(a>b>c);
    printf("%d\n", d);
    return 0;
}
```

4. 已有定义“int i, j; float x;”，为将−10 赋给 i，12 赋给 j，410.34 赋给 x，则对应以下 scanf 函数调用语句的数据输入形式是＿＿＿＿＿＿＿＿。

```
scanf("%o%x%e", &i, &j, &x);
```

5. 若有程序：

```
#include <stdio.h>
int main()
```

```
{
    int i, j;
    scanf("i=%d, j=%d", &i, &j);
    printf("i=%d, j=%d\n", i, j);
    return 0;
}
```

要求给 i 赋 10，给 j 赋 20，则应该从键盘输入______________。

三、程序设计题

1. 格式化输入/输出。

【题目描述】

编写程序，输入只有一行，依次为一个整数 x、一个单精度浮点数 f、一个整数 y(−10000<x，y，f<10000)。输出包括三行数据，第一行连续输出 x 和 y(中间无分隔符)；第二行依次输出 y 和 x，y 和 x 之间有一个空格；第三行依次输出 f、x、y，三个数之间用一个空格分隔，f 保留小数点后一位。

【输入样例】

```
12 34.567 89
```

【输出样例】

```
1289
89 12
34.6 12 89
```

2. 包含字符数据的输入/输出。

【题目描述】

从键盘顺序读入浮点数 1、整数、字符、浮点数 2，再按照字符、整数、浮点数 1、浮点数 2 的顺序输出。

【输入说明】

输入时在同一行中顺序给出浮点数 1、整数、字符、浮点数 2，中间以 1 个空格分隔。

【输出说明】

在一行中按照字符、整数、浮点数 1、浮点数 2 的顺序输出，其中浮点数保留小数点后 2 位。

【输入样例】

```
2.12 88 c 4.7
```

【输出样例】

```
c 88 2.12 4.70
```

第 4 章　程序的控制结构

计算机程序通常是由若干条语句组成，从执行方式上看，如果从第一条语句到最后一条语句完全按顺序执行，则是最简单的结构，即顺序结构；若在程序执行的过程当中，根据某一条件语句的结果去执行若干不同的任务则为选择结构；如果在程序的某处，需要根据某项条件重复地执行某项任务若干次或直到满足或不满足某个条件为止，这就构成了循环结构。大多数情况下，程序都不会是简单的只有顺序结构，而是顺序、选择、循环 3 种结构的复杂组合。本章重点介绍这 3 种结构对应的 C 语言语句的使用规则。

4.1　顺 序 结 构

顺序结构是程序设计中最基本、最简单的结构，其特点就是语句执行的顺序与程序书写的顺序一致，从 main 函数开始进入，由上向下一条一条的执行。

【例 4.1】 从键盘输入两个任意整数，将这两个整数交换后输出。

```
1  #include<stdio.h>
2  int main()
3  {
4      int x, y, t;
5      scanf("%d%d", &x, &y);
6      t=x;
7      x=y;
8      y=t;
9      printf("%d %d\n", x, y);
10 }
```

程序的运行结果如图 4.1 所示。

```
user@ekwphqrdar-machine:~/Cproject$ gcc 4.1.c
user@ekwphqrdar-machine:~/Cproject$ ./a.out
5 8
8 5
user@ekwphqrdar-machine:~/Cproject$
```

图 4.1　例 4.1 程序运行结果

main 函数的函数体中总共有 6 条语句，程序执行的时候，从第 4 行的变量定义开始，第 5 行为输入语句，第 6～8 行的赋值语句用来交换 x 和 y 的值，最后执行第 9 行的输出后程序结束。可以看出，程序执行的顺序与语句的书写顺序是一致的。

【例 4.2】 从键盘任意输入三角形的三边长，利用海伦公式，求三角形的面积。

```
#include<stdio.h>
#include<math.h>
int main()
{   int x, y, z;
    double c, s;
    scanf("%d%d%d", &x, &y, &z);
    c=(x+y+z)/2.0;
    s=sqrt(c*(c-x)*(c-y)*(c-z));
    printf("面积：%.2lf\n", s);
    return 0;
}
```

程序的运行结果如图 4.2 所示。

```
user@ekwphqrdar-machine:~/Cproject$ gcc 4.2.c -lm
user@ekwphqrdar-machine:~/Cproject$ ./a.out
20 30 40
面积： 290.47
```

图 4.2　例 4.2 程序运行结果

4.2　选 择 结 构

选择结构是根据条件的结果，有选择的执行相应的程序段的一种程序结构，也称为分支结构。选择结构一般常用 if 语句和 switch 语句来完成。

4.2.1　if 语句

if 语句是用来判定所给条件是否被满足，根据判定的结果(真或者假)决定执行给出的那一种操作。if 语句有三种形式：

1. if 语句

```
if(条件表达式)
    语句 A;
```

功能：判断表达式的值，值为“真”，则执行语句 A；否则不执行语句。

语法规则：if 语句由三部分组成，if 关键字、小括号及条件表达式和语句 A。语句 A 默认只能是一条语句，如果是多条语句需要将多条语句用{ }括起来，构成一条复合语句即可。

注意：小括号后，没有分号。

例如：当 x>y 时输出 x 的值，否则不输出。

```
if (x>y)
    printf("%d", x);
```

这种 if 语句的执行过程如图 4.3 所示。

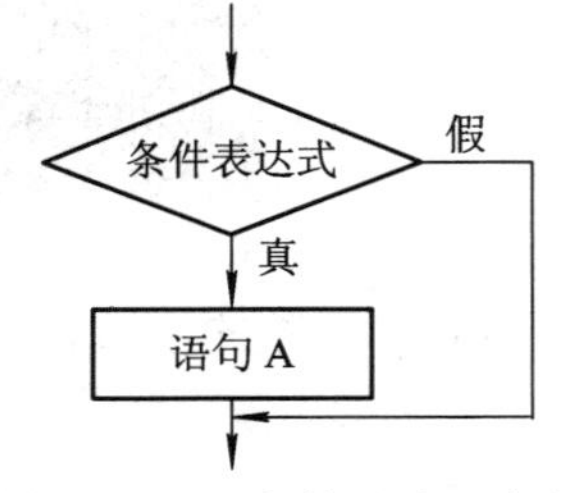

图 4.3　if 语句的形式一流程

【例 4.3】 任意输入 3 个数 a、b、c，要求按照由小到大的顺序输出。

分析：

第 1 步：如果 a＞b，将 a 和 b 对换(a 是 a 与 b 中的较小者)

第 2 步：如果 a＞c，将 a 和 c 对换(a 是 a 与 c 中的较小者，因此 a 是三者中最小者)

第 3 步：如果 b＞c，将 b 和 c 对换(b 是 b 与 c 中的较小者，也是三者中次小者)

然后顺序输出 a、b、c 即可。

程序代码如下：

```
#include <stdio.h>
int main()
{
    int a, b, c, t;
    scanf("%d%d%d", &a, &b, &c);
    if(a>b)
        {t=a; a=b; b=t; }          /*实现 a 和 b 的互换*/
    if(a>c)
        {t=a; a=c; c=t; }          /*实现 a 和 c 的互换*/
    if(b>c)
        {t=b; b=c; c=t; }          /*实现 b 和 c 的互换*/
    printf("a, b, c 从小到大为：%d %d %d\n", a, b, c);
    return 0;
}
```

程序运行结果如图 4.4 所示。

```
user@ekwphqrdar-machine:~/Cproject$ gcc 4.3.c
user@ekwphqrdar-machine:~/Cproject$ ./a.out
2 5 3
a,b,c从小到大为: 2 3 5
```

图 4.4　例 4.3 程序运行结果

2. if-else 语句

```
if(条件表达式)
    语句 A;
else
    语句 B;
```

功能：判断表达式的值，值为“真”，则执行语句 A；值为“假”则执行语句 B。

语法规则：if-else 语句由五部分组成，if 关键字、小括号及条件表达式、语句 A、else 关键字和语句 B。语句 A 和语句 B 默认只能是一条语句，如果是多条语句需要将多条语句用{ }括起来，构成一条复合语句。

例如：判断整数 a 是偶数还是奇数。

```
if (a%2==0)
    printf("a 为偶数");
```

```
else
    printf("a 为奇数");
```

这种 if 语句的执行过程如图 4.5 所示。

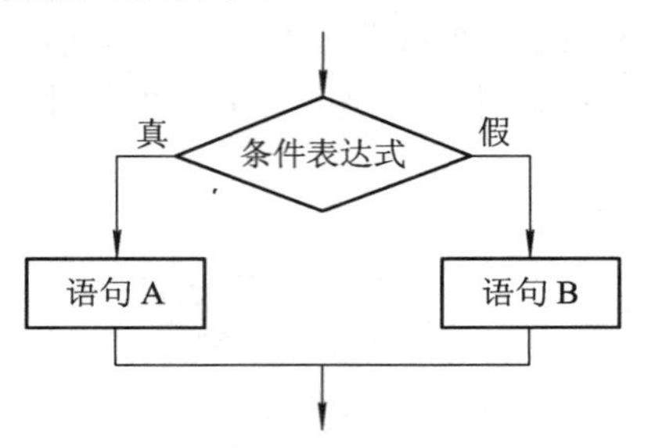

图 4.5　if 语句的形式二流程

【例 4.4】 从键盘上输入三角形三边长，利用海伦公式，求三角形面积，如果构成不了三角形，输出“三边无法构成三角形”。

```
#include<stdio.h>
#include<math.h>
int main()
{
    int x, y, z;
    double c, s;
    scanf("%d%d%d", &x, &y, &z);
    if(x+y>z&&x+z>y&&y+z>x)
    {   c=(x+y+z)/2.0;
        s=sqrt(c*(c-x)*(c-y)*(c-z));
        printf("面积：%.2lf\n", s);
    }
    else
        printf("三边无法构成三角形\n");
    return 0;
}
```

程序运行结果如图 4.6 所示。

```
user@ekwphqrdar-machine:~/Cproject$ gcc 4.4.c -lm
user@ekwphqrdar-machine:~/Cproject$ ./a.out
3 4 5
面积：6.00
user@ekwphqrdar-machine:~/Cproject$ ./a.out
3 4 10
三边无法构成三角形
```

图 4.6　例 4.4 程序运行结果

3. if 语句嵌套

既然 if 语句或者 if-else 语句，都是一条语句，那么组成 if 语句中的“语句 A”，或者

if-else 语句组成中的“语句 A”或“语句 B”能否也是一条 if 语句或 if-else 语句？当然可以！这种 if 语句中再包含 if 语句的结构，称为 if 语句的嵌套。嵌套的形式多样，例如以下形式都是嵌套的形式，不同的只是嵌套的位置不同。

if 语句不同位置的嵌套表达式如下：

```
if(表达式 1)
    if(表达式 2)
        语句 1;
    else
        语句 2;
else
    if(表达式 3)
        语句 3;
    else
        语句 4;
```

```
if(表达式 1)
    if(表达式 2)
        语句 1;
    else
        语句 2;
```

```
if(表达式 1)
    语句 A;
else
    if(表达式 2)
        语句 3;
    else
        语句 4;
```

```
if(表达式 1)
    if(表达式 2)
        语句 1;
    else
        语句 2;
else
    语句 B;
```

if-else 语句只能实现二分支的结构，if 语句的嵌套则可以实现多分支的情形。

【例 4.5】 从键盘输入 x 的值，按如下公式求对应的 y 的结果。

$$y=\begin{cases}1 & x>0\\ 0 & x=0\\ -1 & x<0\end{cases}$$

本例例程如下：

```
#include<stdio.h>
int main()
{
    int x, y;
    scanf("%d", &x);
    if(x>=0)
        if(x==0)
            y=0;
        else
            y=1;
    else
        y=-1;

    printf("y=%d\n", y);
    return 0;
}
```

例程 1

```
#include<stdio.h>
int main()
{
    int x, y;
    scanf("%d", &x);
    if(x==0)
        y==0
    else
        if(x>0)
            y=1;
        else
            y=-1;

    printf("y=%d\n", y);
    return 0;
}
```

例程 2

程序的运行结果如图 4.7 所示。

```
user@ekwphqrdar-machine:~/Cproject$ gcc 4.5.c
user@ekwphqrdar-machine:~/Cproject$ ./a.out
0
y=0
user@ekwphqrdar-machine:~/Cproject$ ./a.out
10
y=1
user@ekwphqrdar-machine:~/Cproject$ ./a.out
-10
y=-1
```

图 4.7　例 4.5 程序运行结果

分析例程 1 和例程 2 可以看出，if 条件的不同会导致嵌套发生的位置不同，但并不影响程序最终的正确性。

if 语句的嵌套，需要注意的重点就是 if 和 else 的配对关系，如果配对关系弄错，将会导致分支的流程错误。有一个基本原则，就是 else 始终与其上面最近的 if 是一对。

【例 4.6】 输入两个整数并判断其大小关系。

```
#include <stdio.h>
int main()
{
    int x, y;
    printf("请输入两个整数： ");
    scanf("%d%d", &x, &y);
    if(x!=y)
        if(x>y)
            printf("X 大于 Y\n");
        else
            printf("X 小于 Y\n");
    else
        printf("X 与 Y 相等\n");
    return 0;
}
```

程序运行结果如图 4.8 所示。

```
user@ekwphqrdar-machine:~/Cproject$ gcc 4.6.c
user@ekwphqrdar-machine:~/Cproject$ ./a.out
请输入两个整数：10 5
X大于Y
user@ekwphqrdar-machine:~/Cproject$ ./a.out
请输入两个整数：5 10
X小于Y
```

图 4.8　例题 4.6 程序运行结果

if 语句的嵌套，层次不宜过多，一般以 2～3 层较为合适，层次多会影响程序的可读性，会给程序的纠错带来困难。为了使 if 语句嵌套的结构有较好的可读性，通常会使用下面这种结构的嵌套：

```
if(表达式 A)
```

```
    语句 A;
else if(表达式 B)
    语句 B;
else if(表达式 C)
    语句 C;
    ⋮
else if(表达式 m)
    语句 m;
else
    语句 n;
```

例如：判断正整数 data 为几位数。

```
if (data>=1000)
    printf("data 至少为 4 位数");
else if (data>=100)
    printf("data 为 3 位数");
else if (data>=10)
    printf("data 为 2 位数");
else
    printf("data 为 1 位数");
```

这种 if 语句的执行过程如图 4.9 所示。

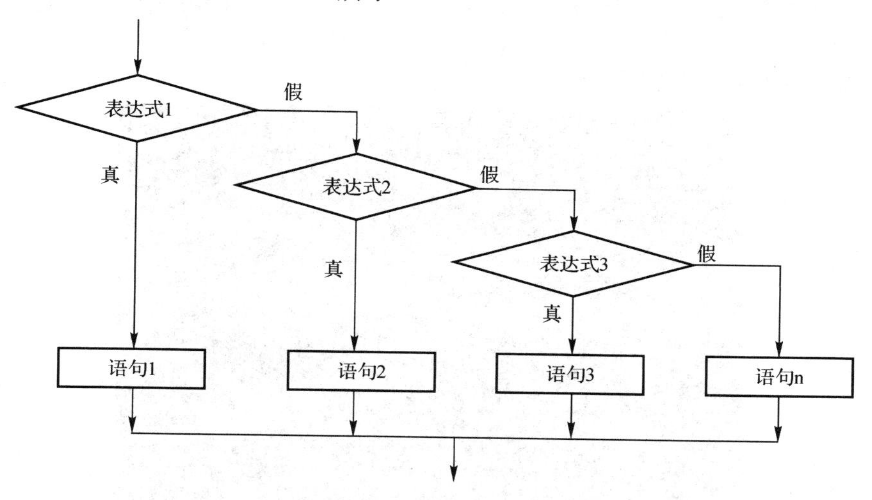

图 4.9　if 语句嵌套实现多分支结构

【例 4.7】 从键盘上输入一个字符，判断它是控制字符，还是数字、大写字母、小写字母或者其他字符。

分析：判断一个字符是控制字符，还是数字、大写字母、小写字母或者其他字符，可以用下面的算法描述：

(1) 输入一个字符 c。

(2) 判断，如果 c 是控制字符，则输出“c 是控制字符”；否则再判断，如果 c 是数字，则输出“c 是数字”；否则再判断，如果 c 是大写字母，则输出“c 是大写字母”；否则再判断，如果 c 是小写字母，则输出“c 是小写字母”；否则输出“c 是其他字符”。

按此算法编写程序，代码如下：

```
#include <stdio.h>
int main()
{
    char c;
    printf("请输入一个字符：");
    c=getchar();
    if(c<31)
        printf("c 是控制字符\n");
    else if(c>='0'&&c<='9')
        printf("c 是数字\n");
    else if(c>='A'&&c<='Z')
        printf("c 是大写字母\n");
    else if(c>='a'&&c<='z')
        printf("c 是小写字母\n");
    else
        printf("c 是其他字符\n");
    return 0;
}
```

程序运行结果如图 4.10 所示。

```
user@ekwphqrdar-machine:~/Cproject$ gcc 4.7.c
user@ekwphqrdar-machine:~/Cproject$ ./a.out
请输入一个字符:
c是控制字符
user@ekwphqrdar-machine:~/Cproject$ ./a.out
请输入一个字符: 2
c是数字
user@ekwphqrdar-machine:~/Cproject$ ./a.out
请输入一个字符: Y
c是大写字母
user@ekwphqrdar-machine:~/Cproject$ ./a.out
请输入一个字符: y
c是小写字母
user@ekwphqrdar-machine:~/Cproject$ ./a.out
请输入一个字符: &
c是其他字符
```

图 4.10　例 4.7 程序运行结果

说明：

(1) 三种形式的 if 语句中在 if 后面都有“表达式”，一般为逻辑表达式或者关系表达式。在执行 if 语句时先对表达式求解，若表达式的值为 0，按“假”处理；若表达式的值为非 0，按“真”处理，执行指定的语句。表达式的类型不限于逻辑表达式或者关系表达式，可以是任意的能得到“真”或“假”的结果的表达式(包括整型、浮点型、字符型、指针类型数据)。例如：

```
if(a==b&&x==y)
    printf("a=b, x=y");
```

又如：

```
if(3)
    printf("yes");      //3 表示真，执行结果：输出"yes"
```

(2) 第二、第三种形式的 if 语句中，每个语句后都有一个分号，这是因为分号是 C 语言中不可缺少的部分，是 if 语句中的内嵌语句所要求的。如果无此分号，则会出现语法错误。else 子句不能作为语句单独使用，它必须是 if 语句的一部分，与 if 配对使用。

(3) 在 if 和 else 后面的语句只能是一条语句(如上例)，若有多条操作语句，此时必须用花括号{ }将几个语句括起来作为一条复合语句。

例如：如果 x>y，则将 x，y 的值交换，否则将 y 赋值给 x。

```
if(x>y)
{
    t=x;
    x=y;
    y=t;
}
else
    x=y;
```

上面的程序段中，因“t=x; x=y; y=t; ”是三条语句，所以必须用{ }括起来构成一条复合语句，否则程序编译的时候会报错。

4.2.2　条件运算符

条件运算符是一种特殊的运算符，由于它的执行过程与 if-else 语句类似，因此可以替代简单的 if 语句。

条件运算符要求有三个操作对象，为三目(元)运算符，它是 C 语言中唯一的一个三目运算符。条件运算符表达式的一般形式为：

表达式 1? 表达式 2: 表达式 3

功能：若表达式 1 的结果为真，则条件运算符表达式的结果为表达式 2 的结果，否则为表达式 3 的结果。

语法规则：

(1) 条件运算符的执行顺序：先求解表达式 1，若非 0(真)则求解表达式 2，此时表达式 2 的值就作为整个条件表达式的值；若 0(假)则求解表达式 3，此时表达式 3 的值就作为整个条件表达式的值。

(2) 条件运算符的结合方向为自右向左。如果有以下条件表达式：

a>b?a:c>d?c:d

相当于

a>b?a:(c>d?c:d)

如果 a=1，b=2，c=3，d=4，则条件表达式的值等于 4。

(3) 条件表达式中，表达式 1 的类型可以与表达式 2 和表达式 3 的类型不同。如

a>b?'x':'y'

a 和 b 是整型变量，a>b 是关系表达式，根据其返回的逻辑值分别输出字符型的值。表达式 2 和表达式 3 的类型也可以不同，此时条件表达式值的类型为二者中较高的类型。如

a>b?3:2.5

如果 a<=b，则条件表达式的值为 2.5；若 x>y，值应为 3，由于 2.5 是浮点型，比整型高，因此，将 3 转换成浮点型值 3.0。

【例 4.8】 任意输入两个整数，求这两个数的最大值。

本例的例程如下：

```c
#include<stdio.h>
int main()
{
    int a, b, max;
    scanf("%d%d", &a, &b);
    if(a>b)
        max=a;
    else
        max=b;
    printf("最大值为:%d\n", max);
    return 0;
}
```

例程 1 if 语句

```c
#include<stdio.h>
int main()
{
    int a, b, max;
    scanf("%d%d", &a, &b);
    max=a>b?a:b;
    printf("最大为:%d\n", max);
    return 0;
}
```

例程 2　条件表达式

程序运行结果如图 4.11 所示。

```
user@ekwphqrdar-machine:~/Cproject$ gcc 4.8.c
user@ekwphqrdar-machine:~/Cproject$ ./a.out
5 10
最大值为:10
```

图 4.11　例 4.8 程序运行结果

可以看出，程序 2 的代码要比程序 1 简洁一些。其中“(a>b)?a:b”是一个“条件表达式”，它是这样执行的：如果(a>b)条件为真，则条件表达式值取 a，否则取值 b。

4.2.3　switch 语句

switch 语句是多分支选择语句，用来实现图 4.12 表示的多分支选择结构。if 语句较擅长解决二分支结构，而实际问题中常常需要用到多分支的选择。例如：学生的成绩分类(90 分以上为 'A'，80～89 分为 'B'，70～79 分为 'C'，…)；人的分类(按年龄所在年代分为 70 后、80 后、90 后、00 后等)；汽车价格分类等。

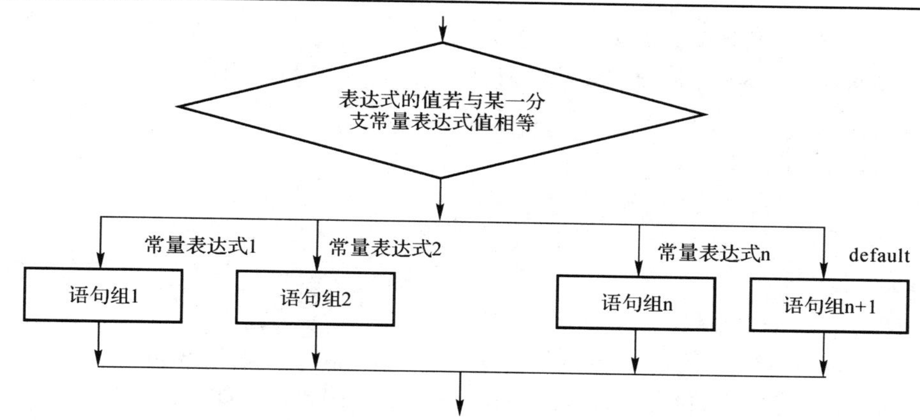

图 4.12　switch 语句执行多分支结构的过程

switch 语句的一般形式如下：

```
switch(表达式)
{
    case 常量表达式 1:语句组 1;
    case 常量表达式 2:语句组 2;
    ⋮
    case 常量表达式 n:语句组 n;
    default:语句组 n+1;
}
```

功能：多分支选择结构，用 case 关键字表示每一个分支。

语法规则：

(1) switch 后面括号内的“表达式”的结果，只能是整型或者字符型。

(2)“case 常量表达式”起语句标号的作用。当表达式的值与某一个 case 后面的常量表达式的值相等时，就执行此 case 后面的语句组；若所有的 case 中的常量表达式的值都没有与表达式的值匹配的，就执行 default 后面的语句组。这里各个 case 和 default 的出现次序不影响执行结果。语句组可以是一条语句，也可以是多条语句，并且多条语句不用构成复合语句。

(3) 每一个 case 的常量表达式的值必须互不相同。

(4) 在 switch 语句中，“case 常量表达式”只相当于一个语句标号，表达式的值和某标号相等则转向该标号执行对应的语句组，但不能在执行完该标号的语句组后自动跳出整个 switch 语句，所以会出现继续执行后面所有 case 语句的情况，这是与前面介绍的 if 语句完全不同的，应特别注意。

例如：要求按照考试成绩的等级打印百分制分数段，可以用 switch 语句实现。

```
switch(grade)
{   case  'A':   printf("90-100\n");
    case  'B':   printf("80-89\n");
    case  'C':   printf("70-79\n");
    case  'D':   printf("60-69\n");
```

```
        case  'E':   printf("grade<60\n");
        default:     printf("error\n");
    }
```

此程序段的运行结果为：

```
    70-79
    60-69
    grade<60
    error
```

因此，应该在执行一个 case 分支后，跳出 switch 结构，终止 switch 语句的执行。C 语言提供 break 语句来达到此目的。将上面的 switch 结构改写成如下：

```
    switch(grade)
    {   case 'A':printf("90-100\n"); break;
        case 'B':printf("80-89\n"); break;
        case 'C':printf("70-79\n"); break;
        case 'D':printf("60-69\n"); break;
        case 'E':printf("grade<60\n"); break;
        default:printf("error\n");
    }
```

最后一个分支可以不加 break 语句。这时，如果 grade 的值为'C'，则只输出“70-79”。

从上面也可以看出，在 case 后面中可以包含一个以上执行语句，并且不必用花括号括起来。

(5) 多个 case 可以共用一组执行语句，如：

```
    switch(s)
    {
       case 5:
       case 4:
       case 3: printf("Pass\n"); break;
    }
```

当 s 的值为 5、4 或 3 时，都执行同一组语句。

(6) defalut 语句可以省略。

(7) switch 语句可以嵌套使用，需要注意的是，嵌套使用时，在 switch 语句中出现的 break，它只能结束本层的 switch，请仔细分析下例。

【例 4.9】 分析程序的运行结果。

```
    #include <stdio.h>
    int main()
    {
        int x=1, y=0, a=0, b=0;
        switch(x)
        {
```

```
            case 1:switch(y)
            {   case 0:a++; break;
                case 1:b++; break;
            }
            case 2:a++; b++; break;
            case 3:a++; b++;
        }
        printf("a=%d, b=%d\n", a, b);
        return 0;
    }
```

程序执行结果如图 4.13 所示。

```
user@ekwphqrdar-machine:~/Cproject$ gcc 4.9.c
user@ekwphqrdar-machine:~/Cproject$ ./a.out
a=2,b=1
```

图 4.13　例 4.9 程序运行结果

4.3　循环结构

实际问题中会出现很多需要重复处理的工作，例如统计 30 个学生 4 门课的个人平均成绩和课程平均成绩，需要将所有学生的成绩累加起来，再除以相应的数，最后得到想要的结果。写程序的时候，不可能重复很多次写相同的程序段，这就需要用循环结构来解决。

循环结构是用来解决重复的、有规律的工作的一种程序设计结构。在 C 语言中，主要由 while 语句、do-while 语句、for 语句来实现循环结构。

4.3.1　while 语句

while 语句的一般格式是：

```
while(表达式)
    循环体语句;
```

其特点是先判断表达式，后执行循环体。while 语句的执行过程如图 4.14 所示。

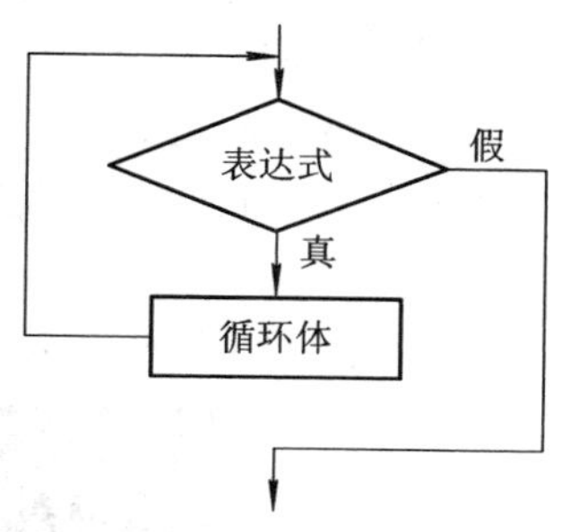

图 4.14　while 语句流程图

功能：先判断表达式值的真假，若为真(非零)时，就执行循环体语句；否则，退出循环结构。

语法规则：

(1) 表达式是循环条件，根据表达式返回的逻辑值是真是假来判断条件是否成立，决定循环体执行的次数，因此循环体有可能一次也不执行。循环体如果有多条语句，一定要用“{ }”括号括起来构成一条复合语句。

(2) 条件表达式不成立(为 0)，或循环体内遇到 break、return、goto 等语句，将退出 while 循环。

(3) 循环有一种特殊情况，就是循环无休止地进行，称为无限循环。有的时候编程有特殊需要，要进行无限循环，可以采用下面形式：

```
while(1)
    循环体;
```

【例 4.10】 用 while 语句编程求 1 + 2 + 3 + 4 + … + 99 + 100 的值。

```
#include<stdio.h>
int main()
{   int   i=1, sum=0;
    while(i<=100)
    {
        sum+=i;
        i++;
    }
    printf("%d\n", sum);
    return 0;
}
```

程序执行结果如图 4.15 所示。

```
user@ekwphqrdar-machine:~/Cproject$ gcc 4.10.c
user@ekwphqrdar-machine:~/Cproject$ ./a.out
5050
```

图 4.15　例 4.10 程序运行结果

在循环体内通常要有能使循环条件趋向终止的语句，如本例中的 i++，当 i 的值加到大于 100 时，循环的条件为假，循环结束，这样可以避免出现无限循环。

【例 4.11】 从键盘接收若干个字符显示在屏幕上，碰到回车结束。

```
#include <stdio.h>
int main()
{
    char c;
    while((c=getchar())!='\n')
    putchar(c);
    printf("\n");
    return 0;
}
```

程序运行结果如图 4.16 所示。

```
user@ekwphqrdar-machine:~/Cproject$ gcc 4.11.c
user@ekwphqrdar-machine:~/Cproject$ ./a.out
ABD%......&@23423
ABD%......&@23423
```

图 4.16　例 4.11 程序运行结果

【例 4.12】 从键盘上输入三角形三边长，利用海伦公式，求三角形面积，如果构成不了三角形，提示“三边无法构成三角形，请重新输入”，直到输入能构成三角形为止。

```
#include<stdio.h>
#include<math.h>
int main()
{   int x, y, z;
    double c, s;
    scanf("%d%d%d", &x, &y, &z);
    while(x+y<=z||x+z<=y||y+z<=x)
    {
        printf("三边无法构成三角形，请重新输入：");
        scanf("%d%d%d", &x, &y, &z);
    }
    c=(x+y+z)/2.0;
    s=sqrt(c*(c-x)*(c-y)*(c-z));
    printf("面积：%.2lf\n", s);
    return 0;
}
```

程序运行结果如图 4.17 所示。

```
user@ekwphqrdar-machine:~/Cproject$ gcc 4.12.c -lm
user@ekwphqrdar-machine:~/Cproject$ ./a.out
4 6 10
三边无法构成三角形,请重新输入: 4 5 6
面积: 9.92
```

图 4.17　例 4.12 程序运行结果

4.3.2　do-while 语句

do-while 语句的一般格式为：

```
do
    循环体语句;
while(表达式);
```

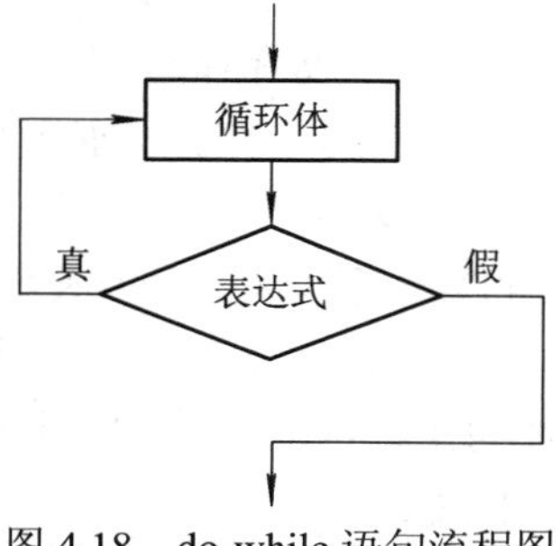

图 4.18　do-while 语句流程图

其特点是先执行循环体，后判断表达式。do-while 语句的执行过程如图 4.18 所示。

功能：与 while 语句相同。

语法规则：

(1) 先执行一次循环体语句，再判断表达式的结果，若结果为真，继续再次执行循环体语句；若表达式结果为假，则停止循环的执行。因其特点是先执行循环体，后判断表达式，因此循环体至少要执行一次。

(2) do-while 语句最后的分号不能漏掉。

(3) 循环体如果有多条语句，一定要用“{ }”括号括起来构成一条复合语句。

【例 4.13】 用 do-while 语句编程求 $1+2+3+4+\cdots+99+100$ 的值。

```
#include<stdio.h>
```

```
int main()
{   int i=1, sum=0;
    do
    {
        sum+=i;
        i++;
    }while(i<=100);
    printf("%d\n", sum);
    return 0;
}
```

对比上面的例4.11、例4.13两道例题，分别用while语句和do-while语句来完成同一个题目，两个程序代码看上去基本相同，结果也一样，但是这并不能说明两种语句写出来的程序结果完全一致，它们在使用上还是有所区别的，即：当循环条件第一次判断的结果为真时，两种语句写出来的相同程序段结果一致；当循环条件第一次判断的结果为假时，由于while语句是先判断条件后执行循环体，所以循环体一次也不执行，而do-while语句是先执行循环体后判断条件，所以循环体要执行一次，故这种情况下两种语句写出来的相同程序段结果不一致。

4.3.3　for语句

for语句的一般形式为：

```
for([表达式1]; [表达式2]; [表达式3])
    循环体语句;
```

功能：与while或do-while的功能一样，同为循环语句。

语法规则：

(1) 一条for语句由关键字for、小括号和其中的三个表达式、循环体语句三部分组成。

(2) 表达式1通常是为变量赋初值的表达式，表达式2为循环的条件，表达式3通常是能使循环条件趋向终止的表达式。例如：

```
for(i=1; i<=10; i++)
    printf("%d ", i);
```

(3) 这3个表达式之间用分号分隔，值可以为任意类型，而且可以省略，但是2个分号不可省略，例如可以写成："for(; ;); "表示的是无限循环，而且循环体为空语句。

(4) 执行的流程：首先执行表达式1，接着判断表达式2的值是否为真，如果为真，则继续执行循环体语句，然后执行表达式3，到此一次循环执行完毕。执行下一次循环时，则从判断表达式2的值开始，以此类推，循环下去。其执行过程如图4.19所示。

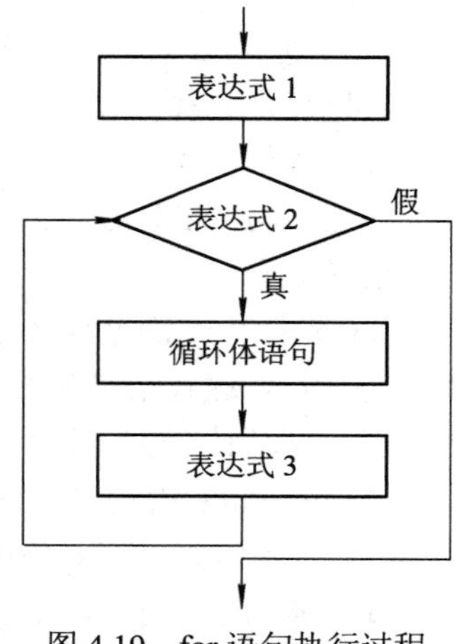

图4.19　for语句执行过程

(5) 循环体如果有多条语句，一定要用“{}”括号括起来构成一条复合语句。

【例 4.14】 用 for 语句编程求 1 + 2 + 3 + 4 + … + 99 + 100 的值。

```
#include <stdio.h>
int main()
{
    int i, sum=0;
    for(i=1; i<=100; i++)
        sum+=i;
    printf("%d\n", sum);
    return 0;
}
```

通过这个例题可以看出，其实 for 语句和 while 语句执行的过程基本一致，只不过在书写格式上不一样而已。

如果在一个循环体内包含另一个完整的循环语句，则称为循环的嵌套。循环的嵌套可以有多层，即被包含的循环语句还可以嵌套另外的循环语句。while、do-while 和 for 这 3 种循环语句本身可以嵌套，互相之间也可以嵌套。

【例 4.15】 输出九九乘法表。

```
#include<stdio.h>
int main()
{
    int   i, j;
    for(i=1; i<=9; i++)            //外层循环
    {
        for(j=1; j<=i; j++)        //内层循环
          printf("%d*%d=%2d ", j, i, i*j);
        printf("\n");
    }
    return 0;
}
```

程序输出结果如图 4.20 所示。

```
user@ekwphqrdar-machine:~/Cproject$ gcc 4.15.c
user@ekwphqrdar-machine:~/Cproject$ ./a.out
1*1= 1
1*2= 2 2*2= 4
1*3= 3 2*3= 6 3*3= 9
1*4= 4 2*4= 8 3*4=12 4*4=16
1*5= 5 2*5=10 3*5=15 4*5=20 5*5=25
1*6= 6 2*6=12 3*6=18 4*6=24 5*6=30 6*6=36
1*7= 7 2*7=14 3*7=21 4*7=28 5*7=35 6*7=42 7*7=49
1*8= 8 2*8=16 3*8=24 4*8=32 5*8=40 6*8=48 7*8=56 8*8=64
1*9= 9 2*9=18 3*9=27 4*9=36 5*9=45 6*9=54 7*9=63 8*9=72 9*9=81
```

图 4.20　例 4.15 程序运行结果

程序中有两个 for，其中变量 j 所控制的循环语句，是变量 i 所控制的循环的循环体语句。j 所控制的循环称作内层循环，变量 i 所控制的循环称作外层循环。外层循环循环一次(变量 i 的值变换 1 次)，内层循环要做多次(变量 i 每变化一次，变量 j 都要从 1 变换到 i)。

4.3.4　break 与 continue 语句

1. break 语句

功能：终止循环的执行。

语法规则：可以在任何一种循环语句中使用，循环体语句执行到 break 的时候，程序流程立即跳出循环体，继续执行循环语句后面的语句。其一般形式为

```
break;
```

说明：break 不能单独使用，只能用于循环语句和 switch 语句中。

【例 4.16】 计算并输出 1～20 的平方，当结果大于 100 时停止。

```
#include<stdio.h>
int main()
{
    int   i, result;
    for(i=1; i<=20; i++)
    {
        result=i*i;
        if(result>100)
            break;
        else
            printf("%d*%d=%d\n", i, i, i*i);
    }
    return 0;
}
```

程序运行结果如图 4.21 所示。

```
user@ekwphqrdar-machine:~/Cproject$ gcc 4.16.c
user@ekwphqrdar-machine:~/Cproject$ ./a.out
1*1=1
2*2=4
3*3=9
4*4=16
5*5=25
6*6=36
7*7=49
8*8=64
9*9=81
10*10=100
```

图 4.21　例 4.16 程序运行结果

此例中，当 result 的值小于等于 100 时，正常输出表达式；而当 result 大于 100 时，则执行 break 语句，结束循环。

需要注意的是，当有循环嵌套的时候，break 只是结束本层循环，若 break 在内层循环体中，则只能终止内层循环，外层循环会继续。将例 4.16 修改一下，结果小于 30 的显示两次，请分析下面程序的运行结果：

```
#include<stdio.h>
int main()
{
    int   i, j, result;
    for(j=1; j<=2; j++)
    {
        for(i=1; i<=20; i++)
        {
            result=i*i;
            if(result>=30)
                break;
            else
                printf("%d*%d=%d\n", i, i, i*i);
        }
    }
    return 0;
}
```

程序运行结果如图 4.22 所示。

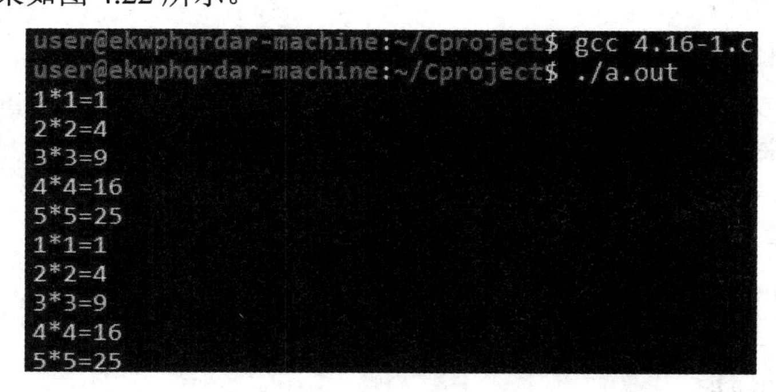

图 4.22　程序运行结果

【例 4.17】 输入一个数 n，判断 n 是否为素数。

分析：素数指的是只能被 1 和它本身整除的数。可以用从 2 到 n−1 的每一个数去除 n，如果其中的每一个数都不能将 n 整除，则 n 为素数；否则，n 不是素数。在 n 不为素数的情况中，如果某一个数能将 n 整除了，那么此数后面的数就不必再进行测试了，可以用 break 语句来实现这样的操作。

程序代码如下：

```
#include <stdio.h>
int main()
{
```

```
    int n, i;
    scanf("%d", &n);
    for(i=2; i<=n-1; i++)
        if(n%i==0)
            break;
    if(i<=n-1)
        printf("%d 不是素数\n", n);
    else
        printf("%d 是素数\n", n);
    return 0;
}
```

程序运行结果如图 4.23 所示。

```
user@ekwphqrdar-machine:~/Cproject$ gcc 4.17.c
user@ekwphqrdar-machine:~/Cproject$ ./a.out
17
17是素数
user@ekwphqrdar-machine:~/Cproject$ ./a.out
16
16不是素数
```

图 4.23　例 4.17 程序运行结果

其实本题中，不需要用 2～n-1 的所有的数去除 n，即程序不必循环那么多次，可以用 2～n/2 或者 2～n 的平方根取整即可，请思考一下原因。

2. continue 语句

功能：终止本次循环的执行，继续下一次循环。

语法规则：continue 语句用在循环体中，当循环体语句执行到 continue 时，程序流程跳过循环体中尚未执行的语句，进行下一次是否执行循环体的判断，如果条件满足则继续下一次循环。其一般格式为：

```
continue;
```

说明：continue 语句只能用在循环语句中。

【例 4.18】 求输入的 10 个整数中奇数的个数。

```
#include <stdio.h>
int main()
{
    int i, num=0, a;
    for(i=1; i<=10; i++)
    {
        scanf("%d", &a);
        if(a%2==0)
            continue;
        num++;
```

```
    }
    printf("奇数的个数为：%d\n", num);
    return 0;
}
```

程序运行结果如图 4.24 所示。

```
user@ekwphqrdar-machine:~/Cproject$ gcc 4.18.c
user@ekwphqrdar-machine:~/Cproject$ ./a.out
2 3 3 6 17 19 23 1 5 8
奇数的个数为：7
```

图 4.24　例 4.18 程序运行结果

本 章 小 结

本章主要介绍了 C 语句的三种基本程序控制结构，大致分为以下几部分：

(1) 顺序结构；

(2) 选择结构中的 if 语句和 switch 语句的使用方法；

(3) 循环结构中的 while 语句、do-while 语句和 for 语句的使用方法。

习　　题

一、选择题

1. 以下程序运行后的输出结果是________。

```
int main()
{   char a;
    a='H'-'A'+'0';
    printf("%c", a);
    return 0;
}
```

(A) 7　　(B) 55　　(C) '7'　　(D) 5

2. 阅读以下程序：

```
#include<stdio.h>
int main()
{   int a=5, b=0, c=0;
    if(a=b+c)
        printf("* * *\n");
    else
        printf("$ $ $\n");
    return 0;
}
```

以上程序________。

(A) 输出 $ $ $　　(B) 有语法错误不能通过编译

(C) 可以通过编译但不能通过连接　　(D) 输出 * * *

3. 当 a=1, b=3, c=5, d=4 时，执行完下面一段程序后 x 的值时________。

```
if(a<b)
    if(c<d) x=1;
    else
    if(a<c)
        if(b<d) x=2;
        else x=3;
    else x=6;
else x=7;
```

(A) 1　(B) 3　(C) 2　(D) 6

4. 已知"int x=10, y=20, z=30;"以下语句执行后 x，y，z 的值是________。

```
if(x>y)
  z=x; x=y; y=z;
```

(A) x=10，y=20，z=30　　(B) x=20，y=30，z=10

(C) x=20，y=30，z=30　　(D) x=20，y=30，z=20

5. 以下程序的运行结果是________。

```
int main()
{
    int k=4, a=3, b=2, c=1;
    printf("\n%d\n", k<a? k:c<b? c:a);
    return 0;
}
```

(A) 4　(B) 1　(C) 2　(D) 3

6. 执行以下程序段后，变量 a，b，c 的值分别是________。

```
int x=10, y=9;
int a, b, c;
a=(--x==y++)?--x:++y;
b=x++;
c=y;
```

(A) a=9，b=10，c=9　　(B) a=8，b=10，c=9

(C) a=8，b=8，c=10　　(D) a=1，b=11，c=10

7. 若有条件表达式"(exp)?a++:b--"，则以下表达式中能完全等价于表达式(exp)的是________。

(A) (exp==0)　(B) (exp==1)　(C) (exp!=0)　(D) (exp!=1)

8. 若运行以下程序时，从键盘输入 2473<CR>(<CR>表示回车)，则以下程序的运行结果是________。

```
#include<stdio.h>
int main()
{
    int c;
    while((c=getchar())!='\n')
    switch(c-'2')
    {
        case 0:
        case 1: putchar(c+4);
        case 2: putchar(c+4); break;
        case 3: putchar(c+3);
        default:putchar(c+2); break;
    }
    printf("\n");
    return 0;
}
```

(A) 6688766　　(B) 668966　　(C) 66778777　　(D) 668977

9. 以下程序的运行结果是________。

```
#include<stdio.h>
int main()
{
    int k=0;
    char c='A';
    do
    {   switch(c++)
        {
            case 'A':k++; break;
            case 'B':k+=2; break;
            case 'C':k+=2; break;
            case 'D':k=k%2; continue;
            case 'E':k=k*10; break;
            default:k=k/3;
        }
        k++;
    }while(c<'G');
    printf("k=%d\n", k);
    return 0;
}
```

(A) k=4　　(B) k=0　　(C) k=3　　(D) k=1

10. 设有程序段

```
int k=10;
while(k=0)
    k=k-1;
```

则下面描述中正确的是________。

(A) 循环体是无限循环　　(B) 循环体语句一次也不执行
(C) 循环体语句执行一次　　(D) while 循环执行 10 次

11. 下面程序段的运行结果是________。

```
int n=0;
while(n++<=2);
printf("%d", n);
```

(A) 3　(B) 4　(C) 有语法错　(D) 2

12. 下面程序段的运行结果是________。

```
a=1, b=2, c=2;
while(a<b<c)
{t=a; a=b; b=t; c--; }
printf("%d, %d, %d", a, b, c);
```

(A) 2, 1, 0　(B) 2, 1, 1　(C) 1, 2, 0　(D) 1, 2, 1

13. C 语言中 while 和 do-while 循环的主要区别是________。

(A) do-while 的循环提不能是复合语句
(B) while 的循环控制条件比 do-while 的循环控制条件严格
(C) do-while 允许从外部转道循环体内
(D) do-while 的循环体至少无条件执行一次

14. 以下描述中正确的是________。

(A) 在 do-while 循环体中，一定要有能使 while 后面表达式的值变为零("假")的操作
(B) do-while 循环由 do 开始，用 while 结束，在 while(表达式)后面不能写分号
(C) 由于 do-while 循环中循环语句只能是一条可执行语句，所以循环内不能使用复合语句
(D) do-while 循环中，根据情况可以省略 while

15. 以下有关 for 循环的正确描述是________。

(A) for 循环只能用于循环次数已经确定的情况
(B) for 循环的循环体语句中，可以包含多条语句，但必须用花括号括起来
(C) 在 for 循环中，不能用 break 语句调处循环体
(D) for 循环是先执行循环体语句，后判断表达式

16. 以下程序的功能是计算：

$$s=1-\frac{1}{2}+\frac{1}{3}-\frac{1}{4}+\frac{1}{5}-\frac{1}{6}+\frac{1}{7}-\frac{1}{8}+\frac{1}{9}-\frac{1}{10}$$

```
int main()
{
```

```
    int n; float s;
    s=1.0;
    for(n=10; n>1; n--)
        s=s+1/n;
    printf("%6.4f\n", s);
    return 0;
}
```

程序运行后输出结果错误，导致错误结果的程序行是________。

(A) s=s+1/n;　　(B) for(n=10; n>1; n--);

(C) s=1.0;　　(D) printf("%6.4f\n", s);

17. 与下面程序段等价的是________。

```
for(n=100; n<=200; n++)
{
    if(n%3==0)
continue;
    printf("%4d", n);
}
```

(A)
```
for(n=100; (n%3)&&n<=200; n++)
    printf("%4d", n);
```

(B)
```
for(n=100; n<=200; n++)
{
    if(n%3)
        printf("%4d", n);
    else
        continue;
}
```

(C)
```
for(n=100; n<=200; n++)
    if(n%3==0)
        printf("%4d", n);
```

(D)
```
for(n=100; (n%3)||n<=200; n++)
    printf("%4d", n);
```

18. 有以下程序

```
int main()
{
    int i=0, s=0;
    for (; ; )
    {
        if(i==3||i==5)
            continue;
        if (i==6)
        break;
        i++;
        s+=i;
```

```
    };
    printf("%d\n", s);
    return 0;
}
```

程序运行后的输出结果是________。

(A) 21　　(B) 10

(C) 13　　(D) 程序进入死循环

二、填空题

1. 以下程序运行后的输出结果是__________。

```
int main()
{
    char a;
    a='H'-'A'+'0';
    printf("%c", a);
    return 0;
}
```

2. 以下程序运行后的输出结果是__________。

```
int main()
{
    int x=10, y=20, t=0;
    if(x==y)
      t=x;
    x=y;
    y=t;
    printf("%d, %d", x, y);
    return 0;
}
```

3. 用 n 表示某个年份，写出判断它是闰年的表达式____________________。

4. 下面程序的功能是在 3 个整数中找出最小的，试填空。

```
#include<stdio.h>
int main()
{
    int a, b, c, max;
    scanf("%d%d%d", &a, &b, &c);
    max=a>b?(a>c?a:c):(________________);
    printf("max=%d", max);
    return 0;
}
```

5. 以下程序的运行结果是__________。

```
#include<stdio.h>
int  main()
{
    int a=2, b=7, c=5;
    switch(a>0)
    {
        case 1:
            switch(b<0)
            {
                case 1: printf("$"); break;
                case 0: printf("!"); break;
            }
        case 0:
            switch(c==5)
            {
                case 0: printf("*"); break;
                case 1: printf("#"); break;
                default: printf("#"); break;
            }
        default: printf("&");
    }
    return 0;
}
```

6. 以下程序运行后的输出结果是____________。

```
int main()
{
    int i, m=0, n=0, k=0;
    for(i=9; i<=11; i++)
        switch(i/10)
        {
            case 0: m++; n++; break;
            case 10: n++; break;
            default: k++; n++;
        }
    printf("%d %d %d", m, n, k);
    return 0;
}
```

7. 当运行以下程序时，从键盘入 right?<CR>(<CR>代表回车)，则下面程序的运行结果是______________。

```
#include<stdio.h>
int main()
{
    char c;
    while((c=getchar())!='?')
        putchar(++c);
    return 0;
}
```

8. 下面程序段的运行结果是______________。

```
#include<stdio.h>
int main()
{
    int a, s, n, count;
    a=2; s=0; n=1; count=1;
    while(count<=7)
    {
        n=n*a;
        s=s+n;
        ++count;
    }
    printf("s=%d", s);
    return 0;
}
```

9. 下面程序段的运行结果是______________。

```
x=2;
do
{
    printf("*");
    x--;
}while(!x==0);
```

10. 下面程序段的运行结果是______________。

```
i=1; a=0; s=1;
do{a=a+s*i; s=-s; i++; }while(i<=10);
printf("a=%d", a);
```

11. 若 for 循环用以下形式表示：

for (表达式 1; 表达式 2; 表达式 3)　循环体语句;

则执行语句“for(i=0; i<3; i++) printf("*");”表达式 1 执行 1 次，表达式 3 执行_____次。

12. 下面程序的运行结果是______________。

```
#include<stdio.h>
int main()
{
    int i, j;
    for(i=4; i>1; i--)
    {
        for(j=1; j<=i; j++)
            putchar('#');
        for(j=1; j<=4-i; j++)
            putchar('*');
    }
    return 0;
}
```

13. 下面程序的运行结果是______________。

```
i=1; s=3;
do{
    s+=i++;
    if(i%7==0) continue;
    else ++i;
}while(s<15);
printf("%d", i);
```

14. 以下程序运行后的输出结果是______________。

```
int main()
{   int x=15;
    while(x>10&&x<50)
    {
        x++;
        if(x/3)
        {    x++; break; }
        else continue;
    }
    printf("%d\n", x);
    return 0;
}
```

三、程序设计题

1. 输入一个整数，判断它能否被 3、5、7 整除，并根据情况输出以下信息：

(1) 能同时被 3、5、7 整除；

(2) 能被 5 和 7 整除；

(3) 能被 3 和 7 整除；

(4) 能被 3 和 5 整除；

(5) 能被 3 整除；

(6) 能被 5 整除；

(7) 能被 7 整除；

(8) 不能被 3、5、7 任一个整除。

2. 读入两个运算数(data1 和 data2)及一个运算符(op)，计算表达式 data1 op data2 的值，其中 op 可为 +、−、*、/。(用 switch 语句实现)。

3. 求 $ax^2 + bx + c = 0$ 方程的根，系数由键盘输入。(要求将方程所有解的可能性全部列出)

4. 输入两个整数，求它们的最大公约数和最小公倍数，并将结果输出。

5. 百钱买百鸡问题。公元五世纪末，我国古代数学家张丘建在《算经》中提出了如下问题：鸡翁一值钱五，鸡母一值钱三，鸡雏三值钱一。凡百钱买百鸡，问：鸡翁、母、雏各几何？试编程求解。

6. 请编程实现将下列数列的前 n 项输出

1，2，5，10，21，42，85，…

7. 输出 x～y 之间所有的素数，每 5 个一行输出。

8. 从键盘输入一个百分制成绩，输出对应的等级成绩'A'、'B'、'C'、'D'、'E'。90 分以上为 'A'、80～89 分为 'B'、70～79 分为 'C'、60～69 分为'D'、60 分以下为'E'。

9. 从键盘任意输入 4 个整数，按从小到大的顺序输出。

10. 还原密码。已知接收到的密码在发送时的转换规则是将字母转换为其后的第五个字母，如：'A'转换为 'F'，'B'转换为 'G'，以此类推，而 'V'转换为 'A'…'Z'转换为 'E'。现在从键盘输入一串接收到的密码，要求还原为原来的字符串。

如："Hmnsf!"转换为 "China!"

11. 每个苹果 m 元，第一天买 x 个苹果，第二天开始，每天买前一天的 2 倍，直至购买的苹果个数达到不超过 y 的最大值。编写程序求每天平均花多少钱？

12. 编程求：

$$\sum_{k=1}^{n} k + \sum_{k=1}^{m} k^2 + \sum_{k=1}^{t} \frac{1}{k}$$

n、m、t 从键盘输入。

13. 猴子第一天摘下若干个桃子，当即吃了一半，还不过瘾，又多吃了一个。第二天早上又将第一天剩下的桃子吃掉一半，又多吃了一个。以后每天早上都吃了前一天剩下的一半多一个。到第 n 天早上想再吃时，发现只剩下 t 个桃子了。编写程序求猴子第一天摘了多少个桃子？

14. 从键盘输入 a 和 n 的值，求 $a + aa + aaa + \cdots + a\cdots a$($n$ 个 a)相加的结果。

第 5 章　数　　组

在程序设计中，为了处理问题的方便，往往把具有相同类型的若干变量按有序的形式组织起来，这些按序排列的同类型数据元素的集合称为数组。在 C 语言中，数组属于构造数据类型。每个数据项称为数组元素，这些数组元素按顺序依次存放在一段连续的存储单元中。数组可以是一维数组、二维数组或多维数组。本章主要介绍数组的定义和使用。

5.1　一维数组的定义和引用

仅用一个下标即可确定数组元素(数组元素也称下标变量)的数组称为一维数组，而需要用一个以上的下标才可确定数组元素的数组称为多维数组。本节介绍一维数组的定义与引用，它是编程中最常使用的一种数据类型。

5.1.1　一维数组的定义

一维数组定义的一般形式为

　　数据类型　数组名[数组长度];

语法规则：

(1) 数组名：其命名规则要符合 C 语言标识符的命名规则。数组名表示第一个数组元素的地址，即数组的起始地址，是一个地址常量，地址的概念将在第 7 章介绍。

(2) “[ ]”是下标运算符，是数组的标志。

(3) 数组长度：表示数组元素的个数，必须是正整型常量或常量表达式。

(4) 允许在同一个类型说明中，说明多个数组和变量。

例如：

```
int x[5];
```

表示定义了一个整型数组，数组的长度为 5，即数组中有五个元素，每个元素都相当于一个整型变量。

```
float a[4], b[3];
```

表示定义了两个类型都是 float 的数组，a 数组的长度为 4，b 数组的长度为 3，两个数组因为类型相同，可以定义在同一行，中间用逗号隔开。

5.1.2　一维数组元素的引用

数组定义时的长度表示数组里元素的个数，每个元素的表示形式：

　　数组名[下标];

语法规则：

(1) 数组元素的下标从 0 开始，最大下标为数组长度 -1。例如：float score[5]；表示声明了一个名为 score 的数组，包含 5 个数组元素，分别表示为：score[0]、score[1]、score[2]、score[3]、score[4]。

(2) 使用下标引用数组元素必须确保下标合法不越界，编译时 C 编译器不会检查下标是否在合法范围之内。如果越界，系统在编译与运行时不会提供任何错误提示，程序继续执行，并访问相应的存储单元，而这个单元可能属于其他变量或根本不存在。

(3) 数组元素在内存中是按照下标的顺序连续存储的。

5.1.3　一维数组元素的初始化

一维数组元素的初始化有两种方式：

(1) 定义数组的同时直接初始化，其初始化的一般形式为：

数据类型　数组名[数组长度]={元素初值列表};

例如：

```
int   score[5]={85, 86, 78, 90, 75};
```

经过初始化后，相当于 score[0]=85，score[1]=86，score[2]=78，score[3]=90，score[4]=75。

语法规则：

① 将初值依次放在一对花括号内，每一个值以“，”分隔。

② 当对全部数组元素赋初值时，可以省略数组长度，数组的长度由初值个数确定。

例如：

```
int score[ ]={85, 86, 78, 90, 75};
```

花括号中有 5 个数值，系统会据此自动定义数组 score 长度为 5；

③ 若初值的个数等于数组长度，这种初始化的方式称为完全赋值法。

④ 若初值的个数小于定义中的数组长度，这种初始化的方式称为部分赋值法，给定的初值依次赋给前面的数组元素，初值没有给出的，系统会自动确定为 0，此时数组长度不能省略。部分赋值法花括号中的数值至少要有一个，不能一个都没有。例如：

```
int   sum[5]={5};
```

经过初始化后，相当于 sum[0]=5，sum[1]=0，sum[2]=0，sum[3]=0，sum[4]=0。

(2) 先定义数组，后对元素单独初始化。例如：

```
int   score[5];
…
score[0]=85;
score[1]=86;
```

语法规则：

① 对需要初始化的元素单独初始化，未初始化的元素值不是 0，而是随机数。

② 初始化的值，可以是常量、变量、表达式或者从键盘等外部设备输入的数据。

【例 5.1】 编程实现一维数组的输入输出。

分析：在 C 语言中，数组元素只能逐个地引用。输入(或输出)数组元素，必须用循环逐个地输入(或输出)各数组元素。通常循环控制变量与数组元素的下标相对应。

```
#include <stdio.h>
int main()
{
    int i, a[10];
    for( i=0; i<10; i++ )           /*输入数组中的 10 个数*/
        scanf("%d", &a[i]);
    for( i=0; i<10; i++ )           /*输出数组中的 10 个数*/
        printf("%d, ", a[i]);
    printf("\n");
    return 0;
}
```

程序的运行结果如图 5.1 所示。

```
user@ekwphqrdar-machine:~/Cproject$ gcc 5.1.c
user@ekwphqrdar-machine:~/Cproject$ ./a.out
2 4 5 6 2 3 4 6 1 2
2, 4, 5, 6, 2, 3, 4, 6, 1, 2,
```

图 5.1　例 5.1 程序运行结果

5.1.4　一维数组应用举例

【例 5.2】 输入 10 个整数，输出其中的最大数及其所在位置。

分析：

(1) 定义一个长度为 10 的数组 a[10]，使用循环完成输入。

(2) 找最大数的思路是：一般首先假设第一个数 a[0]就是最大数，放入变量 imax 中，位置 0 放在变量 position 中；在循环中，依次将数组中的元素与 imax 比较，若比 imax 大，则更新 imax 值和 position 值。循环结束后 imax 就是要找的最大值。

```
#include <stdio.h>
int main()
{
    int i, a[10], imax, position;           //imax 为最大数
    for(i=0; i<10; i++)                     //输入 10 个数
        scanf("%d", &a[i]);
    imax=a[0]; position=0;                  //假设第一个数就是最大数
    for(i=1; i<10; i++)                     //循环找最大数
        if(a[i]>imax)
        {   imax=a[i]; position=i;}         //若 a[i]比最大数大，则将其作为新的最大值
    printf("最大值是：%d,位置:%d\n", imax, position);    //输出最大值
    return 0;
}
```

程序的运行结果如图 5.2 所示。

```
user@ekwphqrdar-machine:~/Cproject$ gcc 5.2.c
user@ekwphqrdar-machine:~/Cproject$ ./a.out
8 7 5 6 9 -4 10 85 74 25
最大值是：85，位置：7
```

图 5.2　例 5.2 程序运行结果

【例 5.3】 从键盘任意输入 5 个整数，按从大到小的顺序排序后输出。

分析：

(1) 利用例题 5.2 的思路，找出这 5 个数字中最大的数字，将这个数字与第一个数字交换。

(2) 从余下的 4 个数字中找到最大的数字，将这个数字与第二个数字交换，依次类推，直到只剩下一个数字。

具体排序的过程如下：

	a[0]	a[1]	a[2]	a[3]	a[4]	
初始值	58	26	32	40	65	
第1趟	*65*	26	32	40	*58*	假设 a[0]最小，imax=a[0], position=0，分别用后面的每一个元素跟 imax 进行比较，发现如果比 imax 大，则更新 imax 的和 position 的值。当所有的元素都比较过之后，将 position 对应的元素与 a[0]交换
第2趟	65	*58*	32	40	*26*	因在第 1 趟中已经确保第一个数字是最大的了，接下来只需要将后 4 个数字按第一趟的方法再做一次，找到最大值与 a[1]交换即可。 假设 a[1]最小，imax=a[1], position=1，分别用后面的每一个元素跟 imax 进行比较。当所有的元素都比较过之后，将 position 对应的元素与 a[1]交换
第3趟	65	58	*40*	*32*	26	相同的思路，找出 a[2]～a[4]中最大的值与 a[2]交换
第4趟	65	58	40	*32*	26	相同的思路，找出 a[3]～a[4]中最大的值与 a[2]交换。但发现这一趟中 position 的初值为 3，所有元素比较完之后，position 的值还为 3，说明 a[3]原本就是 a[3]～a[4]中最大的值，这种情况就不用执行交换的过程了
总结： ① N 个数字排序，需要比较的趟数为 N−1 趟，程序需要利用一个外层循环来控制每一趟的执行。 ② 在进行 i 趟的比较时，初始 imax=a[i−1]，position=i−1，这里需要一个内层循环来控制比较的过程，从而找到这一趟中的最大值。						

```c
#include<stdio.h>
#define N 5
int main()
{   int i, j, t, a[N], imax, position;
    for( i=0; i<N; i++)
        scanf("%d", &a[i]);
    for(i=1; i<=N-1; i++)//外层循环
    {   imax=a[i-1];
        position=i-1;
        for(j=i; j<N; j++)//内层循环
            if(a[j]>imax)
            {   imax=a[j];
                position=j;
            }
        if(position!=i-1)
        {   t=a[i-1];
            a[i-1]=a[position];
            a[position]=t;
        }
    }
    printf("排序的结果：");
    for(i=0; i<N; i++)
        printf("%d ", a[i]);
    printf("\n");
    return 0;
}
```

示例程序 1，i 从 1 开始

```c
#include<stdio.h>
#define N 5
int main()
{   int i, j, t, a[N], imax, position;
    for(i=0; i<N; i++)
        scanf("%d", &a[i]);
    //外层循环
    for(i=0; i<N-1; i++)
    {   imax=a[i];
        position=i;
        //内层循环
        for(j=i+1; j<N; j++)
        if(a[j]>imax)
        {   imax=a[j];
            position=j;
        }
        if(position!=i)
        {   t=a[i];
            a[i]=a[position];
            a[position]=t;
        }
    }
    printf("排序的结果：");
    for(i=0; i<N; i++)
        printf("%d ", a[i]);
    printf("\n");
    return 0;
}
```

示例程序 2，i 从 0 开始

程序的运行结果如图 5.3 所示。

```
user@ekwphqrdar-machine:~/Cproject$ gcc 5.3.c
user@ekwphqrdar-machine:~/Cproject$ ./a.out
58 26 32 40 65
排序的结果：65 58 40 32 26
```

图 5.3　例 5.3 程序运行结果

对比例 5.3 两个示例程序中加粗的代码段，它们的不同在于循环控制变量 i 的初始值。因为 C 语言中数组的下标是从 0 开始的，这个题目中循环控制变量 i 即表示趟数，也被用来表示数组的下标，因此建议大家使用示例程序 2 中的代码，让 i 的初始从 0 开始，这样能减少错误的发生。

思考：例题 5.3 中，imax 的作用是不是必需的？是否可以去掉？如果去掉了，程序应该如何修改？

【例 5.4】 用冒泡排序法将 5 个整数从小到大排序。

冒泡排序基本思路：从左到右反复扫描(用循环实现)数据列表，在每一趟的扫描排序中将相邻的两个元素进行比较，逆序就交换，第一趟扫描排序的结果将最大的数排到最后。如果对 5 个数排序，最多进行 4 趟扫描排序，每一趟扫描排序的结果将一个元素排到位。

具体排序过程如下：

<table>
<tr><td></td><td>a[0]</td><td>a[1]</td><td>a[2]</td><td>a[3]</td><td>a[4]</td><td></td></tr>
<tr><td>初始值</td><td>86</td><td>85</td><td>78</td><td>90</td><td>75</td><td></td></tr>
<tr><td rowspan="4">第 1 趟</td><td>85</td><td>86</td><td>78</td><td>90</td><td>75</td><td>第 0 个数与第 1 个数进行比较(即斜体的 85 与 86)，如果发现不是从小到大则交换</td></tr>
<tr><td>85</td><td>78</td><td>86</td><td>90</td><td>75</td><td>第 1 个数与第 2 个数进行比较，如果发现不是从小到大则交换</td></tr>
<tr><td>85</td><td>78</td><td>86</td><td>90</td><td>75</td><td>第 2 个数与第 3 个数进行比较，如果发现不是从小到大则交换</td></tr>
<tr><td>85</td><td>78</td><td>86</td><td>75</td><td>90</td><td>第 3 个数与第 4 个数进行比较，如果发现不是从小到大则交换。到此所有的数字都两两比较过了，这一趟比较结束，最大的数值也排到了最后一个位置</td></tr>
<tr><td rowspan="3">第 2 趟</td><td>78</td><td>85</td><td>86</td><td>75</td><td>90</td><td>因为在第 1 趟中最后一个数已经是最大的了，因此第 2 趟中，只需要按规则，依次两两比较前 4 个数值即可。第 0 个数与第 1 个数进行比较，如果发现不是从小到大则交换</td></tr>
<tr><td>78</td><td>85</td><td>86</td><td>75</td><td>90</td><td>第 1 个数与第 2 个数进行比较，如果发现不是从小到大则交换</td></tr>
<tr><td>78</td><td>85</td><td>75</td><td>86</td><td>90</td><td>第 2 个数与第 3 个数进行比较，如果发现不是从小到大则交换。到此，前 4 个数值两两比较完毕，数列中倒数第二大的数值放到了倒数第二的位置上</td></tr>
<tr><td>第 3 趟</td><td>78</td><td>75</td><td>85</td><td>86</td><td>90</td><td>按规则，继续走第 3 趟的两两比较，结果数列中第三大的数字 85 放到倒数第三的位置上</td></tr>
<tr><td>第 4 趟</td><td>75</td><td>78</td><td>85</td><td>86</td><td>90</td><td>按规则，继续走第 4 趟的两两比较，结果数列中第四大的数字 78 放到倒数四的位置上。到此全部数值已经排序完毕</td></tr>
<tr><td colspan="7">总结：
① N 个数字排序，需要比较的趟数为 N−1 趟，程序需要利用一个外层循环来控制每一趟的执行。
② 在进行第 i 趟的比较时(i = 0～3)，两两比较的次数为 N−i−1 次。这里需要一个内层循环来控制比较的过程，从而找到这一趟中的最大值。</td></tr>
</table>

冒泡排序法的参考代码如下：

```
#include <stdio.h>
#define N 5
int main()
{
    int   a[N], i, j, t;
    printf("请输入%d 个整数:", N); //输入
    for(i=0; i<N; i++)
        scanf("%4d", &a[i]);
    for (i=0; i<N-1; i++)               //共进行 N-1 趟冒泡排序排序
        for (j=0; j<N-i-1; j++)         //每一趟冒泡中，进行 N-i-1 次比较
            if (a[j]>a[j+1])            //逆序就交换
            {
                t= a[j];
                a[j]=a[j+1];
                a[j+1]=t;
            }
    printf("排序的结果:");              //输出
    for( i=0; i<N; i++)
        printf("%d ", a[i]);
    printf("\n");
    return 0;
}
```

程序运行结果如图 5.4 所示。

```
user@ekwphqrdar-machine:~/Cproject$ gcc 5.4.c
user@ekwphqrdar-machine:~/Cproject$ ./a.out
请输入5个整数:86 85 78 90 75
排序的结果:75 78 85 86 90
```

图 5.4　例 5.4 程序运行结果

【例 5.5】 统计选票。有 4 位候选人，编号分别为 1、2、3、4，统计每位候选人得票。

分析：为了统计每位候选人的得票，程序中定义一个用于计数的数组 hxsum[5]，其中元素 hxsum[0]不用，hxsum[1]～hxsum[4]分别存放编号为 1、2、3、4 的得票数。每次读入当前一个字符(一张选票)到 xpiao 变量中，如果 xpiao 值合法(1～4)，则数组中相应数组元素 hxsum[xpiao]加 1。

```
#include <stdio.h>
int main()
{
    char xpiao;
    int hxsum[5]={0}, i;
```

```
    //输入的字符串未结束，就进行处理
    while((xpiao=getchar())!='\n')
    //当前字符如果是合法选票，进行统计
    if(xpiao>='1'&&xpiao<='4')
        hxsum[xpiao-'0']++;
    for(i=1; i<5; i++)                          //输出统计结果
        printf("候选人 %d:   %d 票\n", i, hxsum [i]);
    return 0;
}
```

程序运行结果如图 5.5 所示。

```
user@u17e86gawx8-machine:~/Cproject$ gcc 5.5.c
user@u17e86gawx8-machine:~/Cproject$ ./a.out
12321421131234144132431143 43
候选人 1:  9 票
候选人 2:  5 票
候选人 3:  7 票
候选人 4:  7 票
```

图 5.5　例 5.5 程序运行结果

说明：

(1) 程序中定义的数组 hxsum 用于存放 4 位候选人的得票数。

(2) while 循环中每次读入一个字符，如果不等于 '\n'(未到输入结尾)，判断当前字符是否在 1～4 之间(选票是否合法有效)，如果是，则相应的 hxsum[xpiao–'0']值加 1；

(3) 程序中 xpiao-'0' 的结果是 1～4 之间的数值，因为 xpiao 是 char 型，其 ASCII 值参与运算，比如：xpiao 是 '2' 时，'2'-'0' 是为 50-48，结果等于数值 2。

5.2　二维数组的定义和引用

具有两个下标的数组，称为二维数组。同理，如果有多个下标的，被称作多维数组。二维数组通常用来表示一个矩阵，下面以二维数组为例说明多维数组的使用方法。

5.2.1　二维数组的定义

二维数组定义的一般形式为：

　　数据类型 数组名[第 1 维长度][第 2 维长度];

语法规则：

(1) 第 1 维长度、第 2 维长度均必须为常量或常量表达式。

(2) 第 1 维长度表示矩阵的行数，第 2 维长度表示矩阵的列数。

例如：

```
int x[3][4];
```

表示定义了一个整型数组，数组有 3 行，每行有 4 列，一共可以存放 12 个元素。

5.2.2　二维数组元素的引用

二维数组元素的表示形式为：

数组名[行下标][列下标]

语法规则：

(1) 第一个下标称为行下标，第二个下标称为列下标，不能颠倒。

(2) 行下标和列下标均从0开始，最大值为长度 -1。

例如：

```
int a[2][3];
```

该语句定义了一个2行3列的整型数组a，该数组一共有6个元素，分别是：a[0][0]、a[0][1]、a[0][2]、a[1][0]、a[1][1]、a[1][2]。逻辑上把它看成一个2×3的矩阵：

	第0列	第1列	第2列
第0行	a[0][0]	a[0][1]	a[0][2]
第1行	a[1][0]	a[1][1]	a[1][2]

【例5.6】 二维数组的输入和输出。

分析：同一维数组一样，二维数组元素也只能逐个地引用，不能一次引用整个数组。输入(或输出)二维数组元素，一般用双重循环逐个地输入(或输出)。通常外层循环的循环控制变量的值与行下标相对应，内层循环的循环控制变量的值与列下标相对应。

```
#include <stdio.h>
int main()
{   int x[2][3];
    int i, j;
    for(i=0; i<2; i++)              /*二维数组的输入，外层循环控制行*/
        for(j=0; j<3; j++)。        /*内外层循环控制列*/
            scanf("%d", &x[i][j]);
        for(i=0; i<2; i++)          /*二维数组的输出*/
        {   for(j=0; j<3; j++)
                printf("%d    ", x[i][j]);
            printf("\n");           /*输出一行元素后换行*/
        }
    return 0;
}
```

程序运行结果如图5.6所示。

```
user@ekwphqrdar-machine:~/Cproject$ gcc 5.6.c
user@ekwphqrdar-machine:~/Cproject$ ./a.out
1 2 3 4 5 6
1  2  3
4  5  6
```

图5.6　例5.6程序运行结果

5.2.3　二维数组元素的初始化

C 语言中，二维数组在内存中是按行序优先的原则存储的，即依次存储第 0 行的所有元素后，再依次存储第 1 行的所有元素，接着再存储第 2 行的所有元素，依此类推，直到所有元素存储完毕。

【例 5.7】 输出二维数组元素的内存地址。

```
#include <stdio.h>
int main()
{
    int score[2][3];
    int i, j;
    for(i=0; i<2; i++)
        for(j=0; j<3; j++)
            printf("score[%d][%d]地址:%x\n", i, j, &score[i][j]);
    return 0;
}
```

程序运行结果如图 5.7 所示。

```
user@ekwphqrdar-machine:~/Cproject$ gcc 5.7.c
user@ekwphqrdar-machine:~/Cproject$ ./a.out
score[0][0]地址:e11f7df0
score[0][1]地址:e11f7df4
score[0][2]地址:e11f7df8
score[1][0]地址:e11f7dfc
score[1][1]地址:e11f7e00
score[1][2]地址:e11f7e04
```

图 5.7　例 5.7 程序运行结果

从输出结果可以看出，二维数组元素占用从 e11f7df0 开始的一段连续的内存单元。在内存中是按行顺序存储的，即先依次存放第 0 行的数组元素：score[0][0](地址：e11f7df0)、score[0][1] (地址：e11f7df4)、score[0][2](地址：e11f7df8)，然后再顺序存放第 1 行的数组元素，score[1][0](地址：e11f7dfc)、score[1][1](地址：e11f7e00)、score[1][2](地址：e11f7e04)，每个整型数组元素占用 4 个字节，这个存放规则，也决定着二维数组初始化时的赋值方式。

二维数组初始化的方式有 3 种：

(1) 分行赋初值，其初始化的一般形式为：

　　数据类型 数组名[行长度][列宽度]={{第一行元素的值}, …, {最后一行元素的值}};

语法规则：

① 二维数组的每一行都可以看作一个一维数组，每一行元素的初值用一对大括号单独括起来，多个大括号之间用逗号分隔，最后在所有行的大括号最外层再用一对大括号括起来表示一个二维的整体。

例如："int　x[2][3]={{1, 2, 3}, {4, 5, 6}}; " 相当于 x[0][0]=1，x[0][1]=2，x[0][2]=3，x[1][0]=4，x[1][1]=5，x[1][2]=6。

② 每一行的大括号可以采用部分赋值法，没有赋值的元素值取 0。

例如：int x[2][3]={{1, 2}, {4}}; 相当于 x[0][0]=1，x[0][1]=2，x[0][2]=0，x[1][0]=4， x[1][1]=0，x[1][2]=0。

③ 定义时，行的长度可以省略不写，由赋初值时内部大括号的个数决定，但列的宽度不能省略。

例如：“int x[ ][3]={{1, 2}, {4}}；”因为内层大括号有两对，因此 x 数组的行长度为 2。

(2) 所有初值写在一对大括号里，其初始化的一般形式为：

数据类型 数组名[行长度][列宽度]={初始值列表};

语法规则：

① 所有初始值，用逗号分隔，每一个值从左向右，按行优先的原则依次赋值给每一个数组元素。

例如：“int x[2][3]={1, 2, 3, 4, 5, 6}；”相当于 x[0][0]=1，x[0][1]=2，x[0][2] =3，x[1][0]=4，x[1][1]=5，x[1][2]=6。

② 可以采用部分赋值法，没有赋值的元素值取 0。

例如：“int x[2][3]={1, 2, 3, 4}；”相当于 x[0][0]=1，x[0][1]=2，x[0][2]=3，x[1][0]=4，x[1][1]=0，x[1][2]=0。

③ 定义时，行的长度可以省略不写，但列的宽度不能省略。行的长度由赋初值时大括号里数值的个数/列的宽度上取整决定。

例如：“int x[ ][3]={1, 5, 6, 7}；”初始有 4 个数值，列的宽度为 3，4/3 上取整，行的长度等于 2。

(3) 先定义，后对每一个元素单独初始化

例如：

```
int   score[2][3];
…
score[0][1]=85;
score[1][2]=86;
…
```

语法规则：

① 对需要初始化的元素单独初始化，未初始化的元素值不是 0，而是随机数。

② 初始化的值，可以是常量、变量、表达式或者从键盘等外部设备输入的。

【例 5.8】 从键盘输入 4 行 5 列二维数组的值，求这个数组最大值是多少，以及最大值所在的行号和列号。

```
#include <stdio.h>
#define N 4
#define M 5
int main()
{
    int x[N][M], max, row, col;
    int i, j;
    for(i=0; i<N; i++)
        for(j=0; j<M; j++)
```

```
            scanf("%d", &x[i][j]);
    max=x[0][0];
    row=col=0;
    for(i=0; i<N; i++)
        for(j=0; j<M; j++)
            if(max<x[i][j])
            {
                max=x[i][j];
                row=i;
                col=j;
            }
    printf("最大值:%d, 行号：%d，列号：%d\n", max, row, col);
    return 0;
}
```

程序运行结果如图 5.8 所示。

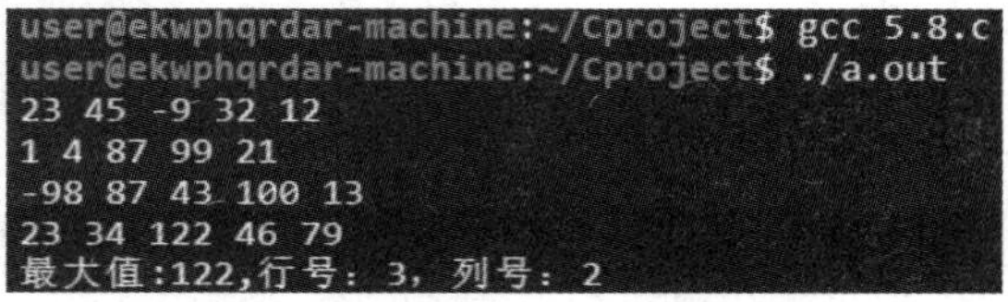

```
user@ekwphqrdar-machine:~/Cproject$ gcc 5.8.c
user@ekwphqrdar-machine:~/Cproject$ ./a.out
23 45 -9 32 12
1 4 87 99 21
-98 87 43 100 13
23 34 122 46 79
最大值:122,行号: 3, 列号: 2
```

图 5.8　例 5.8 程序运行结果

5.2.4　二维数组应用举例

【例 5.9】 建立一个 n×n 的整数矩阵，求它的转置矩阵并输出结果，n 从键盘输入并且小于 10。

分析：所谓矩阵的转置矩阵，就是将矩阵的第 i 行元素变成第 i 列，因此，一个 n×n 型矩阵的转置矩阵也是 n×n 型矩阵。所以本例中，不用另外定义二维数组存储其转置矩阵，转置矩阵可以存放在原来的二维数组中。编程时，使用双重循环，将矩阵对角线左下角(i > j)的所有元素与右上角的对应元素交换(a[i][j]和 a[j][i]交换)即可，对角线上元素不用交换。

参考代码如下：

```
#include <stdio.h>
#define MAX 10
int main()
{
    int matrix[MAX][MAX], temp;
    int i, j, n;
    printf("请输入 n:");
    scanf("%d", &n);            //输入矩阵的阶数 n
```

```
    printf("请输入矩阵的元素值(%d*%d):\n", n, n);
    for(i=0; i<n; i++)                    //输入矩阵元素
        for(j=0; j<n; j++)
            scanf("%d", &matrix[i][j]);
    for(i=0; i<n; i++)                    //对调 matrix[i][j]和 matrix[j][i]
        for(j=0; j<i; j++)                //列下标循环至主对角线
        {
            temp=matrix[i][j];
            matrix[i][j]= matrix[j][i];
            matrix[j][i]=temp;
        }
        printf("转置后:\n");
        for(i=0; i<n; i++)                //输出结果
        {
            for(j=0; j<n; j++)
                printf("%d ", matrix[i][j]);
            printf("\n");
        }
    return 0;
}
```

程序运行的结果如图 5.9 所示。

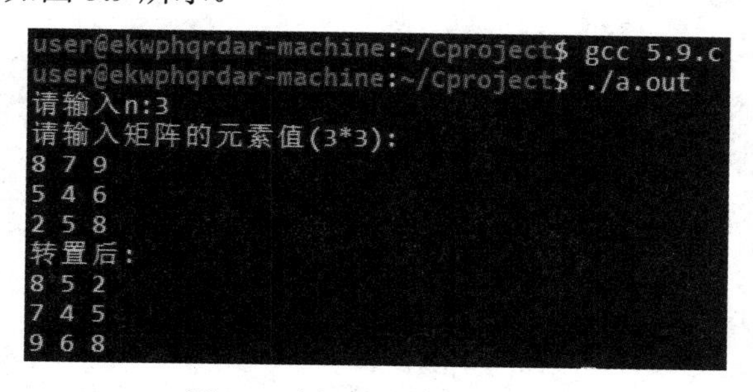

```
user@ekwphqrdar-machine:~/Cproject$ gcc 5.9.c
user@ekwphqrdar-machine:~/Cproject$ ./a.out
请输入n:3
请输入矩阵的元素值(3*3):
8 7 9
5 4 6
2 5 8
转置后:
8 5 2
7 4 5
9 6 8
```

图 5.9　例 5.9 程序运行结果

【例 5.10】 某个班有 5 名同学，从键盘输入每个学生的信息，包括高数、英语和 C 语言的成绩，输出每个学生的平均分和全班各科的平均分。

分析：

(1) 定义二维数组 nScore[15][3]存放学生的信息，一维数组 fStudAverScore[5]存放每个学生的平均分，一维数组 fSubjectAverScore[3]存放各门课的平均分。

(2) 输入：

```
    for(i=0; i<5; i++)             /*对学生数进行循环*/
        for(j=0; j<3; j++)         /*对科目进行循环*/
```

(3) 使用嵌套循环(外层 5 次，内层 3 次)，计算每个学生的平均分数。在内层循环前面初始化累加变量为 0，在内层循环中累加，得到每个学生三门课程的总分，然后在内层循环结束后将总分除以 3，就可以得到每个学生的平均成绩。

(4) 使用嵌套循环(外层 3 次，内层 5 次)，计算每门课程的平均成绩。在内层循环前面初始化累加变量为 0，在内层循环中累加，这样可以得到每门课程所有学生的成绩总分，然后在内层循环后面将总分除以 5，就可以得到每门课程的平均成绩。程序代码如下：

```
#include <stdio.h>
int main()
{
    int nScore[5][3], i, j;
    float fStudAverScore[5], fSubjectAverScore[3];
    float fSumRow, fSumColumn;
    /*输入 5 个学生的各科成绩*/
    for(i=0; i<5; i++)
    {
        printf("学生 %d 的三门成绩：", i+1);
        for(j=0; j<3; j++)
            scanf("%d", & nScore [i][j]);
    }
    /*计算每个人的平均分*/
    for(i=0; i<5; i++)
    {
        fSumRow=0;              /*fSumRow 用来统计每个学生各科成绩之和*/
        for(j=0; j<3; j++)
            fSumRow+= nScore [i][j];
        fStudAverScore[i]= fSumRow/3;
    }
    /*计算各科的平均分*/
    for(j=0; j<3; j++)
    {
        fSumColumn=0;           //fSumColumn 用来统计每科所有人的成绩之和
        for(i=0; i<5; i++)
            fSumColumn+=nScore [i][j];
        fSubjectAverScore[j]=fSumColumn/5;
    }
    /*打印输出每个学生的平均分*/
    for(i=0; i<5; i++)
        printf("学生 %d 的平均成绩 =%3.1f\n", i+1, fStudAverScore[i]);
    /*打印输出每科的平均分*/
    for(i=0; i<3; i++)
        printf("课程 %d 的平均分 =%3.1f\n", i+1, fSubjectAverScore [i]);
```

```
    return 0;
}
```

程序运行结果如图 5.10 所示。

```
user@ekwphqrdar-machine:~/Cproject$ gcc 5.10.c
user@ekwphqrdar-machine:~/Cproject$ ./a.out
学生 1 的三门成绩: 85 74 96
学生 2 的三门成绩: 47 58 59
学生 3 的三门成绩: 77 88 99
学生 4 的三门成绩: 66 77 44
学生 5 的三门成绩: 88 77 99
学生 1 的平均成绩 =85.0
学生 2 的平均成绩 =54.7
学生 3 的平均成绩 =88.0
学生 4 的平均成绩 =62.3
学生 5 的平均成绩 =88.0
课程 1 的平均分 =72.6
课程 2 的平均分 =74.8
课程 3 的平均分 =79.4
```

图 5.10　例 5.10 程序运行结果

【例 5.11】 二维数组 a (3 行 4 列)表示矩阵 $\boldsymbol{A}$，二维数组 b (4 行 5 列)表示矩阵 $\boldsymbol{B}$，计算矩阵 $\boldsymbol{A}$ 和矩阵 $\boldsymbol{B}$ 的乘积。

矩阵相乘应满足的条件：

(1) 矩阵 $\boldsymbol{A}$ 的列数必须等于矩阵 $\boldsymbol{B}$ 的行数，矩阵 $\boldsymbol{A}$ 与矩阵 $\boldsymbol{B}$ 才能相乘。

(2) 矩阵 $\boldsymbol{C}$ 的行数等于矩阵 $\boldsymbol{A}$ 的行数，矩阵 $\boldsymbol{C}$ 的列数等于矩阵 $\boldsymbol{B}$ 的列数。

(3) 矩阵 $\boldsymbol{C}$ 中第 i 行第 j 列的元素等于矩阵 $\boldsymbol{A}$ 的第 i 行元素与矩阵 $\boldsymbol{B}$ 的第 j 列元素对应乘积之和，即

$$c_{ij} = a_{i1}b_{1j} + a_{i2}b_{2j} + \cdots + a_{in}b_{nj}$$

$$\boldsymbol{A} = \begin{bmatrix} a_{11} & a_{12} & a_{13} \\ a_{21} & a_{22} & a_{23} \end{bmatrix}, \quad \boldsymbol{B} = \begin{bmatrix} b_{11} & b_{12} \\ b_{21} & b_{22} \\ b_{31} & b_{32} \end{bmatrix}$$

$$\boldsymbol{AB} = \begin{bmatrix} a_{11}b_{11} + a_{12}b_{21} + a_{13}b_{31} & a_{11}b_{12} + a_{12}b_{22} + a_{13}b_{32} \\ a_{21}b_{11} + a_{22}b_{21} + a_{23}b_{31} & a_{21}b_{12} + a_{22}b_{22} + a_{23}b_{32} \end{bmatrix}$$

程序代码如下：

```
#include<stdio.h>
int main()
{
    int i, j, k, temp;
    int a[3][4], b[4][5], c[3][5];
    printf("请输入 12 个元素(矩阵 A 3*4): \n");
    //输入矩阵 A
    for(i=0; i<3; i++)
        for(j=0; j<4; j++)
            scanf("%d", &a[i][j]);
    printf("请输入 20 个元素(矩阵 B 4*5): \n");
```

```
    //输入矩阵 B
    for(i=0; i<4; i++)
        for(j=0; j<5; j++)
            scanf("%d", &b[i][j]);
    //矩阵 C 为矩阵 A 和 B 的乘积，计算 A×B。
    for(i=0; i<3; i++)            //外层循环控制矩阵 A 的行
        for(j=0; j<5; j++)        //内层循环控制矩阵 B 的列
        {
            temp=0;
            //第三层循环控制矩阵 C 每个元素相加的结果
            for(k=0; k<4; k++)
                temp+=a[i][k]*b[k][j];
            c[i][j]=temp;
        }
    //输出矩阵 C
    printf("相乘的结果(3*5):\n");
    for(i=0; i<3; i++)
    {
        for(j=0; j<5; j++)
             printf("%5d", c[i][j]);
        printf("\n");
    }
    return 0;
}
```

程序运行结果如图 5.11 所示。

```
user@ekwphqrdar-machine:~/Cproject$ gcc 5.11.c
user@ekwphqrdar-machine:~/Cproject$ ./a.out
请输入12个元素(矩阵A 3*4):
1 2 3 4
5 6 7 8
9 10 11 12
请输入20个元素(矩阵B 4*5):
10 20 30 40 50
60 70 80 90 100
11 22 33 44 55
66 77 88 99 111
相乘的结果(3*5):
  427  534  641  748  859
 1015 1290 1565 1840 2123
 1603 2046 2489 2932 3387
```

图 5.11　例 5.11 程序运行结果

5.3 字 符 数 组

字符数组的每个数组元素存放一个字符。字符数组的定义、初始化和引用与前面所述的数组完全相同，但在 C 语言中，字符可以被当作字符串使用。字符串是一种重要的数据格式，因此本节重点介绍字符串的相关定义和使用。

5.3.1　字符数组

字符数组定义的一般形式为：

char 字符数组名[字符串长度说明];

例如：

```
char s[5];
```

字符数组初始化的方式与数值型的数组初始化方式一样，例如：

(1) 定义的同时直接初始化。

① char s[5]={'h', 'e', 'l', 'l', 'o'}; 这是完全赋值的情况。

② char s[]={'G', 'o', 'o', 'd'}; 这是定义时省略数组长度的情况，通过初始值的个数可知数组长度为 4。

③ char s[6]={'h', 'e', 'l', 'l', 'o'}; 这是部分赋值的情况，s[5]没有赋值，取 ASCII 码为 0 的字符，通常表示为 '\0'。

(2) 先定义数字，再初始化。

```
char s[5];
…
score[0]='a';
score[1]='b';
…
```

5.3.2　字符数组表示字符串

若字符数组中某个元素的值为'\0'，则可以称这个字符数字为字符串，'\0'是字符串的结束标志。在 C 语言中，没有字符串这种数据类型，只能利用字符数组来表示字符串。C 语言对字符串的输入、输出等操作也做了单独定义。

1. 字符串的初始化(利用双引号进行初始化)

(1) "char s[8]={"hello"}; " 字符数组的长度为 8，字符串常量 "hello" 包含 6 个字符，除了看得见的 5 个字符外，在最后还有一个默认的 '\0' 结束标志。相当于 s[0]='h'、s[1]='e'、s[2]='l'、s[3]='l'、s[4]='o'、s[5]='\0'，s[6]、s[7] 没有直接赋值，取默认值 ASCII 码为 0，也是'\0'。虽然 s[5]、s[6]、s[7]的值都是 '\0'，但取得的方式不同。

(2) "char s[8]="hello"; "大括号可以省略不写，其含义与带大括号的初始化结果相同，这种方式更简洁。

(3) "char s[]="hello"; " 数组的长度省略不写，由字符串的长度决定，这个例子 s 数组的长度为 6。

2. 字符串的输出

常用的字符串输出有两种方法：printf 函数和 puts 函数，使用它们要将头文件"stdio.h"

包含进来。

1) printf 函数

使用 printf 函数输出字符串时可以采用两种格式符。

(1) 使用%c 格式控制字符，利用循环逐个字符输出，字符串结束标志'\0'作为循环中止的条件，每次循环输出一个字符。例如：

```
char s[]="hello";
int i;
for(i=0; s[i]!='\0'; i++)
    printf("%c", s[i]);
```

(2) 使用%s 格式控制字符，对应的输出项是字符数组名或字符串常量，此时进行字符串的整体输出，不需要使用循环。例如：

```
char s[]="hello";
printf("%s", s);
printf("%s", "hello");
```

2) puts()函数

puts()函数调用格式：

　　puts(字符数组名或字符串常量);

函数功能：

将字符数组的字符输出到显示屏上，遇到第一个'\0'终止，并将 '\0' 转换成'\n'输出。例如：

```
char str[]="hello";
puts(str);
puts("hello");
```

函数参数：函数只有一个参数，表示要输出的字符串内容，可以是字符串数组的数组名，也可以是字符串常量。

注意：一个字符数组没有字符串结束标志时，会导致不确定的字符输出。例如：

```
char str[]={'h', 'e', 'l', 'l', 'o'};
printf("%s", str);
puts(str);
```

由于字符数组 str 没有 '\0'，printf 和 puts 会在输出 hello 以后，继续访问后续的内存单元，直到遇到 '\0' 为止。这样的代码会导致不确定的字符输出，是错误的代码。

3. 字符串的输入

常用的字符串输入有两种方法：scanf 函数和 gets 函数，使用时要将头文件“stdio.h”包含进来。

1) scanf 函数

scanf 函数在输入字符串时使用格式控制字符%s，其对应的输入项是字符数组名。例如：

```
char name[20];
scanf("%s", name);
```

```
printf("%s", name);
```

函数使用规则：

(1) 程序运行到 scanf 语句后，若输入 zhangfang，zhangfang 这九个字符将被保存到 str[0]～str[8]中，并且'\0'被写入 str[9]中。

(2) 使用 scanf 语句输入字符串，当遇到空格时，scanf 的输入操作将中止，因此，无法使用 scanf 输入一个包含空格的字符串。

例如：上面的程序段，若输入 zhang fang，保存到 str 数组里的将只有 zhang，而不是完整的字符串 zhang fang。

(3) 利用 scanf 函数可以连续输入多个字符串。字符串之间用空格或者回车符分隔。例如：

```
char xingstr[10], mingstr[10];
scanf("%s%s", xingstr, mingstr);
```

如果输入 zhang fang↙，xingstr 中将存放 zhang, mingstr 中存放 fang。

2) gets 函数

gets 函数调用格式：

gets(字符数组名或者字符串常量);

函数功能：

从键盘读入一整行字符(包括空格)到指定的字符数组中，读入时遇到换行符 '\n' 停止，'\n' 转换为字符串结束标志。例如：

```
char name[100];
gets(name);
puts(name);
```

若输入 zhang fang 回车，zhang fang 整体将被保存在 name 里，并在 puts 语句输出。

函数参数：函数只有一个参数，用来存储输入的字符串内容，是字符串数组的数组名。

注意：

① 不论是使用 scanf 还是 gets，用于接受字符串的字符数组定义时的长度应足够长，以便保存整个字符串和字符串结束标志，否则会造成数组越界操作，可能覆盖其他内存变量的内容，造成程序出错。

② gets()函数并不是标准 C 的库函数，因此在某些平台下编译时会提示警告甚至是错误。gets()函数由于没有指定输入字符的大小来限制输入缓冲区的大小，如果输入的字符数大于定义的数组长度，会发生内存越界，堆栈溢出，后果非常严重！因此在标准 C 中使用 fgets()函数来替代 gets()函数。fgets()函数简单示例见下面程序段，详细的使用可参考本书第 9 章的内容。

```
#include <stdio.h>
#include <string.h>
int main()
{
    char s[100];
    printf("输入字符串：\n");
```

```
        fgets(s, 100, stdin);
        s[strlen(s)-1]='\0';
        printf("%s\n", s);
        return 0;
    }
```

说明：

① fgets()函数包括 3 个参数，第一个参数是字符串数组名字；第二个参数是字符串最大长度；第三个参数是表示输入来源，stdin 是在 stdio.h 头文件中定义的，表示的是键盘。

② fgets()函数会将输入结束时的回车符也当作字符串的一部分，用 strlen()检测，跟 gets()函数对比，两者的输入的字符串长度，结果不一样，fgets()函数要多一位回车符 '\n'，因此需要利用 s[strlen(s)-1]='\0'; 这条语句是将回车符去掉。

③ fgets()函数比 gets()函数安全，gets()函数没有指定输入字符串长度的限制，fgets()会指定，如果超出长度的限制，会自动根据定义的长度限制进行截断。

5.3.3　字符串处理函数

本节介绍常用的几个字符串处理函数。使用时需要将头文件“string.h”包含到程序中来。

1. 测试字符串长度函数 strlen(字符数组或者字符串常量)

函数功能：求字符串实际字符个数，不包括字符串结束标志'\0'在内。

函数参数：strlen 函数只有一个参数，为字符数组名或者字符串常量。

例如：

```
#include <stdio.h>
#include <string.h>
int main()
{
    char str[]="hello";
    printf("%d\n", strlen(str));
    return 0;
}
```

程序输出结果如图 5.12 所示。

```
user@ekwphqrdar-machine:~/Cproject$ gcc strlendemo.c
user@ekwphqrdar-machine:~/Cproject$ ./a.out
5
```

图 5.12　程序运行结果

2. 字符串比较函数 strcmp(字符串 1, 字符串 2)

函数功能：两个字符串比较大小。如果字符串 1 和字符串 2 完全相等，strcmp 函数返回 0；如果字符串 1 大于字符串 2，函数返回一个正整数；如果字符串 1 小于字符串 2，函数返回一个负整数。

函数参数：strcmp 函数需要两个参数，两个参数均为字符数组名或者字符串常量。

字符串比较的规则：对两个字符串从左至右逐个字符比较其 ASCII 码值大小，直到遇

到不相等的字符或 '\0' 为止。如果全部字符都相等，则两个字符串相等；如果出现不相等的字符，则以第一个不相等的字符的比较结果为准。

【例 5.12】 strcmp 函数的应用举例。

```
#include <stdio.h>
#include <string.h>
int main( )
{
    char str1[100], str2[100];
    int k;
    gets(str1);
    gets(str2);
    k=strcmp(str1, str2);
    if(k==0)
        printf("str1 与 str2 相等");
    else if(k>0)
        printf("str1 比 str2 大");
    else
        printf("str1 比 str2 小");
    printf("\n");
    return 0;
}
```

程序运行结果如图 5.13 所示。

```
user@ekwphqrdar-machine:~/Cproject$ gcc 5.12.c
user@ekwphqrdar-machine:~/Cproject$ ./a.out
Good morning
Good afternoon
str1比str2大
```

图 5.13　例 5.12 程序运行结果

3. 字符串复制函数 strcpy(字符数组 1，字符串 2)

函数功能：strcpy 作用是将字符串 2 复制到字符数组 1 中，包括串的结束符'\0'。定义时字符数组 1 的长度应大于字符串 2 的实际长度。

函数参数：strcpy 函数需要两个参数，第一个参数为字符数组名，第二个参数为字符数组名或者字符串常量。

例如：

```
#include <stdio.h>
#include <string.h>
int main( )
{
    char   str1[10], str2[]="hello!";
    strcpy(str1, str2);
```

```
    puts(str1);
    return 0;
}
```

程序运行结果如图 5.14 所示。

```
user@ekwphqrdar-machine:~/Cproject$ gcc strcpydemo.c
user@ekwphqrdar-machine:~/Cproject$ ./a.out
hello!
```

图 5.14　程序运行结果

输出结果说明 strcpy 已经将 str2 的字符串复制到了 str1 中。其中 str1 在定义时一定要足够大，以容纳 str2 的字符串和结束符 '\0'，否则将造成数组越界操作，可能产生异常。

分析下面的代码，错在哪？

```
#include<stdio.h>
#include<string.h>
int main()
{
    char  str1[5], str2[]="hello!";
    strcpy(str1, str2);
    puts(str1);
    return 0;
}
```

表面上看 str2 只有 5 个字符，str1 定义长度 5 就够了，但 strcpy 执行过程是将字符串结束符也一起拷贝过去的，因此 str1 的长度应该至少定义为 6。

注意：

不能用 str1=str2 来复制字符串，必须使用 strcpy 函数进行。原因是 str1、str2 是数组名，代表字符数组的起始地址(地址的概念在第 7 章介绍)，C 语言把数组名定义为地址常量，不能给常量赋值。

4. strcat(字符数组 1，字符串 2)

函数功能：strcat 作用是将两个字符串连接起来形成一个新串。连接时它将第一个串的结束符 '\0' 删除，然后将第二个串的全部内容，包括第二个串的结束符 '\0'，都连接在第一个串的后面，形成一个新的字符串并将其存储在字符数组 1 中。需要注意的是字符数组 1 的长度应足够容纳新的字符串的全部内容。

函数参数：strcat 函数需要两个参数，第一个参数为字符数组名，第二个参数为字符数组名或者字符串常量。

例如：

```
#include <stdio.h>
#include <string.h>
int main()
{
    char str1[30]="The C program ", str2[ ]="language";
```

```
        strcat(str1, str2);
        puts(str1);
        return 0;
    }
```

程序结果输出如图 5.15 所示。

```
user@ekwphqrdar-machine:~/Cproject$ gcc strcatdemo.c
user@ekwphqrdar-machine:~/Cproject$ ./a.out
The C program language
```

图 5.15　程序运行结果

5. strlwr(字符串)

函数功能：将字符串中的所有大写字母都转换成小写字母，其他字符不变。

函数参数：strlwr 函数只有一个参数，为已赋值的字符数组名或者字符串常量。

说明：此函数非标准 C 的库函数。

6. strupr(字符串)

函数功能：将字符串中的所有小写字母都转换成大写字母，其他字符不变。

函数参数：strupr 函数只有一个参数，为已赋值的字符数组名或者字符串常量。

说明：此函数非标准 C 的库函数。

例如：

```
#include <stdio.h>
#include <string.h>
int main()
{
    char str[]= "The**C##Program**Language!";
    printf("%s\n", strupr(str));
    printf("%s\n", strlwr(str));
    return 0;
}
```

程序输出结果如图 5.16 所示。

```
user@ekwphqrdar-machine:~/Cproject$ gcc struprdemo.c
user@ekwphqrdar-machine:~/Cproject$ ./a.out
THE**C##PROGRAM**LANGUAGE!
the**c##program**language!
```

图 5.16　程序运行结果

5.3.4　字符串应用举例

【例 5.13】 输入一行文本，统计其中单词的个数，单词之间用空格隔开，字符串最多 80 个字符。

分析：

(1) 此题中，单词的含义是：“连续的不含空格的字符串”。其中，连续的若干个空格看作出现一次空格，文本开头的空格不统计。

(2) 设状态变量 word 代表当前字符的状态，当前字符是空格时：word=0；当前字符为非空格时：word=1；初始值 word=0。累计单词个数的变量设为 num。

(3) 利用循环扫描字符串，依次读入字符，该字符有两种情况：① 该字符是空格，那么置 word=0；② 该字符不是空格，这时要接着判断其前一个字符，前一个字符也有两种情况：其一，是空格，则该字符是“新单词”的开始，那么 num++，并且置 word=1；其二，不是空格，则该字符可看作是“旧单词”的继续，累计单词个数的变量 num 取值保持不变。

程序参考代码如下：

```
#include <stdio.h>
int  main()
{
    char string[80], c;
    int i=0, num, word;
    num=0;                          /*累计单词个数变量首先清零*/
    word=0;                         /*初值为 0*/
    gets(string);                   /*输入一行字符*/
    while((c=string[i++])!='\0')    /*逐个读入字符，直到字符串尾*/
        if (c==' ')                 /*若第 i 字符为空格，置标记 word 为 0*/
            word=0;
        else                        /*若第 i 字符为非空格*/
            if (word==0)            /*前一字符为空格，则为新单词的开始*/
            {
                word=1;             /*修改标记 word 为 1*/
                num++;              /*单词个数加 1*/
            }
    printf("单词数：%d\n", num);
    return 0;
}
```

程序运行结果如图 5.17 所示。

```
user@ekwphqrdar-machine:~/Cproject$ gcc 5.13.c
user@ekwphqrdar-machine:~/Cproject$ ./a.out
 I am a student
单词数：4
```

图 5.17　例 5.13 程序运行结果

输入的字符串不使用字符数组存储，空格、Tab 键和回车键作为单词间隔，参考代码如下：

```
#include <stdio.h>
int main()
{
    int c, num=0, word=0;
```

```
    while ((c=getchar())!=EOF)
        if (c==' '||c=='\n'||c=='\t')
            word=0;
        else if(word==0)
        {
            word=1;
            num++;
        }
    printf("单词数：%d\n", num);
    return 0;
}
```

程序运行结果如图 5.18 所示。

```
user@ekwphqrdar-machine:~/Cproject$ gcc 5.13-1.c
user@ekwphqrdar-machine:~/Cproject$ ./a.out
I am a teacher
and you are a student
单词数：9
```

图 5.18　程序运行结果

其中 EOF 是系统在 stdio.h 头文件中定义的一个符号常量，运行程序时输入 ctrl + d 组合键表示 EOF(EOF 在 stdio.h 头文件中被定义成整型常量 −1)；使用 EOF 取代'\n'，程序可以统计多行字符串中单词的个数，以空格、回车符及跳格符作为单词之间的间隔。

思考：以空格、回车符、跳格符、逗号、分号或者句号作为单词间隔，程序应该如何修改？

【例 5.14】 判断一个字符串是否为回文字符串。所谓回文字符串就是左读和右读都一样的字符串，比如："abcba"是一个回文字符串。字符串最多 100 个字符。

分析：

从字符串的首尾两端的字符开始，依次向中间扫描，进行比较。即设 i=0，j=n−1，比较 str[i]==str[j]，其中按 i++，j−− 的规律变化，依次比较到字符串的中部，即循环 n/2 次就可以得到结果。如果 n 为偶数，比较进行 n/2 次。如果 n 为奇数，str[n/2]这个元素正好是中间元素，不用进行比较，也比较 n/2 次。程序代码如下：

```
#include <stdio.h>
#include <string.h>
int main()
{
    char str[100];
    int i, j, len;
    //标记变量 flag，初值为 1，循环中若不符合回文特点则修改为 0
    int flag=1;
    printf("请输入一个字符串：");            /*输入字符串*/
    gets(str);
    len=strlen(str);
```

```
    //检查字符串是否为回文字符串
    for(i=0, j=len-1; i<len/2; i++, j--)
        //若不符合回文特点，标记 flag 修改为 0，并跳出循环
        if(str[i]!=str[j])
        {
            flag=0;
            break;
        }
    if(flag==1)                          //根据 flag 的值输出结果
        printf("是回文。\n");
    else
        printf("不是回文。\n");
    return 0;
}
```

程序运行的结果如图 5.19 所示。

```
user@ekwphqrdar-machine:~/Cproject$ gcc 5.14.c
user@ekwphqrdar-machine:~/Cproject$ ./a.out
请输入一个字符串：abcba
是回文。
```

图 5.19　例 5.14 程序运行结果

【例 5.15】 从键盘输入 n(n<=10)个字符串(每个字符串最多 80 个字符)，将这 n 个字符串从小到大排序后输出。

```
#include <stdio.h>
#include <string.h>
#define N 10
int main()
{
    char str[N][80], temp[80];
    int i, j, n;
    printf("请输入字符串的个数：");
    scanf("%d", &n);
    getchar();
    for(i=0; i<n; i++)
    {
        fgets(str[i], 80, stdin);
        str[i][strlen(str[i])-1]= '\0';
    }
    for(i=0; i<n-1; i++)
        for(j=0; j<n-i-1; j++)
            if(strcmp(str[j], str[j+1])>0)
```

```
            {
                strcpy(temp, str[j]);
                strcpy(str[j], str[j+1]);
                strcpy(str[j+1], temp);
            }
    printf("排序的结果：\n");
    for(i=0; i<n; i++)
        puts(str[i]);
    return 0;
}
```

程序运行的结果如图 5.20 所示。

```
user@ekwphqrdar-machine:~/Cproject$ gcc 5.15.c
user@ekwphqrdar-machine:~/Cproject$ ./a.out
请输入字符串的个数：3
Janpanese
English
Chinese
排序的结果：
Chinese
English
Janpanese
```

图 5.20　例 5.15 程序运行结果

本 章 小 结

本章学习了 C 语言中的数组，主要介绍了以下内容：

(1) 一维数组的定义、初始化和引用；

(2) 二维数组的定义、初始化和引用；

(3) 字符数组的定义、初始化和引用；

(4) 常用字符串处理函数的功能和使用。

需要注意以下几点：

(1) 下标越界的问题。

(2) 字符数组是一种特殊的数组，遵循一般数组元素引用规则，但更常见的处理方法是使用字符数组名代表整个字符串；定义时字符数组的长度代表字符串的最大长度(含字符串结束标志'\0'在内)，不代表字符串的实际长度。

(3) 使用字符数组时要注意字符串结束标志'\0'的正确使用。

习　题

一、选择题

1. 以下对一维整型数组的说明正确的是________。

(A) int a(n);

(B) #define SIZE 10
int a[SIZE];

(C) int n;
scanf("%d", &n);
int a[n];

(D) int n=10, a[n];

2. 下面程序________。(每行程序前面的数字表示行号)

```
1  int main()
2  {
3      int a[3]={0};
4      int i;
5      for(i=0; i<3; i++)
6          scanf("%d", &a[i]);
7      for(i=1; i<4; i++)
8          a[0]=a[0]+a[i];
9      printf("%d\n", a[0]);
10     return 0;
11 }
```

(A) 没有错误

(B) 第 6 行有错误

(C) 第 7 行有错误

(D) 第 3 行有错误

3. 以下能正确定义数组并正确赋初值的语句是________。

(A) int N=5, b[N][N];

(B) int d[3][2]={{1, 2}, {34}};

(C) int c[2][]={{1, 2}, {3, 4}};

(D) int a[1][2]={{1}, {3}};

4. 有以下程序

```
#include <stdio.h>
int main()
{
    int aa[4][4]={{1, 2, 3, 4}, {5, 6, 7, 8}, {3, 9, 10, 2}, {4, 2, 9, 6}};
    int i, s=0;
    for(i=0; i<4; i++)
        s+=aa[i][1];
    printf("%d\n", s);
    return 0;
}
```

程序运行后的输出结果是________。

(A) 11

(B) 13

(C) 19

(D) 20

5. 若二维数组 a 有 m 列，则计算任一元素 a[i][j]在数组中位置的公式为________。(假设 a[0][0]位于数组的第一位置上。)

(A) i*m+j

(B) i*m+j+1

(C) i*m+j−1　　(D) j*m+i

6. 有以下程序

```
#include <stdio.h>
#include <string.h>
int main()
{
    char s[]="\n123\\";
    printf("%ld, %ld\n ", strlen(s), sizeof(s));
    return 0;
}
```

执行后输出结果是_________。

(A) 5, 6　　(B) 6, 7

(C) 赋初值的字符串有错　　(D) 6, 6

7. 下面描述正确的是_________。

(A) 两个字符串所包含的字符个数相同时，才能比较字符串

(B) 字符串"That"小于字符串"The"

(C) 字符串"STOP　"与"STOP"相等

(D) 字符串字符个数多的字符串比字符个数少的字符串大

8. 当运行以下程序是，从键盘输入：AhaMA Aha<CR>(<CR>代表回车)，以下程序的运行结果是_________。

```
#include <stdio.h>
int main()
{
    char s[80], c='a';
    int i=0;
    scanf("%s", s);
    while(s[i]!='\0')
    {
        if(s[i]==c)
            s[i]=s[i]-32;
        else if(s[i]==c-32)
            s[i]=s[i]+32;
        i++;
    }
    puts(s);
    return 0;
}
```

(A) ahAMa ahA　　(B) AhAMa

(C) AhAMa ahA　　(D) ahAMa

9. 有以下程序：

```
#include <stdio.h>
#include <string.h>
int main()
{
    char a[]={'a', 'b', 'c', 'd', 'e', 'f', 'g', 'h', '\0'};
    int i, j;
    i=sizeof(a);
    j=strlen(a);
    printf("%d, %d\n", i, j);
    return 0;
}
```

程序运行后的输出结果是_________。

(A) 9, 9　　(B) 9, 8

(C) 1, 8　　(D) 8, 9

10. 下面程序段的运行结果是_________。

```
char a[7]="abcdef";
char b[4]="ABC";
strcpy(a, b);
printf("%c", a[5]);
```

(A) 空格　　(B) f

(C) e　　(D) \0

11. 有已排好的字符串 a，下面的程序是将字符串 s 中的每个字符按升序的规律插入到 a 中，请选择填空。

```
#include <stdio.h>
#include <string.h>
int main()
{
    char a[20]="cehiknqtw";
    char s[]="fbla";
    int i, k, j;
    for(k=0; s[k]!='\0'; k++)
    {
        j=0;
        while(s[k]>=a[j]&&a[j]!='\0')
            j++;
        for(______________)
            a[i+1]=a[i];
        a[j]=s[k];
```

```
    }
    puts(a);
    return 0;
}
```

(A)　i=strlen(a)+k; i>=j; i--　　　　(B)　i=j; i<=strlen(a)+k; i++

(C)　i=strlen(a); i>=j; i--　　　　(D)　i=j; i<=strlen(a), i++

二、填空题

1. 以下程序运行后的输出结果是__________。

```
int main()
{
    int p[7]={11, 13, 14, 15, 16, 17, 18};
    int i=0, j=0;
    while(i<7 && p[i]%2==1)
        j+=p[i++];
    printf("%d\n", j);
    return 0;
}
```

2. 下面程序的功能是输入 5 个整数，找出最大数和最小数所在的位置，并把二者对调，然后输出对调后的 5 个数，请填空。

```
int main()
{
    int a[5], max, min, i, j, k;
    for(i=0; i<5; i++)
        scanf("%d", &a[i]);
    min=a[0];
    for(i=1; i<5; i++)
        if(a[i]<min)
        {
            min=a[i];
            j=i;
        }
    max=a[0];
    for(i=1; i<5; i++)
        if(a[i]>max)
        {
            max=a[i];
            k=i;
        }
```

```
        a[j]=max;
        ____________;
        printf("\nThe position of min is:%3d\n", k);
        printf("The position of max is:%3d\n", j);
        for(i=0; i<5; i++)
            printf("%5d", a[i]);
        return 0;
    }
```

3. 当从键盘输入 8 并回车后，以下程序运行后的输出结果是_________。

```
#include <stdio.h>
int main()
{
    int x, y, i, a[8], j, u;
    scanf("%d", &x);
    y=x;
    i=0;
    do
    {
        u=y/2;
        a[i]=y%2;
        i++;
        y=u;
    }while(y>=1);
    for(j=i-1; j>=0; j--)
        printf("%d", a[j]);
    return 0;
}
```

4. 下面程序用“顺序查找法”查找数组 a 中是否存在某一关键字，试填空。

```
#include <stdio.h>
int main()
{
    int a[8]={25, 57, 48, 37, 12, 92, 86, 33};
    int i, x;
    scanf("%d", &x);
    for(i=0; i<8; i++)
        if(x==a[i])
        {
            printf("Found! The index is :%d\n", i);
            break;
```

```
    }
  if(____________)
      printf("Can't found!");
  return 0;
}
```

5. 下面程序段的运行结果是________。#include <stdio.h>

```
int main()
{
   int a[10]={1, 2, 3, 4, 5, 6, 7, 8, 9, 10};
   int k, s, i;
   float ave;
   for(k=s=i=0; i<10; i++)
   {
      if(a[i]%2==0)
           continue;
      s+=a[i];
      k++;
   }
   if(k!=0)
   {
      ave=s/k;
      printf("The number is:%d, The average is:%.2f", k, ave);
   }
   return 0;
}
```

6. 若有定义：double x[3][5]；则 x 在数组中行下标的下限为 0，列下标的上限为________。

7. 以下程序运行后的输出结果是________。

```
int main()
{
   int a[4][4]={{1, 2, 3, 4}, {5, 6, 7, 8}, {11, 12, 13, 14}, {15, 16, 17, 18}};
   int i=0, j=0, s=0;
   while(i++<4)
   {
      if(i==2||i==4)
          continue;
      j=0;
      do
      {
```

```
            s+=a[i][j];
            j++;
        } while(j<4);
    }
    printf("%d\n", s);
    return 0;
}
```

8. 若有定义“nt a[3][4]={{1, 2}, {0}, {4, 6, 8, 10}}; ”，则初始化后，a[1][2]得到的初值是 0，a[2][1]得到的初值是________。

9. 以下程序运行后的输出结果是________。

```
#include <stdio.h>
int main()
{
    int i, j, row, col, min;
    int a[3][4]={{1, 2, 3, 4}, {9, 8, 7, 6}, {-1, -2, 0, 5}};
    min=a[0][0];
    for(i=0; i<3; i++)
        for(j=0; j<4; j++)
            if(a[i][j]<min)
            {
                min=a[i][j];
                row=i;
                col=j;
            }
    printf("min=%d, row=%d, col=%d", min, row, col);
    return 0;
}
```

10. 当运行以下程序时，从键盘输入(<CR>表示回车)：

```
BOOK<CR>
CUT<CR>
GAME<CR>
PAGE<CR>
```

则下面程序的运行结果是________。

```
#include <stdio.h>
#include <string.h>
int main()
{
    int i;
    char str[10], temp[10]="Control";
```

```
    for(i=0; i<4; i++)
    {
        gets(str);
        if(strcmp(temp, str)<0)
            strcpy(temp, str);
    }
    puts(temp);
    return 0;
}
```

11. 下面程序段的运行结果是________。

```
#include <stdio.h>
int main()
{
    int i;
    char a[]="Time", b[]="Tom";
    for(i=0; a[i]!='\0'&&b[i]!='\0'; i++)
        if(a[i]==b[i])
            if(a[i]>='a'&&a[i]<='z')
                printf("%c", a[i]-32);
            else printf("%c", a[i]+32);
        else printf("*");
    return 0;
}
```

12. 下面程序的运行结果是________。

```
#include <stdio.h>
int main()
{
    char a[2][6]={"Sun", "Moon"};
    int i, j, len[2];
    for(i=0; i<2; i++)
    {
        for(j=0; j<6; j++)
            if(a[i][j]=='\0')
            {
                len[i]=j;
                break;
            }
        printf("%s:%d, ", a[i], len[i]);
    }
```

```
    return 0;
}
```

13. 下面程序的运行结果是________。

```
#include <stdio.h>
int main()
{
    int i, r;
    char s1[80]="bus";
    char s2[80]="book";
    for(i=r=0; s1[i]!='\0'&&s2[i]!='\0'; i++)
        if(s1[i]==s2[i])
            i++;
        else
        {
            r=s1[i]-s2[i];
            break;
        }
    printf("%d", r);
    return 0;
}
```

14. 下面程序的运行结果是________。

```
#include <stdio.h>
int main()
{
    int i=5;
    char c[6]="abcd";
    do
        c[i]=c[i-1];
    while(--i>0);
    puts(c);
    return 0;
}
```

三、程序设计题

1. 定义一个长度为 n(n 从键盘输入，$n \leqslant 100$)的整型数组，按顺序赋予从 2 开始的偶数，然后按顺序每 t 个数求出一个平均值，放在另一个数组中，最后不够 t 个数时，余下的算平均值即可并输出平均值这个数组。

2. 将数组中 n (n 从键盘输入，$n \leqslant 30$)个元素按逆序重新存放。

3. 班级中 n (n 从键盘输入，$n \leqslant 40$)名学生的某门课成绩存放在数组中，统计各等级的人数，其中：优：90～100；良：80～89；中：70～79；及格：60～69；不及格：分数小于 60。

4. 从键盘输入 $n(n \leqslant 100)$ 个数存放在数组中，输出其中的最大数和最小数及它们对应的下标。

5. 将若干个整数(不多于 30 个)，使用插入排序法按从小到大的顺序排列。

6. 编程实现打印杨辉三角形前 n(n 从键盘输入，$n \leqslant 20$)行。例如当 $n = 8$ 时，输出形式如下：

```
1
1    1
1    2    1
1    3    3    1
1    4    6    4    1
1    5    10   10   5    1
1    6    15   20   15   6    1
1    7    21   35   35   21   7    1
```

7. 设班级有 n(n 从键盘输入，$n \leqslant 40$)名学生，用一个三列的二维数组存放学生信息，第一列存放学号，第二列存放英语成绩，第三列存放数学成绩，编程求班级数学和英语的平均分，并输出两科都低于平均分的学生的信息。

8. 输出“魔方阵”。所谓魔方阵是指矩阵的每一行、每一列和对角线之和均相等。例如当 n 等于 3 时，三阶魔方阵为：

```
8  1  6
3  5  7
4  9  2
```

输出 $1 \sim n^2$ 的魔方阵，n 从键盘输入，$n \leqslant 6$。

9. 输入一个 m 行 n 列的整型数组(m、n 从键盘输入，m、n 均大于 0 小于 20)，求出这个数组的“鞍点”。鞍点是指这个元素在所处的行上最大，列上最小。请输出这个鞍点的位置及鞍点的值(鞍点有可能有多个，多个鞍点输出时每个鞍点的信息独立成行)。如果没有鞍点，请输出 No。

10. 假设有一个数组包含 $n(n < 20)$ 个元素，其元素有序(升序)，要求任意输入一个整数，将其有序地插入数组中。

11. 从键盘输入一个 m 行 n 列的整型二维数组(m、n 从键盘输入，m、n 均大于 0 小于 20)，编程求数组中所有外围元素之和。

12. 从键盘输入两个字符串 A、B，判断字符串 B 是否包含在字符串 A 中。

13. 从键盘输入一行字符，删除其中的空格，并输出结果。

第 6 章　函　数

在设计一个较大的程序时，往往把它分为若干个程序模块，每一个模块包括一个或多个函数，每个函数实现一个特定的功能。一个 C 程序可由一个主函数和若干其他函数构成。由主函数调用其他函数，其他函数也可互相调用。在程序设计中我们要善于利用函数，以减少重复编写程序段的工作量，也便于实现模块化的程序设计。本章将重点从函数的定义、函数的调用、函数的声明、参数之间的信息交换、参数和函数的作用域等方面进行介绍。

6.1　函数概述

把所有的代码都放在一个主函数中，就会使主函数变得冗余庞杂，使阅读和维护程序变得困难；此外，有时程序中要多次实现某一功能，就需要多次重复编写实现此功能的代码，这也使得程序冗长、不精炼。因此，我们可以采用模块化程序设计思路，使用函数进行程序的组装。就像组装一台计算机一样，事先设计好部件，组装时用到什么就从工厂取出什么进行组装，而不是用到时才去生产。函数就是采用这种思想，先编写好函数放入函数库中，在需要的时候再从函数库中直接调用。所以说使用函数可以实现两个目的：减少代码的重复性以及使代码模块化，方便阅读和维护。

所以从本质上来说，函数是结构化程序的最小模块，是程序设计的基本单位。一个完整的 C 语言程序可由若干个函数组成，在这些函数中有且只能有一个主函数 main()。操作系统通过主函数开始调用其他函数完成特定的功能。

本章主要介绍函数的定义格式和说明方法，函数的参数和返回值，函数的调用方法等，并通过实例说明函数的应用。

6.2　函数的定义与调用

6.2.1　函数的定义

函数必须“先定义，后使用”，可以是系统定义的，也可以是用户自定义的。前者称为系统函数或标准库函数，后者称为用户自定义函数。

C 语言中函数的定义格式如下：

```
[存储类型] 返回值类型 函数名(形式参数列表)          //函数头
{
    语句;                                          //函数体
}
```

语法规则：

(1) 存储类型有两种：一种是外部函数，存储类型说明符为 extern，通常被缺省；另一种是内部函数，存储类型说明符为 static，该说明符不可省略(后续 6.5 节会详细介绍)。

(2) 返回值类型包括 C 语言中所有允许出现的类型，包括基本数据类型，也可以是构造数据类型，还可以是指针等。返回值类型不可缺省，如果某个函数无返回值，应用关键字 void 说明。

(3) 函数名是函数的有效标识，它应是一个合法的标识符。

(4) 形式参数列表中可以有 0 个或多个参数，多个参数之间用逗号分隔。每个参数要给出参数名和对应的数据类型。该参数列表中的参数称为形式参数，简称形参。形参的意思是在该函数被调用之前，它不被分配内存单元，只有在它被调用后，系统用实参给它初始化时，形参才有内存单元。以上四部分内容是函数头的内容。

(5) { } 括起来的内容称作函数体。函数体是由一对花括号括起来的若干条语句组成的，花括号不可缺省。花括号内的语句可以是一条也可以是多条，还可以无语句。函数体内无语句的函数被称为空函数。函数体描述了函数实现一个功能的过程，并要在最后执行一个函数返回语句，返回语句的作用是：

① 将流程从当前函数返回其上级(调用函数)；

② 撤销函数调用时为各个参数及变量分配的内存空间；

③ 向调用函数返回最多一个值。

例如：

① 简单函数定义：

```
void nothing()
{    }
```

这是一个简单的函数，其函数名为 nothing，该函数无参数，无返回值，void 表示无返回值，不可省略。该函数的函数体也是空的，但是一对花括号不可省略。

② 无返回值、无形参函数定义：

```
void func()
{
    printf("hello!\n");
}
```

该函数名为 func，无参数，无返回值，函数体内仅有一条输出字符串"hello！"和换行的语句。

③ 有返回值、有形参函数定义：

```
double sum(double d1, double d2)
{   double add;
    add=d1+d2;
    return add;
}
```

该函数名为 sum，有两个 double 型的形参，函数的返回值为 double。该函数的函数体内有一条说明语句和两条执行语句。

注意：

① C 程序中，可以定义多个函数，其中只有一个主函数 main()，其余函数都是被调用的函数；

② C 语言中不允许在函数体内再定义函数，例如：

```
int fun2()
{
    …
    void f1()
    {
        …
    }
    …
}
```

在函数 fun2()的函数体内，定义了函数 f1()，这是不允许的，即函数不允许嵌套定义。

【例 6.1】 从键盘上输入两个整数，求两者的和。

```
#include <stdio.h>
int sum(int x, int y)
{   int z;
    z=x+y;
    return(z);
}
int main()
{   int a, b, c;
    printf("输入  x y:\n");
    scanf("%d, %d", &a, &b);
    c=sum(a, b);
    printf("求和结果：%d\n", c);
    return 0;
}
```

程序运行结果如图 6.1 所示。

```
user@ekwphqrdar-machine:~/Cproject$ gcc 6.1.c
user@ekwphqrdar-machine:~/Cproject$ ./a.out
输入  x y:
3,4
求和结果： 7
```

图 6.1　例 6.1 程序运行结果

6.2.2　函数的调用

1. 函数调用的形式

函数调用的一般形式为：

函数名(实参列表);

语法规则：

(1) 函数名是函数有效的标识，必须与定义时的函数名一致。

(2) 实参列表是调用者提供的参数，例 6.1 中的 a 和 b 即为实参。

如果是调用无参函数，则实参列表可以没有，但括号不能省略，如果实参列表包含多个实参，则各个参数之间要用逗号隔开。

(3) 函数调用后面的分号不是必须存在的，只有作为函数的单独调用语句时才需要有分号，要分情况规范代码。

按照函数在程序中出现的位置和形式，函数调用方式可以分为 3 种：

① 单独作为一个程序语句。例如："printfName(); "。

② 出现在表达式中。函数不能嵌套定义，但是函数间可以互相调用。例如："z=sum(x, y); "。

③ 作为另一个函数的参数。例如："z=sum(x, sum(y, z));"。

2. 函数调用的过程

(1) 函数中的形参，在没有发生函数调用时，它们并不占用内存中的数据单元，发生函数调用时，才被临时分配内存单元。

(2) 将实参的值传递给对应的形参。

(3) 执行函数体语句时，由于形参已经被赋值，就可以使用形参进行相关的运算。

(4) 通过 return 语句将函数的值带回到函数被调用的地方(如果函数不需要返回值，则不需要 return 语句，此时函数类型应该定义为 void)。

(5) 调用完成，形参占用的存储单元被释放。要注意，形参和实参占用的是两块不同的内存单元，所以此时实参单元的值并没有发生改变，而且实参向形参的数据传递是单向的值传递。

例 6.1 中，在 sum()函数没有被调用时，形参 x、y 是没有被赋值，也没有分配存储空间的，当函数调用语句"c=sum(a, b); "执行时，函数 sum()被调用，实参单向值传递给形参，将 a、b 的值赋给 x、y，并临时为形参分配存储单元。sum()函数调用结束后，通过 return 将主函数所需要的函数值返回给变量 c，然后释放形参 x、y 的存储单元，因为占用的空间被释放，它们所被赋予的值也不复存在。

【例 6.2】 从键盘输入任意两个整数，求二者的最大值。

```
#include <stdio.h>
int max(int x, int y)
{
    int z;
    if(x>y)
        z=x;
    else
        z=y;
    return(z);
```

```
}
int main()
{
    int a, b, c;
    printf("输入 x y:\n");
    scanf("%d, %d", &a, &b);
    c=max(a, b);
    printf("最大值是：%d\n", c);
    return 0;
}
```

程序运行结果如图 6.2 所示。

```
user@ekwphqrdar-machine:~/Cproject$ gcc 6.2.c
user@ekwphqrdar-machine:~/Cproject$ ./a.out
输入 x y:
1,2
最大值是: 2
```

图 6.2　例 6.2 程序运行结果

6.2.3　函数的声明

C 程序在编译的时候会检查语法错误，编译的过程是从代码的首行开始，逐行分析代码，检查语法错误的。

【例 6.3】 阅读代码，分析编译错误的原因。

```
#include <stdio.h>
int main()
{
    double m, n, max;
    scanf("%d%d", &m, &n);
    max=getMax(m, n);
    printf("%lf\n", max);
    return 0;
}
double getMax(double x, double y)
{
    if(x-y>1e-6)
        return x;
    else
        return y;
}
```

此程序代码运行结果如图 6.3 所示。

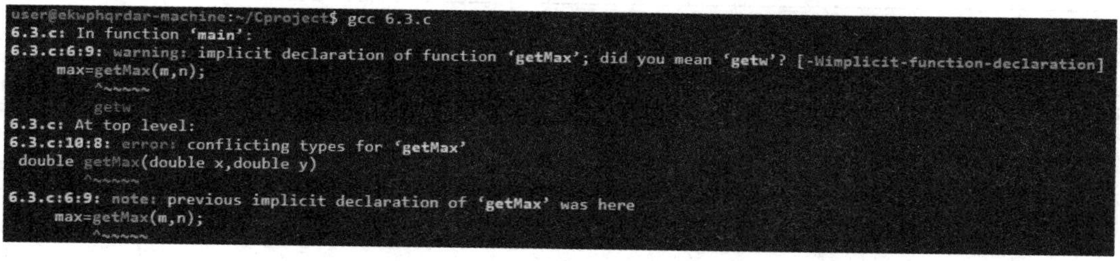

```
user@ekwphqrdar-machine:~/Cproject$ gcc 6.3.c
6.3.c: In function 'main':
6.3.c:6:9: warning: implicit declaration of function 'getMax'; did you mean 'getw'? [-Wimplicit-function-declaration]
     max=getMax(m,n);
         ^~~~~~
         getw
6.3.c: At top level:
6.3.c:10:8: error: conflicting types for 'getMax'
 double getMax(double x,double y)
        ^~~~~~
6.3.c:6:9: note: previous implicit declaration of 'getMax' was here
     max=getMax(m,n);
         ^~~~~~
```

图 6.3　例 6.3 程序运行结果

例 6.3 中，当编译到函数调用语句“max=getMax(m, n); ”时，提示编译错误的信息，并明确告知，getMax 函数未定义。其原因就是编译是从程序首行开始，逐行向下进行的。当编译到调用语句“max=getMax(m, n); ”时，编译系统未读到 getMax()函数定义的相关内容，因此无法进行语法检查，导致错误。为了避免此类情况的发生，可以将 getMax()函数定义放到 main()函数之前。

在 C 语言中，对于定义在后、调用在前的函数，可以使用函数声明的方式来解决。在调用之前必须声明，该声明可放在函数体内，也可放在函数体外。

如果没有对函数进行声明，系统在调用函数时则无法确定调用的函数名是不是已经定义，也无法判断参数类型和参数个数是否正确，这样就无法进行函数正确性的检查。若不对函数的正确性进行检查，在运行时才发现函数实参和形参类型或者个数不一致等问题，会导致运行错误，所以能在编译阶段避免的错误就尽量不要等到运行时解决，这样不仅麻烦，而且工作量也很大。所以，对函数进行声明就有了必要性，这样函数编译时就有章可循，编译系统会根据函数声明和调用时函数名进行检查，如果发现错误就会报错，这时属于语法错误，很容易发现和解决。

对函数的声明要求使用函数原型声明。声明时不仅要声明函数名和函数类型，还要声明该函数的参数个数及参数类型，参数名可以声明也可以不声明。函数的声明格式有如下两种：

　　[存储类型] 返回值类型　函数名(参数类型);

和

　　[存储类型] 返回值类型　函数名(参数类型　参数名);

例 6.3 中 getMax()函数的原型声明如下：

```
double getMax(double, double);
```

或者

```
double getMax(double d1, double d2);
```

因为编译时进行的语法检查并不检查形参的名字，所以上述两种声明是等价的。修改例题 6.3，程序运行结果如图 6.4 所示。

#include <stdio.h>
double getMax(double, double);
int main()
{
　　double m, n, max;
　　scanf("%lf%lf", &m, &n);
　　max=getMax(m, n);
	#include <stdio.h>
	int main()
	{
	　　double m, n, max;
	　　double
	　　getMax(double, double);
	　　scanf("%lf%lf", &m, &n);

例程 1：函数声明在函数体外	例程 2：函数声明在函数体内

<pre>   printf("%.2lf\n", max);
    return 0;
}
double getMax(double x, double y)
{
    if(x-y>1e-6)
        return x;
    else
        return y;
}</pre>
	<pre> max=getMax(m, n);
	    printf("%.2lf\n", max);
	    return 0;
	}
	double getMax(double x, double y)
	{
	    if(x-y>1e-6)
	        return x;
	    else
	        return y;
	}</pre>

```
user@ekwphqrdar-machine:~/Cproject$ gcc 6.3.c
user@ekwphqrdar-machine:~/Cproject$ ./a.out
1 5
5.00
```

图 6.4　修改例 6.3 后的程序运行结果

函数的声明和函数定义中的函数首部基本一样，两者只差一个分号。函数声明是为了便于对函数调用的合法性进行检查，函数的首部就被称为函数原型。因为在函数的首部包含了检查调用函数是否合法的基本信息，包括函数名、参数个数和参数顺序以及参数类型，在检查函数调用时要求函数首部内的信息必须与函数声明的一致，实参类型必须与函数形参类型相同或可进行自动类型转换，否则按出错处理，这样就能保障函数的正确调用。

6.3　函数间的信息交换

6.3.1　函数的参数

在调用有参函数时，主调函数和被调函数之间就会产生数据信息的传递和交换，数据的传递和交换是通过参数来实现的，且函数的参数有实参和形参两种。

1. 函数的实参和形参

函数的实参指的是主调函数中的参数，它可以是表达式，也可以是地址值，实参的特征是一定具有一个确定的值。

函数的形参指的是被调用函数的参数，它可以是变量名或者指针，形参的特征是该参数在函数未被调用时是没有被分配内存单元的。函数的形参列表可以是空的，也可以有多个形参，形参间用逗号分隔。

通常要求函数的形参和实参个数相等，对应的类型相同。

2. 实参和形参间的数据传递

函数调用时先计算函数各实参的值，然后用实参初始化形参。当一个函数具有多个实参时，允许不同编译系统在计算函数实参时有不同的计算顺序，既可以从左至右计算，也可以从右至左计算。为了避免这种二义性，应该限制函数实参中出现的带副作用的运算符。

【例 6.4】 分析下列程序的输出结果，并说明由于对参数的计算顺序的不同而可能出现的二义性。

```
#include<stdio.h>
int main()
{
    int sum(int x, int y);
    int a=3, b=6, c;
    c=sum(--a, a-b);
    printf("sum is %d\n", c);
    return 0;
}
int sum(int x, int y)
{
    int z;
    z=x+y;
    return(z);
}
```

程序在 GCC 编译器编译，Linux 环境下运行结果如图 6.5 所示。

```
user@ekwphqrdar-machine:~/Cproject$ gcc 6.4.c
user@ekwphqrdar-machine:~/Cproject$ ./a.out
sum is -2
```

图 6.5　例 6.4 程序运行结果

从该程序的输出结果可以知道，如果所使用的编译系统对函数参数的计算顺序是从左至右的，函数 sum()的两个实参值分别为 3 和 6，该程序的输出结果应该是 −2；如果参数计算顺序是从右至左的，则程序的输出结果是 −1。由此可判知 GCC 编译系统对于函数参数的计算顺序应该是从左至右的。

为了避免由于不同编译系统对函数参数计算顺序不同而造成的二义性，编写程序时应避免模糊语句。该程序可做如下修改：

```
…
int a=3, b=6;
int z=--a;
int sum=fun1(z, a-b);
…
```

这样便避免了可能发生的二义性。

6.3.2 数组作为函数参数

调用有参函数时需要提供常量、变量、表达式等作为实参，数组元素有着与变量相当的作用，一般来说变量作实参的地方都可以用数组元素来代替，因此，数组元素可以用来当作函数实参，实现数据传递，用法与变量相同。并且数组名可作为实参和形参，传递第一个元素的地址。

1. 数组元素作函数实参

数组元素可作实参但不能作形参。因为形参是被临时分配存储单元的，而数组是内存中一段连续的存储单元，不可能为一个数组元素单独分配存储单元，且在数组元素作实参时，数据传递方向是从实参传到形参的单项值传递。

【例 6.5】 求数组内 10 个元素的最大值并指出其位置所在。

```
#include<stdio.h>
int max(int x, int y);
int main()
{
    int a[10], m, n, i, k;
    printf("请输入 10 个整数：");
    for(i=0; i<10; i++)
        scanf("%d", &a[i]);
    for(i=1, n=0, m=a[0]; i<10; i++)
    {
        k= max(m, a[i]);
        if(k>m)
        {
            m=k;
            n=i;
        }
    }
    printf("最大数是：%d，其在第%d 位。\n", m, n+1);
    return 0;
}
int max(int x, int y)
{
    return (x>y?x:y);
}
```

程序运行结果如图 6.6 所示。

```
user@ekwphqrdar-machine:~/Cproject$ gcc 6.5.c
user@ekwphqrdar-machine:~/Cproject$ ./a.out
请输入10个整数：1 2 3 4 5 6 7 8 9 2
最大数是：9，其在第9位。
```

图 6.6　例 6.5 程序运行结果

通过第一个 for 循环，将数组的各个元素进行赋值；第二个 for 循环，调用 max 函数，对所有数组元素进行比较，此时数组元素作为实参，将值单向传递给形参，实现 max 函数，达到函数的预期目的。

2. 一维数组名作函数参数

上面提到用数组元素可作函数实参，还可以用数组名作函数的参数(实参、形参都可以)。用数组元素作函数实参时，向形参传递的是数组元素的值，而用数组名作函数实参时，向形参传递的是数组元素的首地址。

【例 6.6】 求 10 个学生的平均成绩。

在主函数中定义一个浮点型数组 score，将输入的 10 个学生成绩存放在数组中。average 函数用来求学生的平均成绩，这就需要把数组有关的信息传递给 average 函数。用数组名作实参，把数组地址传递给 average 函数，在该函数中对数组进行处理。

```
#include<stdio.h>
float average(float array[10])
{
    int i;
    float aver, sum=0;
    for(i=0; i<10; i++)
        sum=sum+array[i];
    aver = sum/10;
    return (aver);
}
int main()
{
    float score[10], aver;
    int i;
    printf("请输入 10 个成绩：");
    for(i=0; i<10; i++)
        scanf("%f", &score[i]);
    aver=average(score); //以数组名为实参调用 average 函数
    printf("平均成绩：%.2f\n", aver);
    return 0;
}
```

程序运行结果如图 6.7 所示。

```
user@ekwphqrdar-machine:~/Cproject$ gcc 6.6.c
user@ekwphqrdar-machine:~/Cproject$ ./a.out
请输入10个成绩：90 98 76 90 99 75 60 64 83 88
平均成绩：91.30
```

图 6.7　例 6.6 程序运行结果

函数调用语句“aver=average(score);”将数组名 score 作为实参传递给形参数组 array；array 接到的是 score 的首地址，即数组 array 的首地址与 score 的首地址相同。因为数组元素内存地址是连续的，array 数组的每一个元素与 score 数组共同一个内存空间。

一维数组作为形参时，数组的长度可以省略不写，average()函数的声明或者定义的首部也可以写成“float average(float array[]); ”。

3. 多维数组名作函数参数

多维数组元素与一维数组元素一样，可作函数实参，多维数组名可作函数实参和形参。

【例 6.7】 求 3 × 3 矩阵中对角线元素之和。

```
#include<stdio.h>
int add(int b[][3], int n);
int main()
{
    int a[3][3]={{1, 3, 4}, {2, 4, 5}, {6, 7, 4}};
    int i, j, s;
    printf("矩阵:\n");
    for(i=0; i<3; i++)
    {
        for(j=0; j<3; j++)
            printf("%4d", a[i][j]);
        printf("\n");
    }
    s=add(a, 3);                //实参是二维数组名
    printf("矩阵的对角线上的元素之和为：%d\n", s);
    return 0;
}
int add(int b[][3], int n)
{   int i, j, s=0;
    for(i=0; i<n; i++)
        for(j=0; j<n; j++)
            if(i==j)            //对角线元素行号和列号相等
                s+=b[i][j];
    return s;
}
```

程序运行结果如图 6.8 所示。

```
user@ekwphqrdar-machine:~/Cproject$ gcc 6.7.c
user@ekwphqrdar-machine:~/Cproject$ ./a.out
矩阵：
   1   3   4
   2   4   5
   6   7   4
矩阵的对角线上的元素之和为：9
```

图 6.8　例 6.7 程序运行结果

二维数组作形参时，数组的行数可以省略不写，但数组的列数必须明确地定义出来。

6.3.3 参数传递方式

根据实参传递给形参内容的不同，参数传递方式可分为值传递和地址传递。

1. 值传递

值传递中，实参可以是变量、常量或者数组元素。实参将数值传递给形参，实际是将实参的值复制到形参相应的存储单元中，即形参和实参分别占用不同的存储单元。这种传递方式的特点是单向的，即主调函数调用时给形参分配存储单元，把实参的值传递给形参，在调用结束后，形参的存储单元被释放，因此形参值的任何变化都不会影响到实参的值，实参的存储单元仍保留并维持数值不变。

【例 6.8】 利用函数调用的方式，完成两个数字的交换。

```
#include <stdio.h>
void swap(int x, int y)
{
    int tmp;
    tmp=x;
    x=y;
    y=tmp;
    printf("形参 x=%d, y=%d\n", x, y);
}
int main()
{
    int a=10;
    int b=20;
    swap(a, b);
    printf("实参 a=%d, b=%d\n", a, b);
    return 0;
}
```

程序运行结果如图 6.9 所示。

```
user@ekwphqrdar-machine:~/Cproject$ gcc 6.8.c
user@ekwphqrdar-machine:~/Cproject$ ./a.out
形参x=20, y=10
实参a=10, b=20
```

图 6.9　例 6.8 程序运行结果

程序运行之后，变量 a、b 的值并没有交换，交换的是形参 x、y 的值。这是因为函数在调用时，把实参 a 的值赋给了形参 x，而将实参 b 的值赋给了形参 y，在 swap()函数体内再也没有对 a、b 进行任何操作，而在 swap()函数体内交换的只是 x、y，并不是 a、b，因此，a、b 的值不会改变。

2. 地址传递

地址传递中，实参使用数组名或者指针(指针的概念在第 7 章介绍)，传递的是该数组的首地址，而形参接收到的是地址，即指向实参的存储单元，形参和实参占用相同的存储单元。

地址传递的特点是双向的，即形参的变化也会影响实参的值，形参并不存在存储空间，编译系统不会为形参数组分配内存。数组名或指针就是一组连续空间的首地址，形参在取得该首地址之后，与实参共同拥有一段内存空间，形参的变化也就是实参的变化。

【例 6.9】 利用函数调用的方式，完成两个数字的交换。

```
#include <stdio.h>
void swap(int x[2])
{
    int tmp;
    tmp=x[0];
    x[0]=x[1];
    x[1]=tmp;
    printf("形参 x[0]=%d, x[1]=%d\n", x[0], x[1]);
}
int main()
{
    int a[2]={10, 20};
    swap(a);
    printf("实参 a[0]=%d, a[1]=%d\n", a[0], a[1]);
    return 0;
}
```

程序运行结果如图 6.10 所示。

```
user@ekwphqrdar-machine:~/Cproject$ gcc 6.9.c
user@ekwphqrdar-machine:~/Cproject$ ./a.out
形参x[0]=20,x[1]=10
实参a[0]=20,a[1]=10
```

图 6.10　例 6.9 程序运行结果

函数调用“swap(a);”时，实参传递的是数组名 a，即数组 a 的首地址，形参 x 接到这个地址后，与数组 a 共享内存空间，修改了 x[0]和 x[1]，就相当于修改了 a[0]和 a[1]，因此 main()函数中输出的 a[0]和 a[1]是被交换后的结果。

6.3.4　函数返回值的实现

如果一个函数具有返回值，它的一般形式为：

    return(表达式);

语法规则：

(1) 表达式的形式多种多样，可以是常量，可以是一个求得的变量，也可以是一个表达式。

(2) 如果函数没有返回值，函数中可以没有 return 语句，直接利用函数体的右括号“}”

作为没有返回值的函数的返回。也可以有 return 语句，但 return 后面没有表达式，如“return;”。

(3) 小括号可以省略。

(4) 执行 return 语句之后，函数调用就立即结束，程序流程回到主调函数中。

(5) 在定义函数时指定的函数返回值类型一般和 return 语句中的表达式类型一致。如果函数返回值类型和 return 中表达式的值不一致，则以函数返回值类型为准。对数值型数据，可以自动进行类型转换，由函数返回值类型决定返回值的类型。

【例 6.10】 从键盘任意输入一个圆的半径，利用函数求圆的周长，结果保留两位小数。

```
#include <stdio.h>
#define PI 3.14159
double circum(double x)
{
    return 2*PI*x;
}
int main()
{
    double r, s;
    printf("请输入圆的半径：");
    scanf("%lf", &r);
    s=circum(r);
    printf("面积：%.2lf\n", s);
    return 0;
}
```

程序运行结果如图 6.11 所示。

```
user@ekwphqrdar-machine:~/Cproject$ gcc 6.10.c
user@ekwphqrdar-machine:~/Cproject$ ./a.out
请输入圆的半径：3
面积：18.85
```

图 6.11　例 6.10 程序运行结果

6.4　函数的嵌套调用和递归调用

在 C 语言中，函数的定义是互相平行独立的，也就是说不能在一个函数内定义另一个函数，即上文提到的不可嵌套定义，但可以在一个函数中调用另一个函数，即嵌套调用函数。

6.4.1　函数的嵌套调用

在被调函数中又调用其他函数的程序结构称为函数的嵌套调用。例如下面的代码段，在 main()函数中调用函数 a()，在 a()函数中调用函数 b()。

```
void b()
{
    ...
}
void a()
{
    ...
    b();
    ...
}
int main()
{
    ...
    a();
    ...
    return 0;
}
```

如图 6.12 所示为嵌套调用及其执行过程。

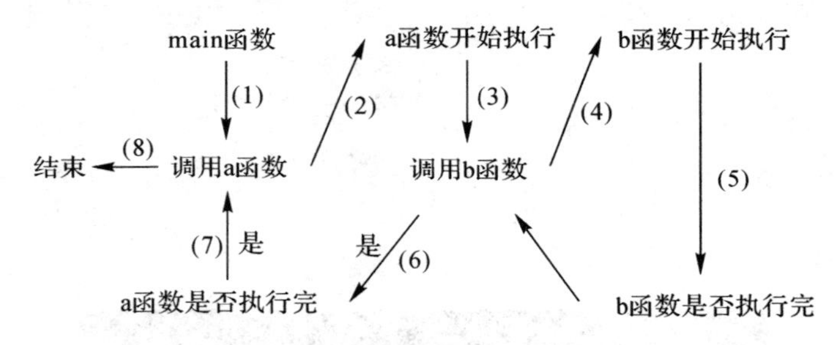

图 6.12　函数嵌套调用示意图

(1) 执行 main()函数的开头；
(2) 遇到函数调用语句，调用 a()函数，流程转到 a()函数；
(3) 执行 a()函数的开头；
(4) 遇到函数调用语句，调用 b()函数，流程转到 b()函数；
(5) 执行函数 b()的开头，此时，如果没有其他嵌套发生，则完成 b()函数的全部操作；
(6) 返回 a()函数中尚未执行的部分，直到 a()执行结束；
(7) 返回 main()中调用 a()函数的位置；
(8) 继续执行 main()函数剩余部分直到结束。

【例 6.11】 求两个整数的最大公约数和最小公倍数。

```
#include<stdio.h>
#include<math.h>
int gcd(int a, int b)
{
```

```
    int c;
    if (a<b)                    //保证 a 的值大于 b
    {
        c=b;
        b=a;
        a=c;
    }
    while(a!=0)
    {
        c=a%b;
        b=a;
        a=c;                    //把余数赋值给 a，直到 a=0 时跳出循环，找到结果
    }
    return b;
}
int lcd(int a, int b)
{   int c;
    c=(a*b)/(gcd(a, b));        //函数嵌套的过程
    return c;
}
int main()
{   int m, n;
    printf("请输入两个数：");
    scanf("%d, %d", &m, &n);
    printf("%d 和%d 最大公约数为：%d\n", m, n, gcd(m, n));
    printf("最小公倍数为：%d\n", lcd(m, n));
    return 0;
}
```

程序运行结果如图 6.13 所示。

```
user@ekwphqrdar-machine:~/Cproject$ gcc 6.11.c -lm
user@ekwphqrdar-machine:~/Cproject$ ./a.out
请输入两个数：12,25
12和25最大公约数为：1
最小公倍数为：300
```

图 6.13　例 6.11 程序运行结果

6.4.2　函数的递归调用

1. 递归调用的内容

函数的递归调用就是一个函数在其函数体内，直接或者间接地调用了它本身。递归调

用分为直接递归调用和间接递归调用。

(1) 直接递归调用，即函数体内直接调用自身，示例代码段如下：

```
void test1()
{
    …
    test1();
    …
}
```

直接递归调用示意图如图 6.14 所示。

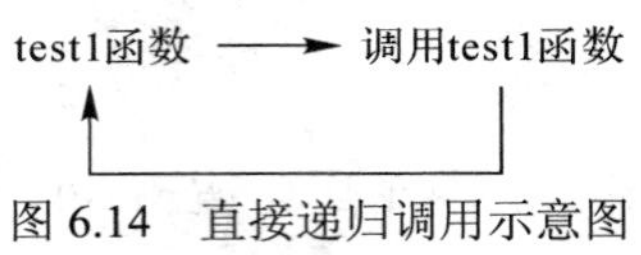

图 6.14　直接递归调用示意图

(2) 间接递归调用，即函数体间接调用自身，示例代码段如下：

```
void test1()
{
    …
    test2();
    …
}
void test2()
{
    …
    test1();
    …
}
```

间接递归调用示意图如图 6.15 所示。

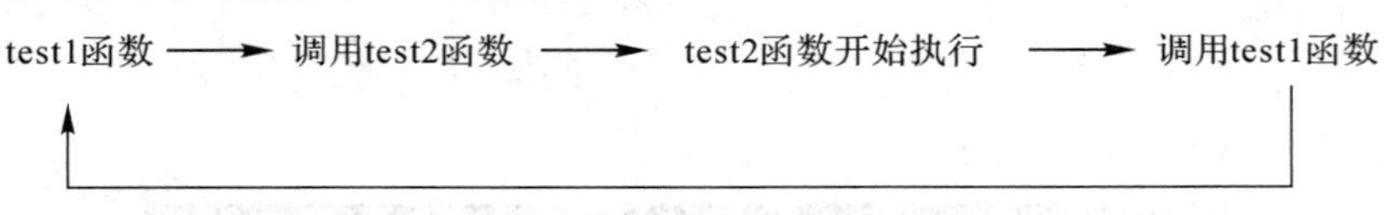

图 6.15　间接递归调用示意图

以上两种递归调用在没有限制条件的情况下都是无限循环调用。为了使程序合理地解决问题，使递归调用有限进行，在使用递归调用时必须在函数内加条件判断，满足条件后就不再做递归调用，然后逐层返回。

2. 递归调用的条件

采用递归方法来解决问题，必须满足以下条件：

(1) 可以通过递归调用来缩小问题规模，且新问题与原问题有着相同的形式，这样就可以利用递归把问题分解成为规模更小的、具有与原问题相同解法的问题。

(2) 存在一种简单情境，可以使递归在简单情境下退出。

如果一个问题不满足以上两个条件，那么它就不能用递归来解决。以斐波那契函数为例，该函数的数学定义为 $f(0) = 0$，$f(1) = 1$，对于 $n>1$，$f(n) = f(n-1) + f(n-2)$，那么该函数是如何满足递归的两个条件的？

① 对于 $n>1$，求 $f(n)$只需求出 $f(n-1)$和 $f(n-2)$，也就是说规模为 n 的问题，转化成了规模更小的问题。

② 对于 $n = 0$ 和 $n = 1$，存在着简单情境：$f(0) = 0$，$f(1) = 1$。

因此，可以很容易地写出计算斐波那契数列的第 n 项的递归程序。

【例 6.12】 利用递归调用求斐波那契数列的第 n 项。

```
#include <stdio.h>
long fib(int n)
{
    if(n==0)
        return 0;
    else if(n==1)
        return 1;
    else
            return fib(n-1)+fib(n-2);
}
int main()
{
    int n;
    printf("请输入 n： ");
    scanf("%d", &n);
    printf("斐波那契函数的第%d 项值为：%ld\n", n, fib(n));
    return 0;
}
```

程序运行结果如图 6.16 所示。

```
user@shgjefavcr4-machine:~/Cproject$ gcc 6.12.c
user@shgjefavcr4-machine:~/Cproject$ ./a.out
请输入n: 6
斐波那契函数的第6项值为: 8
```

图 6.16 例 6.12 程序运行结果

在编写递归调用函数的时候，一定要把对简单情境的判断写在最前面，以保证函数调用在检查到简单情境的时候能够及时中止递归；否则，递归函数将永不停息地在进行递归调用。

3. 递归调用的优缺点

1) 优点

(1) 代码简洁。

(2) 便于理解。

2) 缺点

(1) 时间和空间的消耗比较大。递归由于是函数调用自身，而函数调用时会消耗时间和内存空间，每一次函数调用，都需要在内存中分配空间以保存参数、返回值和临时变量，而往内存中写入和读取数据也都需要时间，所以降低了效率。

(2) 重复计算。递归中有很多计算都是重复的，递归的本质是把一个问题分解成两个或多个小问题，多个小问题存在重叠的部分，即存在重复计算，如斐波那契数列的递归实现。

(3) 调用会使内存溢出。递归可能使内存溢出，因为每次调用时都会在内存中分配空间，而内存空间的容量是有限的，当调用的次数太多时就可能超出内存的容量，进而造成内存溢出。

4. 递归调用示例

【例 6.13】 利用递归调用求 n!。

```
#include <stdio.h>
long factorial(int n)
{
    if(n==1)
        return 1;
    else
        return n*factorial(n-1);
}
int main()
{
    int n;
    printf("请输入 n：");
    scanf("%d", &n);
    printf("%d!=%ld\n", n, factorial(n));
    return 0;
}
```

程序运行结果如图 6.17 所示。

```
user@ekwphqrdar-machine:~/Cproject$ gcc 6.13.c
user@ekwphqrdar-machine:~/Cproject$ ./a.out
请输入n: 6
6!=720
```

图 6.17　例 6.13 程序运行结果

【例 6.14】 递归经典——汉诺塔问题。一位法国数学家曾编写过一个印度的古老传说，在世界中心贝拿勒斯的圣庙里，一块黄铜板上插着三根宝石针。印度教的主神梵天在创造世界的时候，在其中一根针上从下到上地穿好了由小到大的 64 片金片，这就是所谓的汉诺塔。不论白天黑夜，总有一个僧侣在按照下面的法则移动这些金片：一次只移动一片，不管在哪根针上，小片必须在大片上面。3 个金片的移动过程如图 6.18 所示。

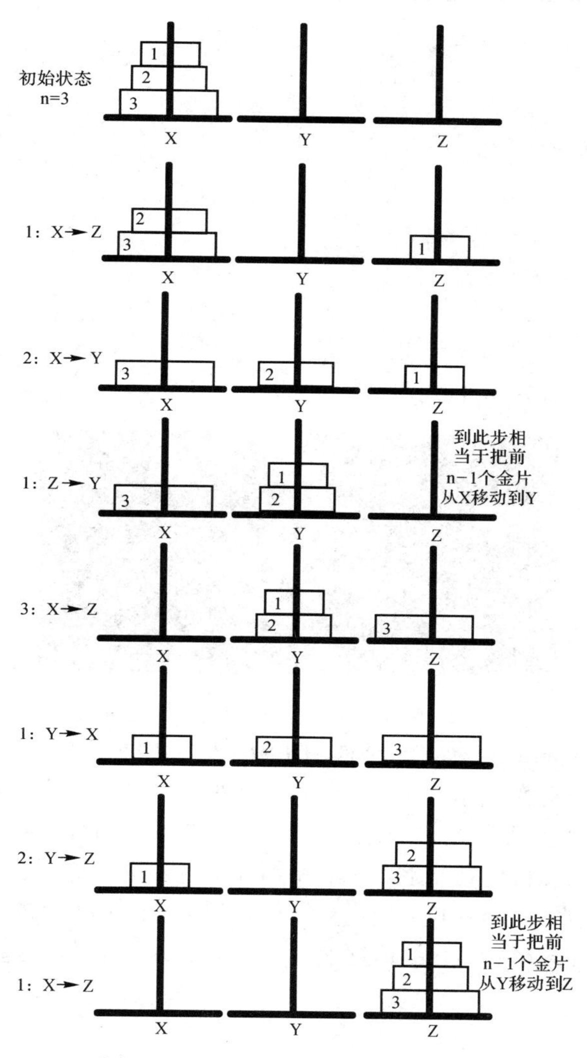

图 6.18　3 个金片的移动过程示意图

```
#include <stdio.h>
// 将 n 个金片从 x 借助 y 移动到 z 上
void hanoi(int n, char x, char y, char z)
{   if (n==1)
        printf("%d:%c-->%c\n", n, x, z);
    else
    {
        hanoi(n-1, x, z, y);                  //将 n−1 个金片从 x 借助 z 移动到 y 上
        printf("%d:%c-->%c\n", n, x, z);  //将第 n 个金片从 x 移动到 z 上
        hanoi(n-1, y, x, z);                  //将 n−1 个金片从 y 借助 x 移动到 z 上
    }
}
```

```
int main()
{
    int n;
    printf("请输入汉诺塔的层数: ");
    scanf("%d", &n);
    printf("移动的步骤如下: \n");
    hanoi(n, 'X', 'Y', 'Z');
    return 0;
}
```

程序运行结果如图 6.19 所示。

```
user@ekwphqrdar-machine:~/Cproject$ gcc 6.14.c
user@ekwphqrdar-machine:~/Cproject$ ./a.out
请输入汉诺塔的层数: 3
移动的步骤如下:
1:X-->Z
2:X-->Y
1:Z-->Y
3:X-->Z
1:Y-->X
2:Y-->Z
1:X-->Z
```

图 6.19　例 6.14 程序运行结果

本实例中定义的 hanoi()函数是一个递归函数，它有四个形参 n、x、y 和 z。n 是移动的圆盘个数，x、y 和 z 分别表示三根针，其功能是把 x 上的 n 个金片移动到 z 上。当 n = 1 时，直接把 x 上的金片移动到 z 上，输出“X→Z”。当 n!=1 时，则递归调用 hanoi()函数，先把前(n − 1)个金片从 x 移动到 y 上，然后将第 n 个金片从 x 移动到 z 上，输出“X→Z”；再递归调用 hanoi()函数，把(n − 1)个金片从 y 移动到 z 上。在每次递归调用函数的过程中，传递参数 n 都相当于 n = n − 1，n 的值逐次递减，最后 n = 1，终止递归调用，逐层返回，移动过程结束。

6.5　变量的作用域和存储类型

6.5.1　变量的作用域

在一个函数中定义的变量，在其他函数中能否被引用？在不同位置定义的变量，在什么范围内有效？变量的作用域问题就是它们在什么范围内有效的问题。变量定义的位置有以下几种情况：

(1) 在所有函数外部定义；

(2) 在头文件中定义；

(3) 在函数或语句块内部定义；

(4) 函数的参数。

根据变量定义的位置不同，可将变量分为局部变量和全局变量两种类型。

1. 局部变量

定义在函数体内、语句块内部和函数参数的变量，称为局部变量。在函数体内部定义的变量只在本函数范围内有效，在此函数之外是不能使用这些变量的。在复合语句块中定义的变量只能在本复合语句块中使用。例如：

```
1  int func()
2  {
3      int a, b, t;
4      {
5          int c;
6          c=a+b;
7      }
8      t=a*b;
9      return t;
10 }
```

该程序段第 3 行定义的变量 a、b 和 t，只能在 func()函数体内使用，即第 2～9 行，在其他地方无法使用。第 5 行定义的变量 c 只在复合语句块内有效，即第 4～6 行，离开此复合语句块就无效了，系统会释放它占用的内存单元。

注意：

(1) 即使是主函数中定义的变量，也只是在主函数内部有效。

(2) 不同函数中的变量可同名，它们之间互相独立，互不干扰。如例题 6.13，main()函数中有一个局部变量 n，factorial()函数的形参 n 也是局部变量；两个局部变量虽然同名，但属于不同的局部代码区域，所以相互并无影响。

2. 全局变量

在函数体内定义的变量是局部变量，而在函数体外定义的变量称为全局变量。全局变量可以为本文件中其他函数共用，其有效范围从定义的那一行开始到本文件结束。

【例 6.15】 阅读以下代码，局部变量与外部变量同名，分析结果。

```
#include <stdio.h>
//此处 a 和 b 是全局变量
int a=3;
int b=5;
int max(int a, int b);
int main()
{   //此处 a 是局部变量
    int a=8;
    printf("max=%d\n", max(a, b));
    return 0;
}
//此处形参 a、b、c 是局部变量
```

```
int max(int a, int b)
{
    int c;
    c=a>b?a:b;
    return c;
}
```

程序运行结果如图 6.20 所示。

```
user@ekwphqrdar-machine:~/Cproject$ gcc 6.15.c
user@ekwphqrdar-machine:~/Cproject$ ./a.out
max=8
```

图 6.20　例 6.15 程序运行结果

首先全局变量给 a = 3、b = 5 赋初值，程序执行时从 main()函数开始，此时局部变量 a 有效，给 a 赋值 8，调用 max 函数，实参向形参进行值传递，将 8、5 传递给 max()函数的形参 a、b；经过比较后，max 返回值是 8，故结果为 8 而不是 5。

当局部变量与全局变量同名时，可以根据就近原则进行选择。例 6.15 中，调用 max()函数的实参 a 到底使用全局变量 a 的值 3，还是使用局部变量 a 的值 8 呢？根据就近原则，局部变量 a 的定义离 max()函数调用语句最近，因此实参 a 使用局部变量 a 的值 8。

注意：

全局变量虽然作用域大，但除非必要的时候，否则不建议使用全局变量，原因如下：

(1) 全局变量在程序开始到结束这个过程中一直占用内存单元，而不像局部变量那样需要时才临时开辟存储单元。

(2) 全局变量通用性较低，可移植性较低。因为全局变量一旦使用就会影响这个函数整体，若需要将这个函数移植到别的文件中，那其全局变量也要一起移植，就会有变量同名的问题出现，这会降低程序的通用性。编写代码遵循的原则是，模块功能要单一，模块之间的相互影响要降到最低，因此全局变量的使用不符合此原则。所以，在设计 C 程序时，会把函数尽量做成一个封闭的整体，除了能通过实参向形参传递数据这种方式与外界进行数据联系外，没有别的渠道，这样会使程序移植性更好，可读性更高，更易维护。

6.5.2　变量的生命周期

变量除了从作用域的角度，分为全局和局部变量之外，还可以从占用内存的时间上来观察，即观察变量在内存中的生存期。变量占用内存的时间长度，称为变量的生命周期。

1. 局部变量的生命周期

(1) 定义在函数体内和定义为函数形参的局部变量，其生命周期是从函数调用开始到函数调用结束。

(2) 定义在复合语句块中的局部变量，其生命周期是复合语句块左括号“{”开始，到复合语句块右括号“}”结束。

2. 全局变量的生命周期

全局变量的生命周期是从程序运行开始，到程序运行结束，也称为全周期变量。程序运行时，运行环境会先全面扫描程序中的所有全局变量，将全部的全局变量所占用的内存空间开辟出来，并将未初始化的全局变量赋值为默认值，然后再从 main()函数的第一条语句开始执行程序。

6.5.3　变量的存储类型

根据变量的生命周期可知，有的变量从程序开始到结束是一直存在的，而有的变量只是在调用函数时才临时分配存储单元，函数调用结束后存储单元就会被释放。由此，变量的存储有静态存储和动态存储两种方式。静态存储方式是指在程序运行期间由系统分配固定存储空间的方式，而动态存储方式则是在程序运行期间根据需要进行动态分配存储空间的方式。

提到存储空间，首先看一下内存中可供用户使用的存储空间的情况。这个存储空间可以分为三部分：程序区、静态存储区和动态存储区。

数据分别存放在静态存储区和动态存储区中。存放在静态存储区中的数据，在程序开始执行时为变量分配存储区，直到程序执行完毕才释放。在程序执行过程中变量占据固定的存储单元，而不是动态地进行分配和释放。全局变量的值就是存放在静态存储区中的。

在动态存储区内存放的数据有：

① 函数形参，调用时动态分配存储空间；

② 函数体中没有用 static 声明的变量；

③ 函数调用时的现场保护和返回地址等。

这些数据都是动态分配存储空间的，函数结束就释放这些存储空间。在程序执行过程中，这种分配和释放是动态随机的，如果调用两次同样的函数，函数中定义的局部变量，在这两次函数调用时分配给这些局部变量的存储空间的地址可能是不相同的。

根据变量存放在内存中区域的不同，可以将变量归为不同的存储类型。在 2.5 节介绍变量的定义中，变量定义的一般形式中就包含存储类型。

1. 局部变量的存储类型

1) 自动型变量(auto 变量)

定义局部变量时，如果没有说明变量的存储类别，都是默认为自动型变量。自动型局部变量的数据存储在内存的动态存储区。函数中的形参和定义在函数中的局部变量都属于这一类，因为在函数调用和结束时会发生动态的存储和释放存储空间，所以被称为自动型变量。用关键字 auto 声明，或者省略不写，会被默认为自动变量。例如：

```
int a(int b)
{
    ....
    auto int c=3;
    ....
}
```

其中 b 是形参，c 是自动变量，执行完函数 a 后，自动释放变量 b 和 c 的存储空间，且与

auto 省略不写效果相同。

2) 静态局部变量(static 变量)

有时程序的功能需求会要求函数中的局部变量在调用结束后继续保留原值，而且其占用的存储空间不被释放，下次调用时变量还是上次调用结束后的值，这时就需要用 static 关键字对变量进行声明，用 static 关键字修饰的局部变量称为静态变量。

【例 6.16】 求 2～5 的阶乘。

```
#include <stdio.h>
int main()
{
    int fac(int n);
    int i=1;
    for(i=2; i<=5; i++)
      printf("%d!=%d\n", i, fac(i));
    return 0;
}
int fac(int n)
{
    static int f=1;
    f=f*n;
    return(f);
}
```

程序运行结果如图 6.21 所示。

```
user@ekwphqrdar-machine:~/Cproject$ gcc 6.16.c
user@ekwphqrdar-machine:~/Cproject$ ./a.out
2!=2
3!=6
4!=24
5!=120
```

图 6.21　例 6.16 程序运行结果

第一次调用 fac()函数时，静态变量 f 的初值为 1，参数 n 的值为 2，第一次调用结束时，f＝2。由于 f 是静态局部变量，在第一次函数调用结束后，它不释放内存空间，仍保留 f＝2；在第二次调用 fac()函数时，f 的初值就取上一次调用的结果 2，参数 n 的值为 3，因此第二次函数调用结束后 f＝6。依次类推，每次函数调用 f 的初值都等于上一次函数调用结束时的值，利用此特征，求出所有数的阶乘。

静态局部变量在编译时进行赋初值，只赋值一次，在程序正式运行时就已经有初值了，若没有初始化，则为默认值 0，这点跟全局变量类似，因此静态局部变量具有全局性。而动态变量的赋初值是在函数调用的时候进行的，每调用一次函数重新给一次初值。

3) 寄存器量(register 变量)

一般变量是存放在内存中的，当程序用到某个变量的值时，控制器发出指令将内存中的变量值送到运算器；如果需要保存数据，再从运算器中将数据送回内存。运算器与内存之间的数据传递，是需要消耗时间的，若有些变量频繁使用，为了提高效率，允许将变量的值放在 CPU 的寄存器中，需要时直接从寄存器中取出，这种变量就叫做寄存器变量，用关键字 register 进行声明，现在一般比较少用。

2. 全局变量的存储类型

全局变量都是存放在静态存储区中的，因此它们的生命期存在于程序执行的整个过程。而且一般来说它的作用域是从变量定义处到本程序文件的结尾，但有时需要对全局变量进行作用域的扩展。

(1) 在文件内扩展全局变量的作用域。

若全局变量不定义在文件开头，则只能作用于定义处到文件结束，定义处之前的函数不能使用该变量。若在定义之前的函数需要引用该全局变量，则要在引用之前用关键字 extern 进行声明，表示把该变量的作用域扩展到此位置，有了这种声明就可以合法地使用该全局变量。

(2) 将全局变量的作用域扩展到其他文件。

一个 C 程序可以由多个源程序文件组成，若其中两个文件都需要用到同一个全局变量，正确的做法是在任意一个文件中定义该变量，然后在另一个文件中用 extern 对其进行全局变量声明，这样就能扩展作用域到文件外。

【例 6.17】 给定 b 的值，输入 a 和 m，求 a× b 和 a 的 m 次幂的值。

(1) 文件 test1.cpp 代码。

```
#include <stdio.h>
#include <string.h>
int power(int);
int a;
int main()
{
    int b=3, c, d, m;
    printf("enter the number a and its power   m:\n");
    scanf("%d, %d", &a, &m);
    c=a*b;
    printf("%d*%d=%d\n", a, b, c);
    d=power(m);
    printf("%d**%d=%d\n", a, m, d);
    return 0;
}
```

(2) 文件 test2.cpp 代码。

```
//把 test1 文件中的全局变量 a 的作用域扩展到本文件中
extern int a;
int power(int n)
{
```

```
    int i, y=1;
    for(i=1; i<=n; i++)
        y*=a;
    return y;
}
```

工程文件目录和程序运行结果如图 6.22 和图 6.23 所示。

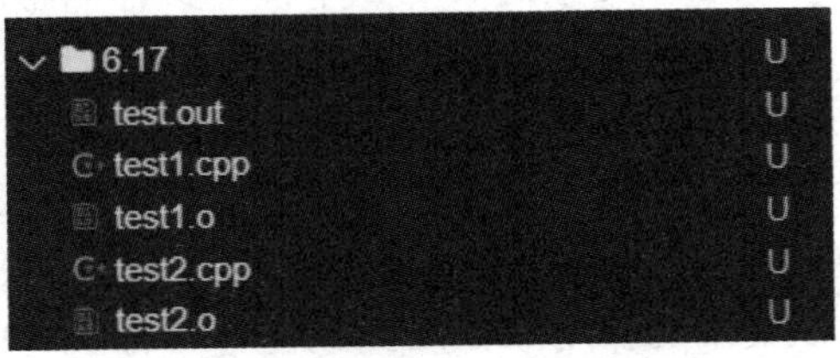

```
∨ 6.17          U
    test.out    U
    test1.cpp   U
    test1.o     U
    test2.cpp   U
    test2.o     U
```

图 6.22　例 6.17 工程文件目录

```
user@ekwphqrdar-machine:~/Cproject/6.17$ gcc -c test1.cpp
user@ekwphqrdar-machine:~/Cproject/6.17$ gcc -c test2.cpp
user@ekwphqrdar-machine:~/Cproject/6.17$ gcc test1.o test2.o -o test.out
user@ekwphqrdar-machine:~/Cproject/6.17$ ./test.out
enter the number a and its power  m:
12,3
12*3=36
12**3=1728
```

图 6.23　例 6.17 程序运行结果

除了需要对全局变量的作用域进行扩展外，有时设计程序时希望某些全局变量只限制在本文件内使用，而不能被其他文件引用，这时就需要将全局变量的作用域进行限制，在该全局变量前加 static 声明即可实现。例如：

沿用例 6.17 的文件代码，在 test1.cpp 文件中，将全局变量 a 前面加 static 进行声明，限制了 a 的作用域，使 a 仅作用于本文件内，则 test2.cpp 中 extern 扩展 a 的作用域将不会成功，此时会报错，如图 6.24 所示。

```
user@ekwphqrdar-machine:~/Cproject/6.17$ gcc -c test1.cpp
user@ekwphqrdar-machine:~/Cproject/6.17$ gcc -c test2.cpp
user@ekwphqrdar-machine:~/Cproject/6.17$ gcc test1.o test2.o -o test.out
/usr/bin/ld: test2.o: in function `power(int)':
test2.cpp:(.text+0x28): undefined reference to `a'
/usr/bin/ld: test2.cpp:(.text+0x2c): undefined reference to `a'
collect2: error: ld returned 1 exit status
```

图 6.24　例 6.17 程序限制全局变量后报错代码

加了 static 声明，只能作用于本文件的全局变量称为静态全局变量。在实际的程序设计中，常有若干人分别完成各个模块，每个人可以独立地在其设计的文件中使用相同的全局变量名而互不相干。这时只需在每个文件中定义全局变量时加上 static 即可，这就为程序的模块化、通用性提供了方便。如果已确认其他文件不需要引用本文件的全局变量，就可以对本文件中的全局变量都加上 static，成为静态全局变量，以避免被其他文件误用。这就相当于把本文件的全局变量对外界屏蔽了起来，从其他文件的角度看，这个静态全局变量是“看不见，不能用”的。至于在各文件中定义的局部变量，本来就不能被函数外引用，更不能被其他文件引用，因此是安全的。

注意：不要误以为对全局变量加 static 声明后才采取静态存储方式，而不加 static 的采用的是动态存储方式。声明局部变量的存储类型和声明全局变量的存储类型的含义是不同的。对局部变量来说，声明存储类型的作用是指定变量的存储的区域(静态存储区或者动态存储区)以及由此产生的生命周期问题。而对于全局变量来说，由于都是在编译时分配内存，都存放在静态存储区，故声明存储类型的作用是扩展变量作用域。

6.6 外部函数与内部函数

变量有作用域，有局部变量和全局变量之分，同样，函数也有外部函数和内部函数之分，根据函数能否被其他源文件调用，分为内部函数和外部函数。

6.6.1 外部函数

在定义函数时，若将函数的存储类型声明为关键字 extern，则此函数就是外部函数，可被其他源文件调用。例如“extern int PrintName(char str[]); ”这样函数 PrintName 就能被其他文件调用。C 语言规定，若在定义函数时省略 extern，则默认为外部函数，本书中前面所有函数都默认是外部函数。

在需要调用此函数的文件中，也需要对此函数做声明，在声明时要加关键字 extern，表示此函数是在其他文件中定义的外部函数。

【例 6.18】 输入一行字符串，并删除想要删除的字符串中的字段。

(1) 文件 test11.cpp 代码。

```
#include <stdio.h>
int main()
{
    //以下 3 行声明在 main 中将要调用在其他文件中定义的 3 个函数
    extern void enterString(char str[]);
    extern void deleteString(char str[], char ch);
    extern void printString(char str[]);
    char c;
    char str[80];
    printf("请输入一个字符串: ");
    enterString(str);
    printf("请输入要删除的字符: ");
    scanf("%c", &c);
    deleteString(str, c);
    printString(str);
    return 0;
}
```

(2) 文件 test12.cpp 代码。

```
#include <stdio.h>
```

```
//定义外部函数 enterString ()
void enterString (char str[80])
{
    gets(str); //向字符数组输入字符串
}
```

(3) 文件 test13.cpp 代码。

```
//定义外部函数 deleteString ()
void deleteString (char str[], char ch)
{
    int i, j;
    for(i=j=0; str[i]!='\0'; i++)
        if(str[i]!=ch)
            str[j++]=str[i];
    str[j]='\0';
}
```

(4) 文件 test14.cpp 代码。

```
#include <stdio.h>
void printString (char str[])
{
    printf("%s\n", str);
}
```

工程文件目录及程序运行结果如图 6.25、图 6.26 所示。

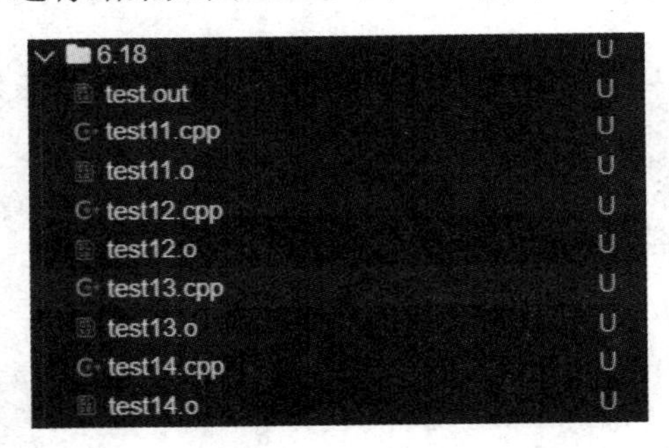

图 6.25　例 6.18 程序项目文件目录

```
user@ekwphqrdar-machine:~/Cproject/6.18$ gcc -c test11.cpp
user@ekwphqrdar-machine:~/Cproject/6.18$ gcc -c test12.cpp
user@ekwphqrdar-machine:~/Cproject/6.18$ gcc -c test13.cpp
user@ekwphqrdar-machine:~/Cproject/6.18$ gcc -c test14.cpp
user@ekwphqrdar-machine:~/Cproject/6.18$ gcc test11.o test12.o test13.o test14.o -o test.out
user@ekwphqrdar-machine:~/Cproject/6.18$ ./test.out
请输入一个字符串：helloworld
请输入要删除的字符：d
helloworl
```

图 6.26　例 6.18 程序运行结果

由此可见，用函数声明扩展函数作用域是很方便的。其实，最常见的用函数声明扩展函数作用域的例子就是#include 指令，#include 指令所指定的头文件中包含调用库函数的信息。例如各种关于字符串的函数、关于文件操作的函数、宏定义、关于数学模型的函数定义都包含在库函数中，显然，平时在使用这些功能的函数时，自定义函数后再使用是很麻烦的。为了减少程序设计者的困难，在头文件中包括了各种类型的函数，只需要用#include 指令就可以合法地调用系统提供的各种函数了。

6.6.2　内部函数

若函数只能被本文件中的其他函数调用，则该函数被称为内部函数。在定义内部函数时，函数的存储类型使用 static 关键字，即

static　函数类型　函数名(形参列表);

例如：

```
static int print_name(char str[]);
```

因为用 static 声明，所以内部函数又被称为静态函数。使用内部函数，可以使函数仅作用在本文件内，这样即使其他文件中有同名的内部函数，也互不干扰。通常在编写代码时，习惯把只作用于本文件的内部函数和全局变量放在文件的开头，并加 static 使之局部化，提高程序的可靠性。

【例 6.19】 继续沿用例 6.18 的代码，将 test14.cpp 文件中 printString()函数定义为静态函数，则该函数只在 test14.cpp 中有效，当执行程序时，编译器会报错。工程目录文件和错误提示如图 6.27、图 6.28 所示。

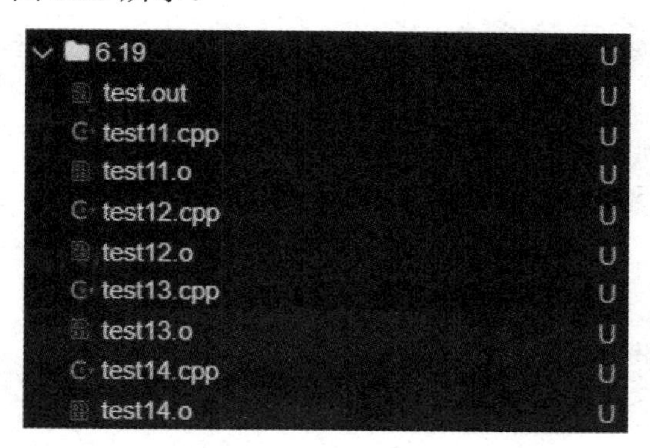

图 6.27　例 6.19 程序项目文件目录

```
user@ekwphqrdar-machine:~/Cproject/6.19$ gcc -c test11.cpp
user@ekwphqrdar-machine:~/Cproject/6.19$ gcc -c test12.cpp
user@ekwphqrdar-machine:~/Cproject/6.19$ gcc -c test13.cpp
user@ekwphqrdar-machine:~/Cproject/6.19$ gcc -c test14.cpp
user@ekwphqrdar-machine:~/Cproject/6.19$ gcc test11.o test12.o test13.o test14.o -o test.out
/usr/bin/ld: test11.o: in function `main':
test11.cpp:(.text+0x48): undefined reference to `printString(char*)'
collect2: error: ld returned 1 exit status
```

图 6.28　例 6.19 报错提示

6.7　多文件程序的运行

一个函数只能定义在一个文件中，但一个文件可以有多个函数。

首先是头文件和源文件，头文件中包含一些类型的定义、结构体的定义、宏定义、函数声明、#include 等内容，在源文件中编写实际的功能实现。例如先编写一个 test1.h 的头文件，其中包含了标准输入输出头文件、类型定义、函数的声明等内容；再编写一个 test2.cpp 源文件，源文件中包含 test1.h 头文件，于是在这个源文件中就可以使用这些在头文件中定义的内容，也可以使用自定义类型、自定义函数、标准输入输出函数等。

在使用 GCC 编译代码时只需要指定源文件即可，编译器会根据“#include "test1.h"”找到这个头文件，注意 test1.h 和 test2.cpp 要存放在同一个目录下。当使用“#include<>”来包含文件时，编译器会从系统头文件库中进行查找。而使用“#include""”来包含的头文件，编译器将会从当前程序目录进行查找。在使用 #include 时，被包含文件可以是绝对路径，也可以是相对路径，总之，只要头文件的存放路径与当前源文件的关系正确即可。

多文件编程的编写步骤如下：

(1) 把所有函数分散在多个文件中，通常主函数在单独的文件里。

(2) 为每个源文件编写一个配对的以 .h 作为扩展名的头文件，不分配内存的内容都可以写在头文件里，头文件里至少要包含与源文件配对的所有函数的声明。

(3) 在所有源文件里使用#include 预处理指令包含所需要的头文件。

【例 6.20】 多文件结构实现整数加减乘除。

(1) 文件 test11.cpp 代码。

```
#include<stdio.h>
#include"test13.h"
int main()
{
    char start='\0';
    char ch='\0';
    int result=0;
    int a=0, b=0;
    do
    {
        printf("请输入数据和 +-*/:   ");
        scanf("%d %c %d", &a, &ch, &b);
        switch (ch)
        {
            case '+' :result=add(a, b); break;
            case '-' :result=sub(a, b); break;
            case '*' :result=mult(a, b); break;
            case '/' :result=div(a, b); break;
        }
        printf("%d%c%d=%d\n", a, ch, b, result);
        printf("是否继续(Y/y):   ");
```

```
        getchar();
        scanf("%c", &start);
    }while(start=='Y'||start=='y');
    return 0;
}
```

(2) 文件 test12.cpp 代码。

```
#include<stdio.h>
#include"test13.h"
int add(int a, int b)
{
    return a+b;
}
int mult(int a, int b)
{
    return a*b;
}
int sub(int a, int b)
{
    return a-b;
}
int div(int a, int b)
{
    if(b!=0)
        return a/b;
    printf("除数不能为 0\n");
}
```

(3) 文件 test13.h 代码。

```
int add(int a, int b);          //加法函数声明
int mult(int a, int b);         //乘法函数声明
int sub(int a, int b);          //减法函数声明
int div(int a, int b);          //除法函数声明
```

工程文件目录及程序运行结果如图 6.29、图 6.30 所示。

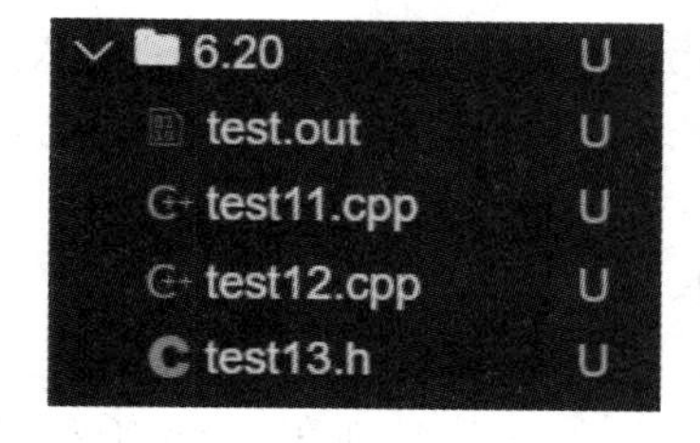

图 6.29　例 6.20 程序项目文件目录

```
user@ekwphqrdar-machine:~/Cproject/6.20$ gcc test11.cpp test12.cpp -o test.out
user@ekwphqrdar-machine:~/Cproject/6.20$ ./test.out
请输入数据和 +-*/:  3+6
3+6=9
是否继续(Y/y):y
请输入数据和 +-*/:  3-6
3-6=-3
是否继续(Y/y):y
请输入数据和 +-*/:  3*6
3*6=18
是否继续(Y/y):y
请输入数据和 +-*/:  3/6
3/6=0
是否继续(Y/y):n
user@ekwphqrdar-machine:~/Cproject/6.20$
```

图 6.30　例 6.20 程序运行结果

本 章 小 结

本章主要介绍了函数的定义与调用、函数间的信息交换、函数的嵌套调用和递归调用以及变量的作用域和存储类型等，主要内容包括：

(1) 函数的定义与调用。

(2) 函数间的信息交换。

(3) 值传递与地址传递。

(4) 嵌套调用与递归调用。

(5) 变量的作用域和存储类型。

(6) 共用体的概念和定义，共用体变量的定义、初始化和使用。

习　　题

一、选择题

1. 一个完整的 C 源程序是__________。

(A) 要由一个主函数或一个以上的非主函数构成

(B) 由一个且仅由一个主函数和零个以上的非主函数构成

(C) 要由一个主函数和一个以上的非主函数构成

(D) 由一个且只由一个主函数或多个非主函数构成

2. 以下关于函数的叙述中，正确的是__________。

(A) C 语言程序将从源程序中第一个函数开始执行

(B) 可以在程序中由用户指定任意一个函数作为主函数，程序将从此开始执行

(C) C 语言规定必须用 main 作为主函数名，程序从此开始执行，在此结束

(D) main 可作为用户标识符，用以定义任意一个函数

3. 以下关于函数的叙述中，不正确的是__________。

(A) C 程序是函数的集合，包括标准库函数和用户自定义函数

(B) 在 C 语言程序中，被调用的函数必须在 main 函数中定义

(C) 在C语言程序中，函数的定义不能嵌套
(D) 在C语言程序中，函数的调用可以嵌套

4. 若调用一个函数，且此函数中没有return语句，则正确的说法是__________。
(A) 没有返回值　　(B) 返回一个不确定的值
(C) 能返回一个用户所希望的函数值　　(D) 返回若干个系统默认值

5. 以下正确的函数定义形式是__________。
(A) double fun(int x, y);　　(B) double fun(int x; int y);
(C) double fun(int x, int y);　　(D) double fun(int x, int y)

6. 以下叙述中正确的是__________。
(A) 构成C程序的基本单位是函数，所有函数名都可以由用户命名
(B) 花括号“{”和“}”只能作为函数体的定界符
(C) C程序中注释部分可以出现在程序中任意合适的地方
(D) 分号是C语句之间的分隔符，不是语句的一部分

7. 下面程序段__________。

```
for(t=1; t<=100; t++)
{
    scanf("%d", &x);
    if(x<0)
        continue;
    printf("%3d", t);
}
```

(A) 当x＜0时整个循环结束　　(B) 最多允许输出100个非负整数
(C) printf函数永远也不执行　　(D) x>=0时什么也不输出

8. 有以下程序：

```
int f1(int x, int y)
{
    return x>y?x:y;
}
int f2(int x, int y)
{
    return x>y?y:x;
}
int main()
{
    int a=4, b=3, c=5, d, e, f;
    d=f1(a, b);
    d=f1(d, c);
    e=f2(a, b);
    e=f2(e, c);
```

```
        f=a+b+c-d-e;
        printf("%d, %d, %d\n", d, f, e);
        return 0;
    }
```

执行后输出结果是________。

(A) 5, 4, 3　(B) 5, 3, 4　(C) 3, 4, 5　(D) 3, 5, 4

9. 有以下函数定义:

```
void fun(int n, double x) { … }
```

若以下选项中的变量都已正确定义并赋值,则对函数 fun 的正确调用语句是________。

(A) fun(x, n);　(B) k=fun(10, 12.5);

(C) fun(int y, double m);　(D) void fun(n, x);

10. 若在 C 语言中未说明函数的类型,则系统默认该函数的数据类型是________。

(A) float　(B) long　(C) int　(D) double

11. 以下关于函数叙述中,错误的是________。

(A) 函数被调用时,系统将不为形参分配内存单元

(B) 实参与形参的个数应相等,且实参与形参的类型必须对应一致

(C) 当形参是变量时,实参可以是常量、变量或表达式

(D) 形参可以是常量、变量或表达式

12. 以下说法正确的是________。

(A) 函数的定义可以嵌套,但函数的调用不可以嵌套

(B) 函数的定义不可以嵌套,但函数的调用可以嵌套

(C) 函数的定义和函数的调用均不可以嵌套

(D) 函数的定义和函数的调用均可以嵌套

13. 若已定义的函数有返回值,则以下关于该函数调用的叙述中错误的是________。

(A) 函数调用可以作为独立的语句存在

(B) 函数调用可以作为一个函数的实参

(C) 函数调用可以出现在表达式中

(D) 函数调用可以作为一个函数的形参

14. 在 C 语言中,形参的缺省存储类型是________。

(A) extern　(B) register　(C) static　(D) auto

15. 若用数组名作为函数调用的实参,传递给形参的是________。

(A) 数组元素的个数　(B) 数组第一个元素的值

(C) 数组中全部元素的值　(D) 数组的首地址

16. 使用一维数组名作为函数实参,则以下正确的说法是________。

(A) 实参数组名与形参数组名必须一致

(B) 实参数组类型与形参数组类型可以不匹配

(C) 在被调函数中,需要考虑形参数组的大小

(D) 必须在主调函数中说明此数组的大小

17. 以下能对二维数组 a 进行初始化的语句是________。

(A) int a[2][]={{1, 0, 1}, {5, 2, 3}}
(B) int a[2][4]={{1, 2, 3}, {4, 5}, {6}}
(C) int a[][3]={{1, 2, 3}, {4, 5, 6}}
(D) int a[][3]={{1, 0, 1}, {}, {1, 1}}

18. 以下对二维数组 a 的正确说明是________。

(A) double a[1][4];
(B) float a(3, 4);
(C) int a[3][];
(D) float a(3)(4);

19. 已有以下数组定义和 f 函数调用语句，则在函数的说明中，对形参数组 array 的正确定义方式为________。

```
int a[3][4];
f(a);
```

(A) f(int array[][4])
(B) f(int array[3][])
(C) f(int array[][6])
(D) f(int array[2][5])

20. C 语言规定：简单变量作实参时，它和对应形参之间的数据传递方式是________。

(A) 地址传递
(B) 由实参传给形参，再由形参传回给实参
(C) 单向值传递
(D) 由用户指定传递方式

21. 关于函数参数，说法正确的是________。

(A) 实参与其对应的形参各自占用独立的内存单元
(B) 实参与其对应的实参共同占用一个内存单元
(C) 只有实参和形参同名时才占用一个内存单元
(D) 形参是虚拟的，不占用内存单元

22. C 语言规定，函数返回值类型是由________。

(A) return 语句中的表达式类型决定的
(B) 调用该函数时的主调函数类型决定的
(C) 调用该函数时系统临时决定的
(D) 定义函数时指定的函数类型决定的

23. 以下程序的运行结果正确的是________。

```
#include <stdio.h>
int func(int a, int b);
int main()
{
    int k=4, m=1, p;
    p=func(k, m);
    printf("%d, ", p);
    p=func(k, m);
    printf("%d\n", p);
    return 0;
}
int func(int a, int b)
{
    static int m=0, i=2;
```

```
    i+=m+1;
    m=i+a+b;
    return m;
}
```

(A) 8, 17　　(B) 8, 16　　(C) 8, 20　　(D) 8, 8

24. 以下程序的输出结果是________。

```
#include <stdio.h>
int f(int n);
int main()
{
    int i, j=0;
    for(i=1; i<3; i++)
        j+=f(i);
    printf("%d\n", j);
    return 0;
}
int f(int n)
{
    if(n==1)
        return 1;
    else
        return f(n-1)+1;
}
```

(A) 4　　(B) 3　　(C) 2　　(D) 1

25. 求 1 + 2 + 3 + … + n 的值，则下面程序空缺处应该填的是________。

```
int sum(int a, int b)
{
    if(b==a)
        return a;
    return a+sum(______);
}
```

(A) a, b　　(B) a+1, b　　(C) a, b+1　　(D) a+1, b+1

26. 以下叙述中正确的是________。

(A) 局部变量说明为 static 存储类型，其生存期将得到延长

(B) 形参可以使用的存储类型说明符与局部变量完全相同

(C) 全局变量说明为 static 存储类型，其作用域将被扩大

(D) 任何存储类型的变量在未赋初值时，其值都是不确定的

27. 以下不正确的说法是________。

(A) 在不同函数中可以使用相同名字的变量

(B) 在函数内的复合语句中定义的变量在本函数范围内有效
(C) 在函数内定义的变量只在本函数范围内有效
(D) 形式参数是局部变量

28. 以下不正确的说法是：C 语言规定________。
(A) 实参可以是常量、变量或表达式　　(B) 实参可以为任意类型
(C) 形参可以是常量、变量或表达式　　(D) 形参应与其对应的实参类型一致

29. 以下不正确的叙述是________。
(A) 在 C 程序中，逗号运算符的优先级最低
(B) 当从键盘输入数据时，对于整型变量只能输入整型数值，对于浮点型变量只能输入浮点型数值
(C) 若 a 和 b 类型相同，在计算了赋值表达式 a = b 后，b 中的值将放入 a 中，而 b 中的值不变
(D) 在 C 程序中，APH 和 aph 是两个不同的变量

30. 若有如下程序段，其中 s、a、b、c 均已定义为整型变量，且 a、c 均已赋值(c 大于 1)

```
s=a;
for(b=1; b<=c; b++)
s=s+1;
```

则与上述程序段功能等价的赋值语句是________。
(A) s=a+b;　　(B) s=s+c;　　(C) s=a+c;　　(D) s=b+c;

31. 以下程序正确的运行结果是________。

```
#include <stdio.h>
void func(int p);
int d=1;
int main()
{
    int a=3;
    func(a);
    d+=a++;
    printf("%d\n", d);
    return 0;
}
void func(int p)
{
    int d=5;
    d+=p++;
    printf("%d", d);
}
```

(A) 84　　(B) 99　　(C) 95　　(D) 44

32. 如果一个函数位于 C 程序文件的上部，在该函数体内说明语句后的复合语句中定义了一个变量，则该变量________。

(A) 为全局变量，在本程序文件范围内有效

(B) 为局部变量，只在函数内有效

(C) 为局部变量，只在该复合语句中有效

(D) 定义无效，为非法变量

33. 若在一个 C 源程序文件中定义了一个允许其他源文件引用的浮点型外部变量 a，则在另一文件中可使用的引用说明是________。

(A) extern static float a;　　(B) float a;

(C) extern auto float a;　　(D) extern float a;

34. 下列叙述中正确的是________。

(A) C 语言编译时不检查语法

(B) C 语言的子程序有过程和函数两种

(C) C 语言的函数可以嵌套定义

(D) C 语言所有函数都是外部函数

35. 在 C 语言中，声明外部函数需要添加的关键字是________。

(A) extern　　(B) static　　(C) this　　(D) auto

36. 下面程序的运行结果是________。

第一个源文件：

```
int add(int x, int y)
{
    return x+y;
}
```

第二个源文件：

```
#include<stdio.h>
extern int add(int x, int y);
int main()
{
    printf("sum=%d\n", add(1, 2));
    return 0;
}
```

(A) sum=1　　(B) sum=2　　(C) sum=3　　(D) sum=4

37. 以下程序的输出结果是________。

第一个源文件：

```
void f(int a, int b)
{
    int t;
    t=a;
    a=b;
```

```
        b=t;
    }
```

第二个源文件：

```
    #include <stdio.h>
    extern void f(int a, int b);
    int main()
    {
        int x=1, y=3, z=2;
        if(x>y)
            f(x, y);
        else if(y>z)
            f(x, z);
        else
            f(x, z);
        printf("x=%d, y=%d, z=%d\n", x, y, z);
        return 0;
    }
```

(A) x=1, y=2, z=3　　(B) x=2, y=3, z=1

(C) x=1, y=3, z=2　　(D) x=3, y=2, z=1

38. 以下程序的正确运行结果是________。

```
    #include <stdio.h>
    int main()
    {
        int k=4, m=1, p;
        p=func(k, m); printf("%d, ", p);
        p=func(k, m); printf("%d\n", p);
        return 0;
    }
    void func(int a, int b)
    {
        static int m=0, i=2;
        i+=m+1;
        m=i+a+b;
        return(m);
    }
```

(A) 8, 8　　(B) 8, 16

(C) 8, 20　　(D) 8, 17

39. 以下程序的输出结果是________。

```
    int x=3;
```

```
int main()
{
    int i;
    for (i=1; i<x; i++)
        incre();
    return 0;
}
void incre()
{
    static int x=1;
    x*=x+1;
    printf("%d", x);
}
```

(A) 2 6　　(B) 2 2　　(C) 3 3　　(D) 2 5

二、填空题

1. ＿＿＿＿＿是结构化程序的最小模块，是程序设计的基本单位。

2. C 程序的执行是从＿＿＿＿＿＿开始的，如果在该函数中调用其他函数，在调用后流程返回到该函数，并在该函数中结束整个程序的运行。

3. C 程序的执行总是由 int main()函数开始，并且在＿＿＿＿＿＿函数中结束。

4. 函数的返回值是通过函数中的＿＿＿＿＿＿语句获得的。

5. 以下程序的输出结果是＿＿＿＿＿＿。

```
#include <stdio.h>
void func();
int main()
{
    int cc;
    for(cc=1; cc<4; cc++)
        func();
    printf("\n");
    return 0;
}
void func()
{
    static int a=0;
    a+=2;
    printf("%d", a);
}
```

6. 下面程序的执行结果为＿＿＿＿＿＿。

```
#include <stdio.h>
int func(int x, int y);
int main()
{
    int a, b, k;
    a=5; b=6;
    k=func(a, b);
    printf("%d\n", k);
    return 0;
}
int func(int x, int y)
{
    int s;
    s=(x++)+(++y);
    return s;
}
```

7. 下面 add 函数的功能是求两个参数的和，并将和值返回调用函数。函数中有错误，改正后为________________________________。

```
void add(float a, float b)
{   float c;
    c=a+b;
    return c;
}
```

8. 函数 del 的作用是删除有序数组 a 中的指定元素 x。已有调用语句“n=del(a, n, x);”，其中参数 n 为删除前数组元素的个数，赋值号左边的 n 为删除后数组元素的个数，试填空。

```
int del(int a[], int n, int x)
{
    int p, i;
    p=0;
    while(x>=a[p]&&p<n) p=p+1;
    for(i=p-1; i<n; i++)
        ________;
    n=n-1;
    return n;
}
```

9. 以下程序中，函数 sumColumM 的功能是：求出 M 行 N 列二维数组每列元素中的最小值，并计算它们的和值，和值通过形参传回主函数输出，试填空。

```
#define M 2
#define N 4
```

```
void sumColumMin(int a[M][N], int *sum)
{
    int i, j, k, s=0;
    for(i=0; i<N; i++)
    {
        k=0;
        for(j=1; j<M; j++)
            if(a[k]>a[j]) k=j;
            s+=a[k][i] *sum;
    }
    *sum=s;
}
int main()
{
    int x[M][N]={3, 2, 5, 1, 4, 1, 8, 3}, s;
    sumColumMin(______________);
    printf("%d\n", s);
    return 0;
}
```

10. 已定义一个含有 30 个元素的数组 s，函数 fav1 的功能是按顺序分别赋予各元素从 2 开始的偶数，函数 fav2 则按顺序每 5 个元素求一个平均值，并将该值存放在数组 w 中，试填空。

```
#define SIZE 30
void fav1(float s[])
{
    int k, i;
    for(k=2, i=0; i<SIZE; i++)
    {
        s[i]=k;
        k+=2;
    }
}
void fav2(float s[], float w[])
{
    float sum; int k, i;
    sum=0.0;
    for(k=0, i=0; i<SIZE; i++)
    {
        sum+=s[i];
```

```
            if((i+1)%5==0)
            {
                w[k]=sum/5;
                ____________ ;
                k++;
            }
        }
    }
    int main()
    {
        float s[SIZE], w[SIZE/5], sum; int i, k;
        fav1(s);
        fav2(s, w);
        return 0;
    }
```

11. 下面程序的运行结果是____________。

```
#include<stdio.h>
#define N 5
int fun(char *s, char a, int n)
{
    int j;
    *s=a;
    j=n;
    while(*s<s[j])
        j--;
    return j;
}
int main()
{
    char c[N+1];
    int i;
    for(i=1; i<=N; i++)
        *(c+i)='A'+i+1;
    printf("%d\n", fun(c, 'E', N));
    return 0;
}
```

12. 当运行以下程序时，从键盘输入

```
abcdabcdef<CR>
cde<CR>
```

(<CR>表示回车)，则下面程序的运行结果是______________。

```
#include<stdio.h>
int main()
{
    int a; char s[80], t[80];
    gets(s); gets(t);
    a=fun(s, t);
    printf("a=%d", a);
    return 0;
}
int fun(char *p, char *q)
{
    int i;
    char *p1=p, *q1;
    for(i=0; *p!='\0'; p++, i++)
    {
        p=p1+i;
        if(*p!=*q)
            continue;
        for(q1=q+1, p=p+1; *p==*q1&&*p!='\0'&&*q1!='\0'; q1++, p++)
            if(*q1+1)=='\0')
                return i;
    }
    return(-1);
}
```

13. 实参向形参的数据传递是单向的______________，只能由实参传递给形参，而不能由形参传递给实参。

14. 用数组元素作函数实参时，向形参传递的是数组元素的值，而用数组名作函数实参时，向形参传递的是数组元素的______________。

15. 以下程序执行后的输出结果是______________

```
#include <stdio.h>
void increment();
int main()
{
    increment();
    increment();
    increment();
    printf("\n");
    return 0;
```

```
}
void increment()
{
    int x=0;
    x+=1;
    printf("%d", x);
}
```

16. 若 a 函数中调用了 b 函数，而 b 函数又调用了 c 函数，这种调用称为嵌套调用，若 a 函数中调用了 b 函数，而 b 函数又调用了 a 函数，这种调用称为____________调用。

17. 以下程序的输出结果是____________。

```
#include <stdio.h>
int func(int a, int b);
int main()
{
    int r, x=3, y=8, z=6;
    r=func(func(x, y), 2*z);
    printf("r=%d\n", r);
    return 0;
}
int func(int a, int b)
{
    if(a>b)
        return a;
    else
        return b;
}
```

18. 小猴子第一天摘下若干桃子，当即吃掉了一半，又多吃了一个；第二天早上又将剩下的桃子吃了一半，又多吃了一个；以后每天早上吃前一天剩下的一半加另一个；到第十天早上小猴子想再吃时发现，只剩下一个桃子了，问：第一天小猴子共摘了多少个桃子？针对此问题，试填空完成程序。

```
int fruit(int begin, int times)
{
    if(times==10)
        return begin;
    return fruit(________________);
}
```

19. 当从键盘输入“5，3”并回车后，以下程序的输出结果是______________。

```
#include <stdio.h>
void swap();
```

```
int a, b;
int main()
{
    scanf("%d, %d", &a, &b);
    swap();
    printf("a=%d, b=%d\n", a, b);
    return 0;
}
void swap()
{
    int t;
    t=a;
    a=b;
    b=t;
}
```

20. 外部函数的存储类型符是______________，它既可以在本编译单位中被调用，又可以在其他编译单位中被调用。

21. C 语言______________是一种可在自身所处的源文件及其他源文件中都能被调用的函数。

22. 当从键盘输入“10”并回车后，以下程序的输出结果是______________。

第一个源文件：

```
int fun(int n)
{
    if(n==1)
        return 1;
    else
        return(n+fun(n-1));
}
```

第二个源文件：

```
#include<stdio.h>
extern int fun(int n);
int main()
{
    int x;
    scanf("%d", &x);
    x=fun(x);
    printf("x=%d\n", x);
    return 0;
}
```

23. 以下程序的输出结果是______________。

第一个源文件：

```
void fun(int *s, int m, int n)
{
    int t;
    while(m<n)
    {
        t=s[m];
        s[m]=s[n];
        s[n]=t;
        m++;
        n--;
    }
}
```

第二个源文件：

```
#include<stdio.h>
extern void fun(int *s, int m, int n);
int main()
{
    int a[5]={1, 2, 3, 4, 5}, k;
    fun(a, 0, 4);
    for(k=0; k<5; k++)
        printf("%d ", a[k]);
    return 0;
}
```

三、编程题

1. 编写一个函数，实现将一个字符串反序存放。例如：在主函数中输入字符串“abcdefg”，再调用函数后，则应该输出“gfedcba”。

2. 编写一个判断素数的函数，在主函数输入一个整数，判断是否是素数，并在主函数中输出结果。

3. 求方程 $ax^2 + bx + c = 0$ 的根，用三个函数分别求当 b^2-4ac 大于 0、等于 0 和小于 0 时的根，并输出结果。从主函数中输入 a、b、c 的值。

4. 编写一个函数，将一个 $n \times n(n<10)$的二维数组进行转置，即行列交换。

5. 编写一个函数，输入十进制数，转换为二进制数，要求用递归形式。

6. 编写一个冒泡排序(升序)函数，对输入的 n 个整数进行排序。

7. 编写一个函数，连接两个字符串。

8. 用函数打印出用“*”组成的 n 行等腰三角形。

9. 定义一个函数，在主函数中给出年、月、日，利用函数求该日期是该年的第几天。

第 7 章　指　　针

指针是 C 语言重要的一种数据类型，也是 C 语言的一个特色。通过指针的灵活运用，可以使程序更简洁、高效。指针可以方便地操作数组和字符串，也可以直接访问内存地址，提高程序的运行效率。深入地学习和掌握指针编程对于 C 语言的学习非常重要。

7.1　指针与地址

为了理解什么是指针，首先必须弄清楚数据在内存中是如何存储和读取的。

在程序中定义一个变量时，系统会为变量分配一定长度的内存单元，用来存储变量的值。例如：程序运行时，操作系统会为 int 类型变量分配 4 个字节，内存中每一个字节都有一个编号，这个编号就是“地址”，通过地址可以唯一定位到一个内存单元。这就像一个大楼内，每层每个房间都有一个门牌号，这个门牌号叫做居住地址，如果想要拜访一个人，就要知道他的居住地址，通过居住地址便找到这个人。同理，知道了变量的内存地址，就可以通过变量的内存地址获取变量的值，这个过程称为地址指向变量。变量的内存地址就是指针，可以理解为通过指针就能找到以它为地址的内存单元。

存储单元的地址和存储单元的内容是两个概念，例如：

```
int a=10;
scanf("%d", &a);
```

变量在定义时，系统已经分配了按整型存储方式的 4 个字节的内存单元供变量 a 使用，变量名和对应的地址已经一一对应，第一条赋值语句通过变量名找到相应的地址，并将常量 10 存储在内存单元中；第二条输入语句，通过取地址操作符&获取到 a 变量的地址，从输入设备中获取用户输入的数据之后保存到这个地址中。

通过变量名直接访问变量的方式称为“直接访问”方式，通过变量的地址来访问变量的方式称为“间接访问”方式。

在程序的运行过程中，每个变量都有自己的内存空间。

【例 7.1】 定义变量并输出其内存地址。

```
#include <stdio.h>
int main()
{
    int x=10;
    char c='A';
    printf("x 的地址:%X\nc 的地址:%X\n", &x, &c);
```

```
    return 0;
}
```

程序运行结果如图 7.1 所示。

```
user@ekwphqrdar-machine:~/Cproject$ gcc 7.1.c
user@ekwphqrdar-machine:~/Cproject$ ./a.out
x的地址:C391AB0C
c的地址:C391AB0B
```

图 7.1　例 7.1 程序运行结果

从程序运行结果看出，程序运行时为变量 x 分配的起始地址为 C391AB0C 的 4 个字节的内存空间，并将整数 10 存储在该内存空间中；为变量 c 分配的地址为 C391AB0B 的 1 个字节的内存空间，并将字符 'A' 存储在该内存单元中。变量在内存中存储的示意图如图 7.2 所示。

	内存区	内存地址值
c	A	DS: C391AB0B
x	10	DS: C391AB0C
		DS: C391AB0D
		DS: C391AB0E
		DS: C391AB0F
		…

图 7.2　变量在内存中的存储示意图

变量在分配了内存空间后，可以使用运算符&取得变量的内存地址，这个地址也称为变量的指针。

7.2　指针变量的定义与引用

7.2.1　指针变量的定义

(1) 指针：变量的地址被称为指针。

(2) 指针变量：存放地址的变量称为指针变量，指针变量的值就是地址，也就是指针。

现在假设有一个 char 类型的变量 c，它存储了字符'A'(ASCII 码为十进制数 65)，并占用了地址为 C160FEFB 的内存(地址通常用十六进制表示)；另外有一个指针变量 p，它的值为 C160FEFB，正好等于变量 c 的地址，这种情况就简称 p 指向了 c，或者说 p 是指向变量 c 的指针。指针变量指向关系的示意图如图 7.3 所示。

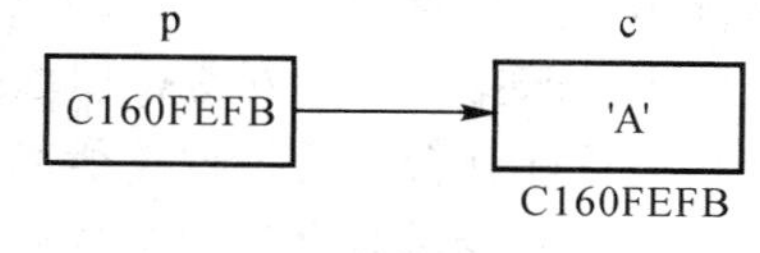

图 7.3　指针变量指向变量示意图

1. 指针变量的定义一般形式

指针变量的一般形式为：

数据类型 *指针变量名 1, *指针变量名 2, …;

例如：

```
int *p;
float *fp1, *fp2;
```

语法规则：

(1) 一次可以定义多个指针变量，每个指针变量名前都必须加注“*”号，以区别于普通变量的定义，其本身不属于指针变量名。

(2) 数据类型必须与指针变量所指向变量的类型一致。地址数据本身是无类型可言的，但是指针变量所指向的对象一定有确切的数据类型，因此通常将指针变量所指向对象的数据类型称为指针变量的数据类型。

(3) 指针变量只可以用来保存与它同类型的变量的指针，指针的操作是基于“类型”的。

2. 指针变量的初始化

指针变量的初始化有以下两种方式：

(1) 定义的同时直接初始化，其初始化的一般形式为：

数据类型 *指针变量名=变量地址;

例如：

```
int x;
int *p=&x;
```

语法规则：

① 先定义一般变量，指针变量的值等于这个变量的地址；

② 指针变量的类型必须与初始化时变量的类型相同。

(2) 先定义指针变量，后初始化。

例如：

```
int *p1, *p2;        //定义了两个 int 类型的指针变量 p1 和 p2
int i, j;
p1=&i;               //合法，两者类型一致。p1 指向变量 i
p2=&j;               //合法，两者类型一致。p2 指向变量 j
```

语法规则：先定义指针变量，之后在需要初始化的地方进行初始化。给指针变量赋值时，指针变量名前面没有“*”。因为如果此时指针变量名前面加“*”，该“*”是间接访问运算符，具有运算功能，而非定义时只起说明作用的“*”。

注意：一个指针变量在定义时未初始化，那么该指针变量不能进行任何操作！由于指针变量已经被定义，所以指针变量的内存单元已经分配，但是由于没有进行初始化的操作，那么存储在该内存单元中的数据就是一个随机值，若此时指针变量仍然通过内存空间存储的地址来指向某个对象，但这个对象可能是程序代码中一个随机的内存地址，这种情况下执行程序就会出现错误。所以指针变量在使用时必须进行初始化。

指针变量既然是一个变量，就应该具有变量的特点：其一，在内存中有一个内存单元与之对应；其二，变量值可以被改变。

指针变量保存的是指针，其实就是一个内存地址值。指针变量不论保存的是一个 int 型变量的指针，还是 double 型变量的指针或者其他类型的指针，指针变量本身都会占用 8 个字节(64 位操作系统 8 个字节，32 位操作系统 4 个字节)的内存空间。

【例 7.2】 定义指针变量，运行程序查看指针变量占用的字节数。

```
#include <stdio.h>
int main()
{
    double d, *p1=&d;
    int a, *p2=&a;
    char c, *p3=&c;
```

```
    printf("p1 占用字节数：%d\np2 占用字节数：%d\n
    p3 占用字节数：%d\n", sizeof(p1), sizeof(p2), sizeof(p3));
    return 0;
}
```

此程序在 Linux 64 位操作系统下编译运行，程序运行结果如图 7.4 所示。

```
user@ekwphqrdar-machine:~/Cproject$ gcc 7.2.c
user@ekwphqrdar-machine:~/Cproject$ ./a.out
p1占用字节数：8
p2占用字节数：8
p3占用字节数：8
```

图 7.4　例 7.2 程序运行结果

3. 空指针

初始化指针变量时，使用空指针 NULL 初始化可以避免指针变量指向一个随机内存位置。NULL 为定义在 stdio.h 头文件中的符号常量，例如：

```
int *p=NULL;
```

在 C 语言中，NULL 实质是“((void*)0)”，从技术角度来看是指向内存地址为 0 的指针，任何程序数据都不会存储在地址为 0 的内存块中，它是被操作系统预留的内存块。任何类型的指针都允许被赋予 NULL 空指针值，表示指针变量不指向任何对象。

7.2.2　指针变量的引用

1. &运算符

& 运算符称为地址运算符，变量前加 & 运算符用以获取变量的地址，也就是该变量的指针。

2. *运算符

运算符称为指针运算符，指针变量前加，表示该指针变量所指向的内存单元的值。例如：

```
int i, *p=&i; // 指针变量 p 初始化为指向变量 i
*p=10;    // *p 代表指针变量 p 指向的对象，也就是变量 i，等价于 i=10;
```

思考 1：表达式&*p 的含义是什么？

该表达式相当于&(*p)。因为“*”和“&”都是单目运算符，优先级别相同，按照自右向左的方向结合，因此首先运算*p，结果就是变量 i，再进行&运算，即为变量 i 的地址。

思考 2：表达式*&i 的含义是什么？

该表达式相当于*(&i)。首先进行&i 运算，结果是变量 i 的地址，再进行*运算，指针“降级”为变量，结果就是变量 i 本身。

3. 直接访问

直接用变量名访问变量值的方式称为“直接访问”。例如以下代码段：

```
int i, j;
i=3;
j=i*2;
```

系统在执行“i=3; ”这条赋值语句时，首先找到变量 i 的地址(假设地址为 60FFD0)，然后将整数 3 存入从 60FFD0 开始的 4 个字节的存储空间中。执行语句“j=i*2; ”时，先从 i 变量的内存单元取出变量 i 的值 3，计算“i*2”后将结果 6 存入 j 变量所对应的存储空间中。

4. 间接访问

将变量的地址存放在一个指针变量中，然后通过指针变量来找到指向的变量的地址，从而访问变量的值，称为“间接访问”，例如：

```
int i, *pi;                //定义了一个指针变量 pi，可以存放地址数据
i=3;
pi=&i;                     //将变量 i 的地址赋给指针变量 pi
printf("%d", *pi);         //输出 3
```

要取出变量 i 的值，首先从指针变量 pi 对应的内存单元中取出 i 的地址(假设地址为 C160FFD0)，然后再从 C160FFD0 内存单元中取出 i 的值。间接访问示意图如图 7.5 所示。

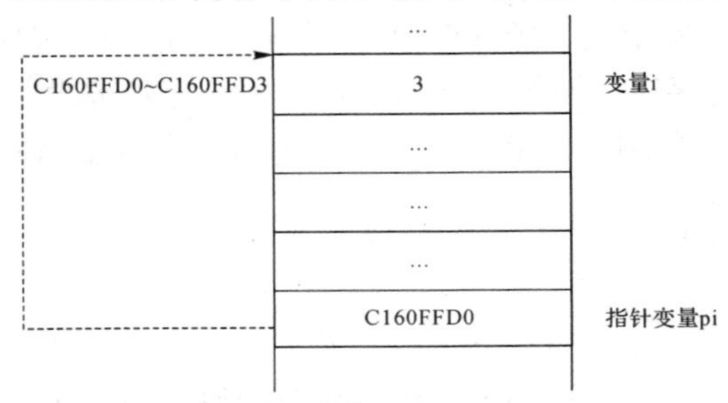

图 7.5　变量的直接访问与间接访问示意图

5. 指针的引用

【例 7.3】 使用指针修改指针变量指向的变量的数值。

```
#include <stdio.h>
int main()
{
    int data=19;
    int *p=&data;
    *p=20;
    printf("data=%d\n", *p);
    printf("data=%d\n", data);
        return 0;
}
```

程序运行结果如图 7.6 所示。

```
user@ekwphqrdar-machine:~/Cproject$ gcc 7.3.c
user@ekwphqrdar-machine:~/Cproject$ ./a.out
data=20
data=20
```

图 7.6　例 7.3 程序运行结果

主函数 main 中“int *p=&data; ”将整型变量 data 的地址给指针变量 p，也就是 p 指向了变量 data，语句“*p=20; ”通过指针变量修改了指向的变量 data 的数值，两条输出语句分别采用间接访问和直接访问的方式输出了 data 的数值。

【例 7.4】 使用指针编程。输入两个整数 a 和 b，按照从小到大的顺序输出。

分析：使用指针变量 pmin 和 pmax 分别指向变量 a、变量 b，当 a＞b 时交换 pmin 和 pmax 的指向，不必交换变量 a、b 的值。

```
#include <stdio.h>
int main()
{   int a, b;
    int *pmin, *pmax, *p;
    printf("请输入两个整数：");
    scanf("%d%d", &a, &b);
    pmin=&a;    //指针变量 pmin 指向变量 a
    pmax=&b;    //指针变量 pmax 指向变量 b
    if(*pmin>*pmax) //若*pmin 较大，交换指针 pmin 和 pmax 的指向
    {   p=pmin;
        pmin=pmax;
        pmax=p;
    }
    printf("a=%d, b=%d\n", a, b);
    printf("min=%d, max=%d\n", *pmin, *pmax);
    return 0;
}
```

程序运行结果如图 7.7 所示。

```
user@ekwphqrdar-machine:~/Cproject$ gcc 7.4.c
user@ekwphqrdar-machine:~/Cproject$ ./a.out
请输入两个整数： 78 23
a=78,b=23
min=23,max=78
```

图 7.7　例 7.4 程序运行结果

变量 a 和 b 取值没有发生变化，指针变量 pmin 和 pmax 的指向发生了变化，如图 7.8 所示。

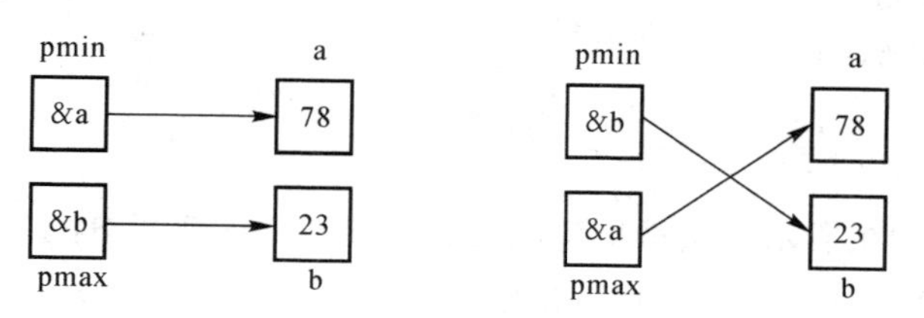

图 7.8　pmin 和 pmax 的指向变化示意图

6. 指针作为函数参数

C 语言中，基本数据类型的实参传递给形参，是按值传递的，也就是说，函数中的形参是实参的备份，形参和实参只是具有相同的数值，而不是同一个内存数据对象。这就意

味着：这种数据传递是单向的，即从调用者可以传递给被调函数，而被调函数无法修改传递的参数达到回传的效果。

有时候可以使用函数的返回值来回传数据，但这只在简单的情况下可行，如果返回值有其他用途，或者要回传的数据不止一个，这时通过返回值就解决不了了。传递变量的指针可以轻松解决上述问题，例如：

```
#include <stdio.h>
void change(int a)
{
    a++;
}
int main()
{   int   data=19;
    change(data);
    printf("data=%d\n", data);
    return 0;
}
```

程序结果如图 7.9 所示。可以看到变量 data 的数值在函数 change 调用结束后并没有改变。

```
user@ekwphqrdar-machine:~/Cproject$ gcc 7-change-1.c
user@ekwphqrdar-machine:~/Cproject$ ./a.out
data=19
```

图 7.9　程序运行结果

将函数 change 的参数类型修改为指针之后，程序如下：

```
#include <stdio.h>
void change(int *pa)
{
    (*pa)++;
}
int main()
{   int data=19;
    change(&data);
    printf("data= %d\n", data);
    return 0;
}
```

程序结果如图 7.10 所示。从结果可以看到主函数中的变量 data 的数值在函数 change 调用结束后更改为 20。主函数 main 中调用 change 函数，实参为变量 data 的地址，在函数 change 中通过指针修改指向变量的数值。

```
user@ekwphqrdar-machine:~/Cproject$ gcc 7-change-2.c
user@ekwphqrdar-machine:~/Cproject$ ./a.out
data= 20
```

图 7.10　程序运行结果

7.3　指针与地址运算

指针是地址数据，是内存单元的编号，虽然从形式上看类似一个整数，但它的含义与普通整数不同，只有当指针指向数组时，可以对指针进行有限的一些运算。例如：

```
int a[10];
int *p=a;
```

首先定义了一个一维整型数组 a，a 是数组名，存储的是数组的首地址。通过赋值操作将数组首地址赋值给指针变量 p，也称作指针变量 p 指向了一维数组 a。在此前提下，指针才可以进行算数运算和关系运算。

7.3.1　算术运算

指针允许参与的算术运算包括：指针加(或减)一个整数以及两个指针相减。指针加(或减)一个整数的运算是基于指针的类型。

一般地，设指针变量 p 已指向数组中某元素的地址，n 是正整数，则

① p+n：仍为地址类数据，指向 p 当前所指元素之后的第 n 个元素；

② p−n：仍为地址类数据，指向 p 当前所指元素之前的第 n 个元素；

③ p++：运算时，系统会根据 p 的基类型而将其值增加相应的字节个数。指针 p 后移，p 本身数值发生了变化，指向数组中下一个元素；

④ p−−：运算时，系统会根据 p 的基类型而将其值减少相应的字节个数。指针 p 前移，p 本身数值发生了变化，指向数组中前一个元素；

⑤ p1−p2：两个指针相减的结果表示两个指针间隔的元素个数，只有 p1 和 p2 都指向同一数组中的元素时才有意义。

7.3.2　关系运算

两个指针可以进行关系运算。进行比较的两个指针的类型必须相同时才有意义，否则不能进行比较。例如，设 p、q 是同类型的指针，则

① p==q：判断 p 和 q 保存的地址数据是否相同，也就是是否指向同一个变量，若指向同一个变量，则结果为真(即为 1)，否则为假(即为 0)。

② p!=q：判断 p 和 q 保存的地址数据是否不相同，也就是是否不指向同一个对象，若不指向同一个变量，则结果为真(即为 1)，否则为假(即为 0)。

③ p＞q：对 p 和 q 保存的地址数据进行比较判断，如果 p 指向的对象在 q 指向的对象之后，则结果为真，否则为假。

④ p＜q：对 p 和 q 保存的地址数据进行比较判断，如果 p 指向的对象在 q 指向的对象之前，则结果为真，否则为假。

进行 p＞q 或 p＜q 的关系运算时，只有当 p 和 q 都指向同一数组中的元素时才有意义。

7.4　一维数组与指针

数组是同类型数据单元序列，每个数组元素所占用的内存单元字节数不仅相同而且是依次连续存储的。数组的这个存储特点与指针的运算相结合，可以通过指针引用数组元素。

7.4.1　一维数组元素的两种等价表示法

有如下定义语句：

```
int   x[5];
int *p=x;
```

当指针指向数组时，可以用含指针变量的表达式来表示数组元素的地址和数组元素的值，具体表示形式如表 7.1 所示。

表 7.1　地址法和下标法表示数组元素

	下标法	指针法
第 i 个元素地址	&x[i]，&p[i]	p+i，a+i
第 i 个元素值	x[i]，p[i]	*(p+i)，*(a+i)

【例 7.5】 数组元素的两种表示法举例。

```
#include <stdio.h>
int main()
{   int i, arr[3]={1, 2, 3};
    printf("下标形式遍历数组元素：\n");
    for(i=0; i<3; i++)
        printf("地址:%X, arr[%d]=%d\n", &arr[i], i, arr[i]);
    printf("指针形式遍历数组元素：\n");
    for(i=0; i<3; i++)
        printf("地址:%X, *(arr+%d)=%d\n", arr+i, i, *(arr+i));
    return 0;
}
```

程序运行结果如图 7.11 所示(不同环境下运行，arr 的内存地址可能不同)。

```
user@ekwphqrdar-machine:~/Cproject$ gcc 7.5.c
user@ekwphqrdar-machine:~/Cproject$ ./a.out
下标形式遍历数组元素：
地址:C7104D50,arr[0]=1
地址:C7104D54,arr[1]=2
地址:C7104D58,arr[2]=3
指针形式遍历数组元素：
地址:C7104D50,*(arr+0)=1
地址:C7104D54,*(arr+1)=2
地址:C7104D58,*(arr+2)=3
```

图 7.11　例 7.5 程序运行结果

说明：

① 数组元素占用从 C7104D50 开始的连续 12 个字节的内存空间；

② 元素地址&arr[i]与 arr+i 等价；

③ 数组元素 arr[i]与*(arr+i)等价，前者称为下标形式，后者称为指针形式。

7.4.2 一维数组与指针的应用

下标法引用数组元素比较直观，但程序运行时，下标形式 a[i]需要先转换为指针形式*(a+i)，计算出元素地址后再引用数组元素，所以指针法比下标法运算速度快。应用时要注意指针变量和数组名的区别，指针变量值可以改变，而数组名是地址常量，是数组的首地址，在程序运行过程中是固定不变的，不能被修改。

指针变量存储的是地址，32 位编译环境下分配 4 个字节(64 位编译环境下分配 8 个字节)的存储空间，数组的存储空间大小由元素类型和个数决定，例如：

```
#include <stdio.h>
int main()
{   int arr[3]={1, 2, 3};
    int *p=arr;
    printf("sizeof(arr)=%d\n", sizeof(arr));
    printf("sizeof(p)=%d\n", sizeof(p));
    return 0;
}
```

程序运行结果如图 7.12 所示。

```
user@u17e86gawx8-machine:~/test$ gcc 7-sizeofpoint.c
user@u17e86gawx8-machine:~/test$ ./a.out
sizeof(arr)=12
sizeof(p)=8
```

图 7.12　程序运行结果

【例 7.6】 使用指针法的两种方式实现一维数组元素的输入和输出。

(1) 指针在遍历的过程中数值没有变化，始终是数组的首地址，程序代码如下：

```
1  #include <stdio.h>
2  int main()
3  {
4      int a[4], *p=a, i;
5      for(i=0; i<4; i++)
6          scanf("%d", p+i);
7      for(i=0; i<4; i++)
8          printf("%d\t", *(p+i));
9      printf("\n");
10     return 0;
11 }
```

程序运行结果如图 7.13 所示。

```
user@ekwphqrdar-machine:~/Cproject$ gcc 7.6.c
user@ekwphqrdar-machine:~/Cproject$ ./a.out
23 34 45 56
23      34      45      56
```

图 7.13　例 7.6 程序运行结果

例 7.6 程序第 4 行指针变量 p 指向数组 a 的首地址，第 8 行用“*(p+i)”的方式访问指向的数值，等价于 a[i]。表达式 p+i 的结果仍是指针。p+i 不是简单地将指针变量 p 的值加 2，由于 p 指向 int 类型数据的地址，因此 p+i 意味着将 p 的值增加 2 个“int 类型”的字节数(4 × 2 = 8 个字节)，相当于 p 指向其后面的第 2 个数组元素。如图 7.14 所示(假设数组 a 的首地址为 C160FEF0)。

元素	元素值	地址	指针	元素
a[0]	23	DS：C160FEF0	p	* p
		DS：C160FEF1		
		DS：C160FEF2		
		DS：C160FEF3		
a[1]	34	DS：C160FEF4	p+1	*(p+1)
		DS：C160FEF5		
		DS：C160FEF6		
		DS：C160FEF7		
a[2]	45	DS：C160FEF8	p+2	*(p+2)
		DS：C160FEF9		
		DS：C160FEFA		
		DS：C160FEFB		
a[3]	56	DS：C160FEFC	p+3	*(p+3)
		DS：C160FEFD		
		DS：C160FEFE		
		DS：C160FEFF		

图 7.14　数组 a 下标法和指针法对照

(2) 用移动指针变量的方法遍历数组元素，程序代码如下：

方法一：

```
1  #include <stdio.h>
2  int main()
3  {
4      int a[4], *p, i;
5      p=a;
6      for(i=0; i<4; i++)
7          scanf("%d", p++);
8      p=a;
9      for(i=0; i<4; i++)
10         printf("%d\t", *p++);
11     printf("\n");
12     return 0;
13 }
```

程序中第 5 行首先让指针变量 p 指向数组首个元素。第 7 行在输入操作完成后执行 p++ 操作，指针变量 p 指向下一个元素。在这个循环中，指针 p 发生了变化，循环结束后，p

已经指向了数组 a 的范围之外，所以必须通过第 8 行语句“p=a; ”让指针变量重新指向数组的首个元素。第 10 行运算符 * 和 ++ 优先级相同，都是从右到左结合，因此表达式*p++等同于*(p++)，p++则先取 p 值参与运算，再自增 1。

方法二：

```
#include <stdio.h>
int main()
{   int a[4], *p=a;
    int   i;
    for(i=0; i<4; i++)
        scanf("%d", p++);
    p=a;
    for(i=0; i<4; i++, p++)
        printf("%d\t", *p);
    printf("\n");
    return 0;
}
```

方法三：可以用指针变量控制循环的执行。

```
#include <stdio.h>
int main()
{   int a[4], *p=a;
    for( ; p-a<4; p++)
        scanf("%d", p);
    p=a;
    for(     ; p-a<4; p++)
        printf("%d\t", *p);
    printf("\n");
    return 0;
}
```

注意：数组名是数组首地址值，是一个指针常量，在程序运行过程中是固定不变的。如下代码中的 a++ 是错误的。

```
#include <stdio.h>
int main()
{   int a[4], i;
    for(i=0; i<4; i++)
        scanf("%d", a+i);
    for(i=0; i<4; i++)
        printf("%d\t", *a++);
    return 0;
}
```

【例 7.7】 从键盘输入一组整数(数量不超过 100)，统计其中偶数个数与奇数个数。使用指针法。

```
#include <stdio.h>
int main()
{
    int a[100], i, nCount; //nCount 为输入整数的个数
    int ouCount=0; //ouCount 统计偶数个数
    int jiCount=0; //iCount 统计奇数个数
    int *p=a;
    printf("请输入数字的个数:");
    scanf("%d", &nCount);
    printf("请输入%d 个整数: ", nCount);
    for(i=0; i<nCount; i++)
        scanf("%d", p+i);
    for(i=0; i<nCount; i++, p++)
    {   if(*p%2==0)
            ouCount++;
        else
            jiCount++;
    }
    printf("有%d 个偶数, %d 个奇数.\n", ouCount, jiCount);
    return 0;
}
```

程序运行结果如图 7.15 所示。

```
user@ekwphqrdar-machine:~/Cproject$ gcc 7.7.c
user@ekwphqrdar-machine:~/Cproject$ ./a.out
请输入数字的个数:10
请输入10个整数: 1 2 3 4 5 6 7 8 9 10
有5个偶数,5个奇数.
```

图 7.15　例 7.7 程序运行结果

主函数 main 中，语句“scanf("%d", p+i);”使用指针法进行数据的输入，指针变量 p 的数值没有改变；在 for 循环中语句“p++;”通过指针变量 p 的移动访问数组的每个元素。

7.5　二维数组与指针

7.5.1　二维数组的处理方法与指针表示

多维数组是连续的内存单元序列，可以看作是一维数组的延伸。C 语言处理数组时，在实现方法上只有一维数组的概念，多维数组被当成一维数组处理。下面以“int a[3][4];”这个二维数组为例说明这个概念。

计算机认为数组 a 是一个一维数组 a[3]，其 3 个元素是 a[0]、a[1]、a[2]，它们又分别是长度为 4 的一维数组，即二维数组 a 是由 3 个一维数组组成。比如 a[0]可以看作是一维数组的数组名，其元素是 a[0][0]、a[0][1]、a[0][2]、a[0][3]，a[1]和 a[2]以此类推。

【例 7.8】 使用下标法和指针法输出二维数组元素及其内存地址。

```
#include <stdio.h>
int main()
{   int a[3][4]={1, 2, 3, 4, 5, 6, 7, 8, 9, 10, 11, 12};
    int i, j;
    printf("a=%X\n", a);
    for(i=0; i<3; i++)
        printf("a+%d=%X, a[%d]=%X, &a[%d]=%X, *(a+%d)=%X\n", i, a+i, i, a[i], i, &a[i], i, *(a+i));
    for(i=0; i<3; i++)
        for(j=0; j<4; j++)
            printf("a[%d]+%d=%X, *(a+%d)+%d=%X, &a[%d][%d]=%X\n", i, j, a[i]+j, i, j,
                   *(a+i)+j, i, j, &a[i][j]);
    for(i=0; i<3; i++)
        for(j=0; j<4; j++)
            printf("*(a[%d]+%d)=%d, *(*(a+%d)+%d)=%d, a[%d][%d]=%d\n", i, j, *(a[i]+j), i, j,
                   *(*(a+i)+j), i , j, a[i][j]);
    return 0;
}
```

程序运行结果如图 7.16 所示。

```
user@ekwphqrdar-machine:~/Cproject$ gcc 7.8.c
user@ekwphqrdar-machine:~/Cproject$ ./a.out
a=D6F16A48
a+0=D6F16A48,a[0]=D6F16A48,&a[0]=D6F16A48,*(a+0)=D6F16A48
a+1=D6F16A58,a[1]=D6F16A58,&a[1]=D6F16A58,*(a+1)=D6F16A58
a+2=D6F16A68,a[2]=D6F16A68,&a[2]=D6F16A68,*(a+2)=D6F16A68
a[0]+0=D6F16A48,*(a+0)+0=D6F16A48,&a[0][0]=D6F16A48
a[0]+1=D6F16A4C,*(a+0)+1=D6F16A4C,&a[0][1]=D6F16A4C
a[0]+2=D6F16A50,*(a+0)+2=D6F16A50,&a[0][2]=D6F16A50
a[0]+3=D6F16A54,*(a+0)+3=D6F16A54,&a[0][3]=D6F16A54
a[1]+0=D6F16A58,*(a+1)+0=D6F16A58,&a[1][0]=D6F16A58
a[1]+1=D6F16A5C,*(a+1)+1=D6F16A5C,&a[1][1]=D6F16A5C
a[1]+2=D6F16A60,*(a+1)+2=D6F16A60,&a[1][2]=D6F16A60
a[1]+3=D6F16A64,*(a+1)+3=D6F16A64,&a[1][3]=D6F16A64
a[2]+0=D6F16A68,*(a+2)+0=D6F16A68,&a[2][0]=D6F16A68
a[2]+1=D6F16A6C,*(a+2)+1=D6F16A6C,&a[2][1]=D6F16A6C
a[2]+2=D6F16A70,*(a+2)+2=D6F16A70,&a[2][2]=D6F16A70
a[2]+3=D6F16A74,*(a+2)+3=D6F16A74,&a[2][3]=D6F16A74
*(a[0]+0)=1,*(*(a+0)+0)=1,a[0][0]=1
*(a[0]+1)=2,*(*(a+0)+1)=2,a[0][1]=2
*(a[0]+2)=3,*(*(a+0)+2)=3,a[0][2]=3
*(a[0]+3)=4,*(*(a+0)+3)=4,a[0][3]=4
*(a[1]+0)=5,*(*(a+1)+0)=5,a[1][0]=5
*(a[1]+1)=6,*(*(a+1)+1)=6,a[1][1]=6
*(a[1]+2)=7,*(*(a+1)+2)=7,a[1][2]=7
*(a[1]+3)=8,*(*(a+1)+3)=8,a[1][3]=8
*(a[2]+0)=9,*(*(a+2)+0)=9,a[2][0]=9
*(a[2]+1)=10,*(*(a+2)+1)=10,a[2][1]=10
*(a[2]+2)=11,*(*(a+2)+2)=11,a[2][2]=11
*(a[2]+3)=12,*(*(a+2)+3)=12,a[2][3]=12
```

图 7.16　例 7.8 程序运行结果

二维数组 a[3][4]的 12 个元素占用从 D6F16A48 开始的连续 48 个字节的存储空间。

(1) 从二维数组的角度看，a 代表二维数组首个元素 a[0]的地址，现在 a[0]是一个由 4 个元素组成的一维数组，因此 a 代表的是第 0 行的起始地址，a+1 代表第 1 行的起始地址，a+2 代表第 2 行的起始地址。综上所述，a 等价于 a+0，等价于&a[0]；a+1 等价于&a[1]；a+2 等价于&a[2]，这些称为行地址，指向行地址的称为行指针。

同理，a[0]代表的是二维数组第 0 行的元素，与*(a+0)等价，a[1]等价于*(a+1)，a[2]等价于*(a+2)，即 a[i][j]等价于*(a+i)[j]。

(2) a[0]是一维数组{a[0][0]，a[0][1]，a[0][2]，a[0][3]}的首地址，由运行结果可见 a[0]与&a[0][0]的值都是 D6F16A48，以下同理。a[i]是一维数组名，数组中第 0 个元素的地址可以用 a[i]+0 表示，也就是&a[i][0]，第一个元素的地址用 a[i]+1 表示，此时 a[i]+1 中的 1 代表一个列元素的字节数，即 4 个字节。从运行结果看 a[1]+0，即*(a+1)+0 的值为 D6F16A58，*(a+1)+1 的值为 D6F16A5C，相差 4 个字节。这里的指针加法每次跳过一个列元素的字节数，这样的地址称为列地址，指向列地址的称为列指针。

二维数组元素 a[i][j]的指针形式可以为：*(a+i)[j]、*(a[i]+j)、*(*(a+i)+j)，这些都是等价的。特别指出，a[i]不是一个具体的数组元素，它只是一个逻辑上的代号，是虚拟的，因此&a[i]不能直接理解为 a[i]的物理地址。

以上说明总结如表 7.2 和图 7.17 所示。

表 7.2　二维数组的指针表示法

	表示形式	含　义
行指针	a	数组首地址，即第 0 行首地址
行指针	a+i，&a[i]	第 i 行首地址
列指针	a[i]，*(a+i)	第 i 行第 0 列元素的地址
列指针	a[i]+j，*(a+i)+j，&a[i][j]	第 i 行第 j 列元素的地址
元素值	*(a[i]+j)，*(*(a+i)+j)，a[i][j]	第 i 行第 j 列元素的值

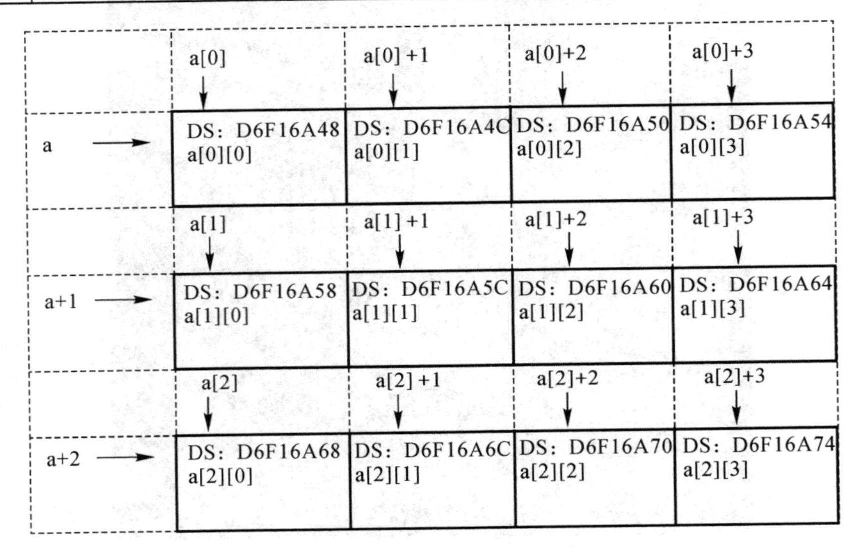

图 7.17　二维数组的行指针、列指针对照表

7.5.2　指向一维数组的指针

1. 行指针

指向一维数组的指针简称为数组的指针(或称为行指针)。行指针的一般定义形式为：

　　数据类型 (*指针变量名)[一维数组长度];

例如：

```
int   a[3][4], (*p)[4]=a;
```

语法规则：

(1) 小括号不能省略，否则[]的运算级别高于*的运算级别，p 将首先与[]结合为 int *p[4]。

(2) p 是行指针可以接收行地址，可以对 p 进行以下方式的赋值：

```
p=a;
p=a+1;
p=&a[1];
```

(3) 行指针 p 作加法时的内存偏移量为一行。p 的增值是以一维数组的长度为单位的，所以 p+1 指向 a[1]，p+2 指向 a[2]，即 *(p+i)等价于 a[i]。

(4) *(p+i)+j 表示地址&a[i][j]，*(*(p+i)+j)表示元素 a[i][j]，如表 7.3 所示。

表 7.3　指向二维数组的指针加法运算

p ⟶	a[0][0]	a[0][1]	a[0][2]	a[0][3]
p+1 ⟶	a[1][0]	a[1][1]	a[1][2]	a[1][3]
p+2 ⟶	a[2][0]	a[2][1]	a[2][2]	a[2][3]

【例 7.9】 使用行指针编程，实现二维数组元素的输入/输出。

```
#include <stdio.h>
int main()
{
    int a[3][4], (*p)[4];
    int i, j;
    p=a;
    printf("请输入数组数据(3x4):\n");
    for(i=0; i<3; i++)
        for(j=0; j<4; j++)
            scanf("%d", *(p+i)+j);
    printf("输出数组(3*4):\n");
    for(i=0; i<3; i++)
    {
        for(j=0; j<4; j++)
            printf("%5d", *(*(p+i)+j));
        printf("\n");
```

```
    }
    return 0;
}
```

程序运行结果如图 7.18 所示。

```
user@ekwphqrdar-machine:~/Cproject$ gcc 7.9.c
user@ekwphqrdar-machine:~/Cproject$ ./a.out
请输入数组数据(3x4):
1 2 3 4
5 6 7 8
9 10 11 12
输出数组(3*4):
    1    2    3    4
    5    6    7    8
    9   10   11   12
```

图 7.18　例 7.9 程序运行结果

语句“p=a;”表示行指针变量 p 接收行地址，指向了二维数组第 0 行，语句“scanf("%d", * (p+i)+j);” 和 “printf("%5d", *(*(p+i)+j));” 通过行指针对二维数组元素进行访问，指针变量 p 在访问期间没有移动。

2. 列指针

列指针是指向多维数组列元素的指针，列指针的一般定义形式为：

　　数据类型 *指针变量名;

例如：

```
int   a[3][4];
int   *p=*a;
```

语法规则：

(1) 列指针指向的是列元素，也就是多维数组中的单个元素，所以将指向二维整型数组 a 的列指针定义为整型指针类型。

(2) p 是列指针可以接收列地址，可以对 p 进行以下方式的赋值：

```
p=*a;
p=&a[0][0];
p=a[0];
```

【例 7.10】 使用列指针编程，实现二维数组元素的输入/输出。

```
1   #include <stdio.h>
2   int main()
3   {
4       int a[3][4], *p;
5       int i, j;
6       p=*a;
7       printf("input array(3x4):\n");
8       for(i=0; i<3*4; i++)
9           scanf("%d", p++);
10      p=&a[0][0];
```

```
11      printf("\noutput array(3*4):\n");
12      for(i=0; i<3; i++)
13      {
14          for(j=0; j<4; j++)
15              printf("%5d", *(p+i*4+j));
16          printf("\n");
17      }
18      return 0;
19 }
```

程序运行结果如图 7.19 所示。

```
user@ekwphqrdar-machine:~/Cproject$ gcc 7.10.c
user@ekwphqrdar-machine:~/Cproject$ ./a.out
input array(3x4):
11 13 15 17 2 14 16 18 21 23 25 27

output array(3*4):
   11   13   15   17
    2   14   16   18
   21   23   25   27
```

图 7.19　例 7.10 程序运行结果

程序第 6 行通过语句“p=*a;”初始化，指针变量 p 指向了二维数组 a 的第一个元素也就是 a[0][0]的列地址；第 8 行开始的循环是通过“scanf("%d", p++);”中指针变量 p 的移动访问数组中的每个元素，因为二维数组在内存中实际是通过连续空间存储，存储结构如图 7.20 所示。列指针 p 作加法时的内存偏移量为一个元素的字节，所以 p+1 指向 a[0][1]，p+2 指向 a[0][2]，所以只需要通过 i 来控制访问的次数，通过 p 指针的向后移动就可以完整的访问所有的数组元素，从而完成数据的输入。

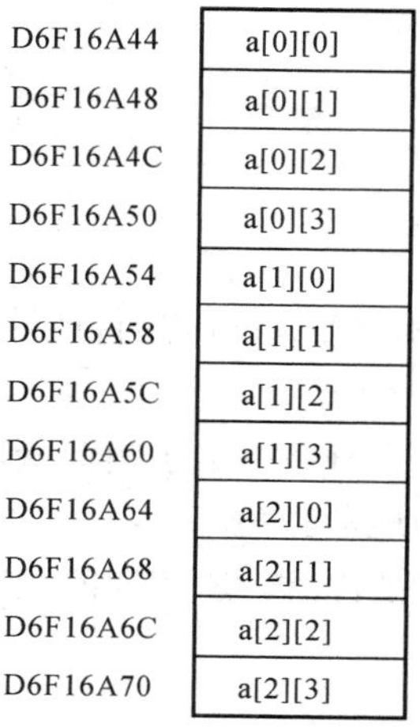

地址	元素
D6F16A44	a[0][0]
D6F16A48	a[0][1]
D6F16A4C	a[0][2]
D6F16A50	a[0][3]
D6F16A54	a[1][0]
D6F16A58	a[1][1]
D6F16A5C	a[1][2]
D6F16A60	a[1][3]
D6F16A64	a[2][0]
D6F16A68	a[2][1]
D6F16A6C	a[2][2]
D6F16A70	a[2][3]

图 7.20　例 7.10 程序运行结果存储结构

第 12 行开始的第二个循环进行数据的输出，这里通过变量 i 和 j 来模拟行列变化。因为指针变量 p 是列指针，所以在进行指针运算时是其基类性即 int 类型来进行字节的运算，所以通过指向 a[i][j]的指针运算为程序第 15 行的中语句“*(p+i*4+j)”所示。

7.6　字符串与指针

字符串由若干个字符组成，字符变量与其他变量一样，都会占用存储空间，既然字符串中的字符占用存储空间，那么也可以通过指针指向字符串。

7.6.1　字符指针的定义和初始化

字符指针定义的一般形式如下：

char *指针变量名;

字符指针可以用字符变量和字符串进行初始化。

1. 字符指针指向字符变量

例如：

```
char c='a';
char *pc=&c;
```

语法规则：先定义了一个字符变量 c 和一个字符指针变量 pc，通过将变量 c 的地址赋值给 pc，从而指针变量 pc 指向了 c。

这种方式应用很少，程序中对于字符的操作主要集中在字符串的处理上，所以虽然字符指针变量可以指向单个的字符变量，但是实际操作中很少使用。

2. 字符指针指向字符串

字符串可以通过字符数组存放，数组名就是其首地址；字符串常量存储在常量池中，这两种存储方式都可以通过字符指针调用。

(1) 字符指针指向字符串常量。

例如：

```
char *p="hello";
```

语法规则：

① 先定义 char 型指针变量 p；

② 系统在常量池中取出字符串常量"hello"的首地址；

③ 将首地址赋给指针变量 p，使 p 指向该字符串常量。

注意：该语句不能理解为：将字符串赋给了指针变量 p，而是将字符串的首地址赋给指针变量，即字符串的首个字符的地址。

使用字符指针指向字符串常量要注意，所指向的是常量，其内容不可以修改，下面的程序段是不合法的，思考为什么？

```
#include <stdio.h>
#include <string.h>
int main()
{
    char *p="hello";
```

```
        scanf("%s", p); //错误，p 所指向的是常量，不能修改常量内容
        puts(p);
        return 0;
    }
```

程序中字符指针变量 p 所指向的是字符串常量，常量的数值不能修改，所以"scanf("%s", p); "的操作是不合法的。在字符指针变量的使用中还需要注意一定要初始化之后才可以使用，这在 7.2.1 节中已经说明。

(2) 字符指针指向字符数组。

例如：

```
char str[]="hello";
char *p=str;
```

语法规则：将数组的首地址通过数组名赋值给指针变量 p，使字符指针变量 p 指向该字符数组。

注意：因为指针指向的是数组的首地址，可以通过指针访问数组，修改其数值或者其中元素的值。

下面的程序当指针变量 p 指向字符数组时，程序就是合法的。

```
#include <stdio.h>
#include <string.h>
int main()
{
    char str[]="hello", *p=str;
    scanf("%s", p);
    puts(p);
    return 0;
}
```

【例 7.11】 输入两个字符串比较它们的大小，输出相应的信息，不使用 strcmp()函数。

定义字符数组 str1、str2 分别存放输入的两个字符串，定义字符指针变量 ps1 和 ps2 分别指向它们。利用循环扫描两个字符串，逐个字符进行比较，直到找到第一对不相等的字符即可。

```
1  #include <stdio.h>
2  #define   SIZE   20
3  int main()
4  {
5      char   str1[SIZE], str2[SIZE], *ps1, *ps2;
6      int n;
7      ps1= str1;  // ps1 指向字符数组 str1
8      ps2= str2;  // ps2 指向字符数组 str2
9      printf("请输入两个字符串:\n");
10     scanf("%s", ps1); getchar();
```

```
11      scanf("%s", ps2);
12      for( ; *ps1==*ps2&&*ps1!='\0'&&*ps2!='\0'; )
13      {   //ps1 和 ps2 同时向后移动，准备比较下一对字符
14          ps1++;
15          ps2++;
16      }
17      n=*ps1-*ps2;
18      if(n>0)
19          printf("%s > %s\n", str1, str2);
20      else if(n<0)
21          printf("%s < %s\n", str1, str2);
22      else
23          printf("%s == %s\n", str1, str2);
24      return 0;
25 }
```

程序运行结果如图 7.21 所示。

```
user@ekwphqrdar-machine:~/Cproject$ gcc 7.11.c
user@ekwphqrdar-machine:~/Cproject$ ./a.out
请输入两个字符串：
wqeqwwqssaioiy
sayuwncozuekah
wqeqwwqssaioiy > sayuwncozuekah
```

图 7.21　例 7.11 程序运行结果

程序第 12 行开始的循环比较，是通过移动指针的位置访问字符数组中的元素，循环条件中字符串遍历是直到遇到字符串结束标志'\0'后使循环终止，同时移动两个指针扫描字符串，直到出现不相同字符。

【例 7.12】 使用字符指针编程。从键盘输入一行字符，分别统计其中控制字符、数字、26 个英文字母(不区分大小写)和其他字符的个数。

```
#include <stdio.h>
int main()
{
    char str[80], *ps=str;
    int kzsum, szsum, zfsum, othersum;
    kzsum=szsum=zfsum=othersum=0;
    printf("请输入字符串：");
    fgets(ps, 80, stdin);
    for(    ; *ps!='\0'; ps++)
    {
        if(*ps<=31)
            kzsum++;
        else if(*ps>='0'&&*ps<='9')
```

```
            szsum++;
        else if((*ps>='a'&&*ps<='z')||(*ps>='A'&&*ps<='Z'))
            zfsum++;
        else
            othersum++;
    }
    printf("控制字符：%d 个，数字字符：%d 个\n", kzsum, szsum);
    printf("字母：%d 个，其他：%d 个\n", zfsum, othersum);
    return 0;
}
```

程序运行结果如图 7.22 所示，图中的 1 个控制字符是回车符。

```
user@ekwphqrdar-machine:~/Cproject$ gcc 7.12.c
user@ekwphqrdar-machine:~/Cproject$ ./a.out
请输入字符串：asudui;;{}''sadf>de*&^%Xdew
控制字符：1个，数字字符：0个
字母：16个，其他：11个
```

图 7.22　例 7.12 程序运行结果

7.6.2　字符指针作函数参数

字符串作为参数传递到函数中，用的是地址传递的方式，可以用数组名或者字符指针变量作为实参，在被调用的函数中可以改变字符串的内容，在主调函数中引用修改后的内容。

【例 7.13】 从键盘输入一行字符串 s，删除其中所有的指定字符 c。

分析：

① 通过两个指针完成同一个字符串的遍历，p1 和 p2 初始值都指向字符串首地址；

② p2 完成整个字符数组的遍历，p1 只在出现非删除字符时接收字符；

③ 整个字符串遍历后，通过 p1 指针保留了所有非删除字符。参考代码如下：

```
#include<stdio.h>
void deleteChar(char *p, char c);
int main()
{
    char str[80], c;
    printf("请输入字符串：");
    fgets(str, 80, stdin);
    printf("请输入要删除的字符：");
    c=getchar();
    deleteChar(str, c);
    puts("删除后的字符串为：");
    puts(str);
    return 0;
}
```

```
void deleteChar(char *p, char c)
{   char *p1=p, *p2=p;
    while(*p2!='\0')
    {
        if(*p2==c) p2++;
        else
            *p1++=*p2++;
    }
    *p1='\0';
}
```

程序运行结果如图 7.23 所示。

```
user@ekwphqrdar-machine:~/Cproject$ gcc 7.13.c
user@ekwphqrdar-machine:~/Cproject$ ./a.out
请输入字符串：asfasdasdrgraaaaa
请输入要删除的字符：a
删除后的字符串为：
sfsdsdrgr
```

图 7.23　例 7.13 程序运行结果

7.7 指针数组

7.7.1 指针数组的概念

指针数组就是元素都是指针类型数据的数组，数组中的每一个元素都存放一个地址，相当于一个指针变量。定义一维指针数组的一般形式为：

数据类型　*数组名[数组长度]；

例如：

```
int *p[5];
```

语法规则：

(1) [ ]是下标运算符，优先级高于单目运算符*。因此 p 先与[5]结合，表示 p 是数组，它有 5 个数组元素，然后再与*结合表示，表示这些数组元素是指针类型的。

(2) int *p[4]与 int (*p)[4]是两种不同类型的指针定义形式。前者定义的是长度为 4 的指针数组，每个数组元素都是一个整型指针，后者定义的是指向长度为 4 的一维数组的指针变量。

指针数组更适合处理多个字符串的问题，通过指针数组使处理更灵活，因为一个字符指针变量可以指向一个字符串，一个一维字符指针数组可以指向多个字符串，这种方式要比定义二维字符数组更方便，不需要按照字符串中的最大长度定义列数，也可以避免浪费内存空间。例如以下代码，分别用两种方式存储多个字符串：

```
char *p[4]={"Great Wall", "BeiJing", "Java", "C"};
char str[][10]={"Great Wall", "BeiJing", "Java", "C"};
```

从图 7.24 可以看出来，使用一维字符指针数组存储方式，系统在常量池中将对应字符串的首地址赋值给数组元素，即"Great Wall"的字符串首地址赋值给 p[0]，"BeiJing"字符串的首地址赋值给 p[1]等。系统根据实际需要，给字符串分配大小不同的存储空间，因此，使用字符型指针数组表示多个字符串，相当于每行是可变长的二维数组。二维数组的存储方式只能按照多个字符串中最大长度申请空间，相比之下字符型指针数组不会造成存储空间的浪费。

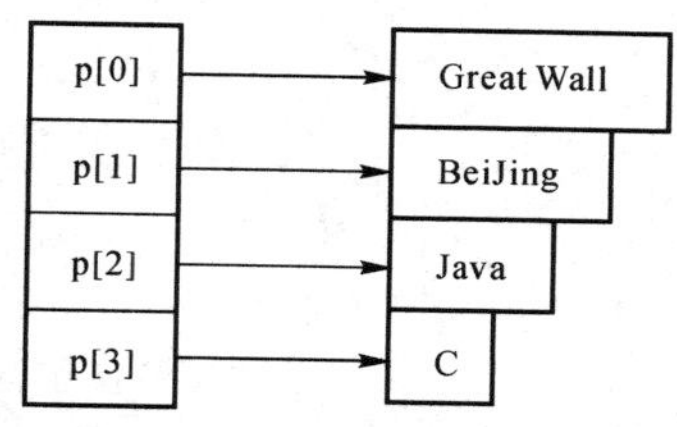

图 7.24　一维字符指针数组指向多个字符串示意图

7.7.2　带参数的 main 函数

经常用的 main 函数都是不带参数的，因此 main 后的括号都是空括号，或者可以写成 main(void)，void 也表示参数为空。实际上 main 函数可以带参数，这个参数可以认为是 main 函数的形式参数。C 语言规定 main 函数的参数只能有两个，其一般形式如下：

函数原型：

```
int main(int argc, char *argv[]);
```

函数参数：参数 argc 表示接收的形参个数，参数*argv 是字符指针数组，用来接收从操作系统命令行传来的每个字符串中首字符的地址。

函数返回值：运行其程序的状态码，通常程序正常执行结束则返回 0。

函数功能：执行系统调用的命令，是程序执行的入口，并可在执行命令的同时，接收命令行的参数。

通常操作系统通过调用 main 函数来调用程序中其他函数，从而完成程序的功能，那么在什么情况下 main 函数需要参数呢？main 函数是操作系统调用的，实参只能由操作系统给出，在操作命令状态下，实参是和命令一起给出的。操作系统调用执行的命令，其实就是 C 源代码文件经过编译链接之后生成的可执行文件。命令行的一般形式如下：

命令名　参数 1　参数 2 ...

命令名和各参数之间用空格分隔。命令名是可执行文件名，假设可执行文件名为 demo(Linux 下文件可能无扩展名，windows 下可执行文件的扩展名为 .exe)，想传递两个字符串 "China" 和 "World" 作为 main 函数的参数，命令行可以写成如下形式：

```
demo China World
```

demo 为可执行文件名，China 和 World 是系统调用 main 函数时的参数。main 函数中参数 argc 是指命令行中参数的个数，其中命令名也作为一个参数，上面的例子中 argc 的值为 3，也就是有三个命令行参数：demo、China 和 World。第二个参数 argv 是一个字符指针数组，数组中的每个元素指向一个命令行参数，在上面的例子中有三个字符串，argv 数组中的三个元素 argv[0]、argv[1]、argv[2]分别指向字符串："demo"、"China" 和 "World"。

例如，在一个名为 demo.c 的文件中，包含以下程序：

```
#include<stdio.h>
int main(int argc, char *argv[])
{
    while(argc>1)
    {
        puts(*++argv);
        argc--;
    }
    return 0;
}
```

程序运行结果如图 7.25 所示。

```
user@ekwphqrdar-machine:~/Cproject$ gcc demo.c
user@ekwphqrdar-machine:~/Cproject$ ./a.out China World
China
World
user@ekwphqrdar-machine:~/Cproject$ ./a.out "China World"
China World
```

图 7.25　含参数的 main 函数运行结果

程序开始时*argv 指向字符串"./demo"，argc 的值为 3，循环条件 argc>1 是控制程序只输出参数的内容，也就是字符串"China"和"World"。参数之间是以空格为间隔的，若参数本身就必须包含空格，需要给参数加上双引号。

向程序传送参数时，一般各参数的长度都不相同，参数的个数也是任意的，使用字符指针数组作为 main 函数的形参类型，可以很好地满足 main 函数使用的要求。

【例 7.14】 使用 main 函数的参数，实现一个整数计算器，程序可以接受三个参数，第一个参数“/a”选项执行加法，“/s”选项执行减法，“/m”选项执行乘法，“/d”选项执行除法，后面两个参数为操作数。如若文件名为 calculator，那么命令行“calculator /a 3 5”表示求“3+5”的结果。

```
#include<stdio.h>
#include<stdlib.h>
int addition(int x, int y)
{
    return x+y;
}
int subtraction(int x, int y)
{
    return x-y;
}
int multiplication(int x, int y)
{
    return x*y;
```

```
}
int division(int x, int y)
{
    return x/y;
}
int main(int argc, char *argv[])
{
    int x=0;
    int y=0;
    int ret=0;
    if (argc!=4)
    {
        printf("请检查参数个数");
        return 0;
    }
    x = atoi(argv[2]);                    //atoi()函数，把字符串转换成整数
    y = atoi(argv[3]);
   //判断是"/a""/s""/m""/d"中的哪一种
   switch (*(argv[1]+1))                 //*(argv[1]+1)为了去掉/
   {
        case 'a':
            ret = addition(x, y);
            break;
        case 's':
            ret = subtraction(x, y);
            break;
        case 'm':
            ret = multiplication(x, y);
            break;
        case 'd':
            ret = division(x, y);
            break;
        default:
            printf("参数有误\n");
            break;
   }
   printf("%d\n", ret);
   return 0;
}
```

程序运行结果如图 7.26 所示。

```
user@ekwphqrdar-machine:~/Cproject$ gcc 7.14.c
user@ekwphqrdar-machine:~/Cproject$ ./a.out /a 3 5
8
```

图 7.26　例 7.14 程序运行结果

7.7.3　指针数组的应用

【例 7.15】 已知 5 个地名，按照字典顺序排序。使用指针数组编程实现。

定义一个长度为 5 的指针数组 city，此时指针数组里存放的是未排序的 5 个字符串常量的首地址。采用冒泡法排序。冒泡法排序中，有时需要把待排序的对象进行交换，通过交换指向它们的指针，也就是交换指针变量存储的地址，使得较小下标的指针指向的字符串也较小。这样，排序后的指针数组如果使用循环依次输出字符串，结果就是排序后的多个字符串。

```
#include <string.h>
#include <stdio.h>
int main()
{
    int i, j;
    char *city[5]={"beijing", "shanghai", "shenzhen", "guangzhou", "dalian"};
    char *c;
    for(i=0; i<5-1; i++)
        for(j=0; j<5-1-i; j++)
            if(strcmp(city[j], city[j+1])>0)
            {
                c=city[j];
                city[j]= city[j+1];
                city[j+1]=c;
            }
    for(i=0; i<5; i++)
        printf("%s\n", city[i]);
    return 0;
}
```

程序运行结果如图 7.27 所示。

```
user@ekwphqrdar-machine:~/Cproject$ gcc 7.15.c
user@ekwphqrdar-machine:~/Cproject$ ./a.out
beijing
dalian
guangzhou
shanghai
shenzhen
```

图 7.27　例 7.15 程序运行结果

字符串排序前后的指针数组的元素指向情况如图 7.28(a)和图 7.28(b)所示。

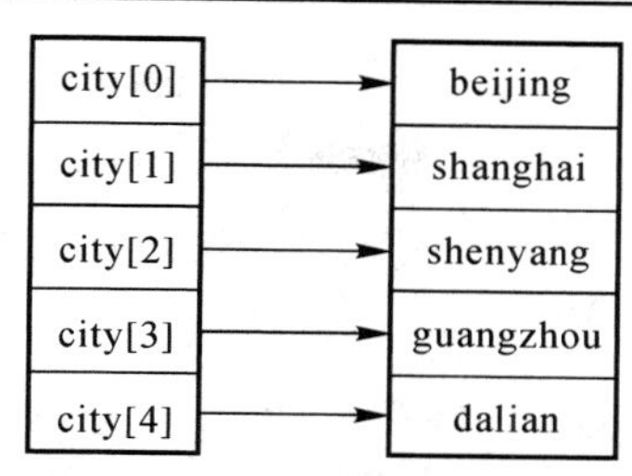

(a) 排序前指针数组的指向情况

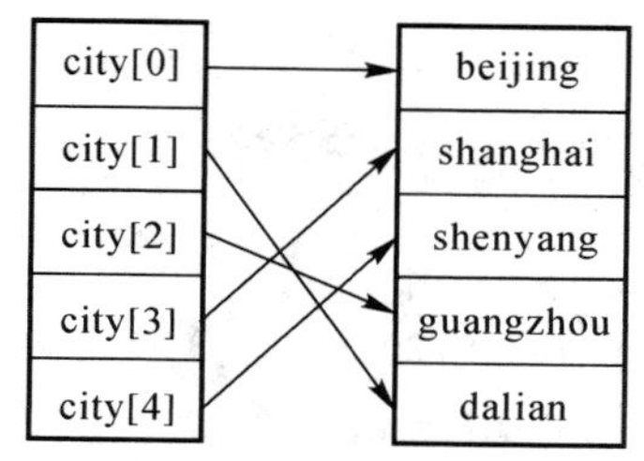

(b) 排序后指针数组的指向情况

图 7.28　排序前后指针数组的指向情况

字符指针变量指向字符串常量虽然可以灵活方便地进行交换，但是因为指向字符串常量，所以并不能通过字符指针修改指向的常量的数值，这时字符指针数组需要配合字符数组使用。

【例 7.16】 用户输入 5 个地名，按照字典顺序排序。使用指针数组编程实现。

定义一个长度为 5 的指针数组 city，因为需要用户输入，所以必须让数组中的每个指针变量指向一个可存储的区域，所以需要定义一个二维字符数组。在接收用户输入的同时让字符指针数组中的每个元素指向二维数组中对应的一行首地址。冒泡法排序中，在发生交换时，并不是交换二维数组中的两行字符串，而是交换了指向它们的指针变量的值，也就是交换指针变量存储的地址，使得在字符指针数组中较小下标的指针指向的字符串也较小。这样，排序后的指针数组如果使用循环依次输出字符串，结果就是排序后的多个字符串，但是原二维字符数组中的元素并没有发生变化。

```
#include<stdio.h>
#include<string.h>
#define N 5
void sort(char *city[])
{
    char *p;
    int i,j;
    for(i=0;i<N-1;i++)
        for(j=0;j<N-i-1;j++)
            if(strcmp(city[j],city[j+1])>0)
            {
                p=city[j];
                city[j]=city[j+1];
                city[j+1]=p;
            }
}
int main()
{
    char str[N][80],* city[N];
    int i;
```

```
    printf("请输入 5 个城市名：\n");
    for(i=0;i<N;i++)
    {
        city[i]=str[i];
        fgets(str[i],80,stdin);
        str[i][strlen(str[i])-1]='\0';
    }
    sort(city);
    printf("--排序后--\n\n");
    for(i=0;i<N;i++)
        puts(city[i]);
    return 0;
}
```

程序运行结果如图 7.29 所示。

```
user@ekwphqrdar-machine:~/Cproject$ gcc 7.16.c
user@ekwphqrdar-machine:~/Cproject$ ./a.out
请输入5个城市名：
beijing
shanghai
shenyang
guangzhou
dalian
--排序后---

beijing
dalian
guangzhou
shanghai
shenyang
```

图 7.29　例 7.16 程序运行结果

7.8　指针的指针

一级指针是指向变量的指针，指针变量的值虽然是地址，但是这个指针变量本身也需要存储空间，存放一级指针变量存储空间地址的变量，这就是二级指针，也称为“指针的指针”。

指针的指针所存储的地址是另外一个指针变量的地址，那么指针的指针就是提供了对于内存地址的读取和修改。指针的指针可分为指向指针变量的指针和指向指针数组的指针。

7.8.1　指向指针变量的指针

定义一个指针(也称二级指针)的指针的一般格式如下：

　　变量类型 **变量名;

例如：

```
int a=100;
int *p1=&a;
int **p2=&p1;
```

a、p1、p2 三者的关系如图 7.30 所示。

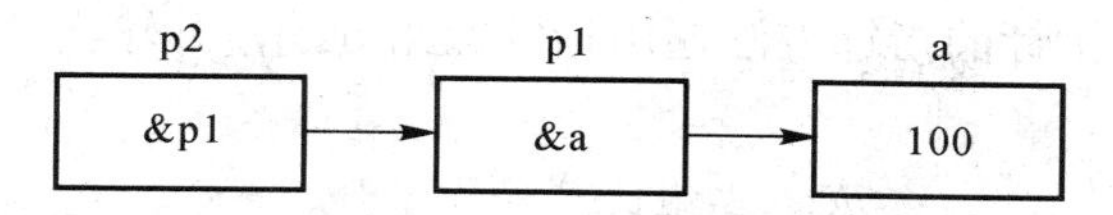

图 7.30　二级指针、一级指针和变量之间的指向关系示意图

一级指针变量 p1 指向变量 a，二级指针 p2 指向指针 p1。根据运算符的结合性，“*”运算符是从右向左结合，所以指针的指针 p2 的定义等价于“int *(*p2)=&p1;”。

【例 7.17】 定义一个整型变量，并定义指向变量的指针以及指向指针的二级指针，输出它们的数值以及地址。

```
1   #include <stdio.h>
2   int main()
3   {
4       int a=39;
5       int *p1=&a;                  //p1 为指向 a 的指针
6       int **p2=&p1;                //p2 为指向 p1 的指针，即指针的指针
7       printf("变量 a 的值:a=%d\n", a);
8       printf("使用指针 p1 访问变量 a:*p1=%d\n", *p1);
9       printf("使用指针 p2 访问变量 a:**p2=%d\n", **p2);
10      printf("变量 a 的值=%d, 变量 a 的地址=%#X\n", a, &a);
11      printf("指针 p1 的值=%#X, 指针 p1 的地址=%#X\n", p1, &p1);
12      printf("指针 p2 的值=%#X, 指针 p2 的地址 = %#X\n", p2, &p2);
13      return 0;
14  }
```

程序的运行结果如图 7.31 所示。

```
user@ekwphqrdar-machine:~/Cproject$ gcc 7.17.c
user@ekwphqrdar-machine:~/Cproject$ ./a.out
变量a的值:a=39
使用指针p1访问变量a:*p1=39
使用指针p2访问变量a:**p2=39
变量a的值=39,变量a的地址=0XF1FDCB6C
指针p1的值=0XF1FDCB6C,指针p1的地址=0XF1FDCB60
指针p2的值=0XF1FDCB60,指针p2的地址 = 0XF1FDCB58
```

图 7.31　例 7.17 程序运行结果

程序中第 7～9 行通过三种方式输出的变量 a 的值，第 10～12 行输出了三个变量的值以及地址。从结果看 p1 的值为变量 a 的地址，p2 的值为变量 p1 的地址，p2 指向了 p1。

7.8.2　指向指针数组的指针

如下定义了一个指向指针数组的指针：

```
char *s[3]={"hello", "world", "!"};
char **p=s;
```

该语句中定义的 p 是指向指针数组的指针变量，初始时指向指针数组 s 的首元素 s[0]，

s[0]为一个字符型指针变量，p 初始值为指针变量 s[0]的地址。

【例 7.18】 通过指针的指针方法遍历指针数组 data，并输出数组的内容。

```
#include<stdio.h>
#define N 5                        //data 数组长度
int main()
{   char *data[]={″Apple″, ″Banana″, ″Orange″, ″Grape″, ″Pineapple″};
    char **p;
    p=data;
    printf(″data 数组内的内容为:\n″);
    for(int i=0; i<N; i++, p++)
        printf(″%s\n″, *p);
    return 0;
}
```

程序的运行结果如图 7.32 所示。

```
user@ekwphqrdar-machine:~/Cproject$ gcc 7.18.c
user@ekwphqrdar-machine:~/Cproject$ ./a.out
data数组内的内容为：
Apple
Banana
Orange
Grape
Pineapple
```

图 7.32　例 7.17 程序运行结果

for 循环语句通过指针的指针 p 移动的方式遍历指针数组，语句“printf(″%s\n″, *p); ”通过指针的指针输出数组 data 中的内容。

7.9　指向函数的指针

在程序中定义一个函数，系统在编译时就会为函数的源代码分配一段存储空间，这段存储空间的起始地址是函数的入口地址，每次通过函数名调用函数时，从函数名得到函数的起始地址，从而调用函数代码。

函数的入口地址就是函数的指针，可以定义一个指向函数的指针变量，通过函数的指针来调用函数。

1. 函数指针的定义

函数指针的定义一般格式如下：

　　函数指针类型 (*变量名)(形参列表)

语法规则：

(1) 函数指针的类型应与指针所指函数的返回值类型相同。

(2) “*”表示这是一个指针变量，形参列表与所指向的函数的形参列表相同。

(3) 因为“*”的优先级较高，所以需要将“*变量名”用小括号括起来。

例如：

定义如下一个函数指针变量：

```
int (*p)(int, int);
```

假设有一函数声明为：

```
int func(int x, int y);
```

则可以使用函数指针变量p指向该函数：

2. 函数指针的使用

(1) 函数指针变量初始化一般格式为：

指针名=函数名;

例如：

```
p=func;
```

函数func的函数名保存了函数的首地址，通过赋值语句赋值给函数指针变量p，通过指针p调用函数执行。

(2) 利用函数指针的语法格式为：

(*指针名)(实参列表);

例如：

```
int z=(*p)(3, 7);
```

语法规则：

① 函数指针变量初始化时，赋值运算符的右侧只写函数名，即函数名就是函数的入口地址；

② 利用函数指针调用函数时，只需使用“(*指针名)”来代替函数名即可。

【例7.19】 编写函数求两个整数a、b的和。

方法一：通过函数名调用函数。

```
#include<stdio.h>
int sum(int, int);
int main()
{
    int a, b, c;
    printf("请输入整数a和b，计算两数之和:");
    scanf("%d%d", &a, &b);
    c=sum(a, b);
    printf("%d+%d=%d\n", a, b, c);
    return 0;
}
int sum(int a, int b)
{
    return a+b;
}
```

程序的运行结果如图7.33所示。

```
user@ekwphqrdar-machine:~/Cproject$ gcc 7.19.c
user@ekwphqrdar-machine:~/Cproject$ ./a.out
请输入整数a和b，计算两数之和：
3 5
3+5=8
```

图 7.33　例 7.19 程序运行结果

方法二：通过函数指针调用函数。

```
#include<stdio.h>
int sum(int, int);
int main()
{
    int (*p)(int, int);
    int a, b, c;
    p=sum;
    printf("请输入整数 a 和 b，计算两数之和:");
    scanf("%d%d", &a, &b);
    c=(*p)(a, b);
    printf("%d+%d=%d\n", a, b, c);
    return 0;
}
int sum(int a, int b)
{
    return a+b;
}
```

程序中中语句“int (*p)(int, int);”定义了一个函数指针变量 p，语句“p=sum;”将 sum()函数的首地址赋值给 p，语句“c=(*p)(a, b);”通过函数指针调用 sum()函数并传递参数并获取返回值，实现函数的调用。

既然可以利用函数名调用函数，为什么还需要函数指针？因为函数名只能调用一个函数，而指针可以根据条件指向不同的函数，可调用不同函数。

【例 7.20】 从键盘输入一个算术表达式，输出计算的结果。

```
#include<stdio.h>
int add(int x, int y);      //加法运算
int minus(int x, int y);    //减法运算
int getResult(int a, int b, int (*p)(int, int));
int main()
{
    char op;
    int data1, data2, result;
    printf("请输入运算表达式，格式如 3+2：");
    scanf("%d%c%d", &data1, &op, &data2);
    switch(op)
```

```
        {
            case '+':
                result=getResult(data1, data2, add);
                break;
            case '-':
                result=getResult(data1, data2, minus);
                break;
        }
        printf("%d%c%d=%d\n", data1, op, data2, result);
        return 0;
    }
    int getResult(int a, int b, int (*p)(int, int))
    {
        return (*p)(a, b);
    }
    int add(int x, int y)
    {
        return x+y;
    }
    int minus(int x, int y)
    {
        return x-y;
    }
```

程序的运行结果如图 7.34 所示。

```
user@ekwphqrdar-machine:~/Cproject$ gcc 7.20.c
user@ekwphqrdar-machine:~/Cproject$ ./a.out
请输入运算表达式，格式如3+2: 6+9
6+9=15
```

图 7.34　例 7.20 程序运行结果

此例题代码只包含算术运算符中的加法运算和减法运算，getResult()函数的第三个参数函数指针 p，可以根据不同的运算符指向不同的函数，从而实现不同的运算。这样，若还需增加其他运算，则只需要定义具体运算对应的函数，然后增加 switch 语句中的 case 项即可实现。此种方式，更利于程序的升级，不破坏程序原本结构，更符合结构化程序设计的思想。例如，在例 7.20 示例程序中增加乘法和除法操作，代码如下：

```
#include<stdio.h>
int add(int x, int y);        //加法运算
int minus(int x, int y);      //减法运算
int multiply(int x, int y); //乘法运算
int divide(int x, int y);    //除法运算
int getResult(int a, int b, int (*p)(int, int));
```

```
int main()
{
    char op;
    int data1, data2, result;
    printf("请输入运算表达式，格式如 3+2：");
    scanf("%d%c%d", &data1, &op, &data2);
    switch(op)
    {
        case '+':
            result=getResult(data1, data2, add);
            break;
        case '-':
            result=getResult(data1, data2, minus);
            break;
        case '*':
            result=getResult(data1, data2, multiply);
            break;
        case '/':
            result=getResult(data1, data2, divide);
            break;
    }
    printf("%d%c%d=%d\n", data1, op, data2, result);
    return 0;
}
int getResult(int a, int b, int (*p)(int, int))
{
    return (*p)(a, b);
}
int add(int x, int y)
{
    return x+y;
}
int multiply(int x, int y)
{
    return x*y;
}
int divide(int x, int y)
{
    return x/y;
```

```
    }
    int minus(int x, int y)
    {
        return x-y;
    }
```

程序的运行结果如图 7.35 所示。

```
user@ekwphqrdar-machine:~/Cproject$ gcc 7.20-1.c
user@ekwphqrdar-machine:~/Cproject$ ./a.out
请输入运算表达式，格式如3+2：6*5
6*5=30
```

图 7.35　例 7.20 扩展程序运行结果

此代码在原基础上增加了 multiply()和 divide()函数的定义，在 main()函数中，增加了“case '*'”和“case '/'”两个分支项，其他内容不变，在对原有代码最小修改的情况下，增加了乘法和除法的运算功能。

本 章 小 结

本章学习了 C 语言中的指针，主要介绍了以下内容：

(1) 指针变量定义、初始化和引用。

(2) 指针法遍历一维数组及指针的应用。

(3) 行指针和列指针的定义以及遍历二维数组的方法。

(4) 字符指针和字符串的应用。

(5) 指针数组的使用，指针的指针和指向函数的指针的概念。

(6) 指向函数的指针的定义和使用。

几点注意：

(1) 指针是根据基类型来进行算术运算。

(2) 二维数组行指针和列指针指向的含义。

(3) 字符指针能够指向字符串常量和字符数组，二者的区别是其指向的存储空间是否可修改内容。

习　　题

一、选择题

1. 变量的指针，其含义是指该变量的＿＿＿＿＿。

(A) 名　　(B) 值　　(C) 一个标志　　(D) 地址

2. 以下定义语句中正确的是＿＿＿＿＿。

(A) float *a, b=&a;　　(B) float a=b=10.0;

(C) char a='A'b='B';　　(D) int a=10, *b=&a;

3. 若有说明：int *p, m=5, n; 以下正确的程序段是＿＿＿＿＿。

(A) p=&n; *p=m; (B) p=&n; scanf("%d", &p);

(C) p=&n; scanf("%d", *p); (D) scanf("%d", &n); *p=n;

4. 若有说明："int *p1, *p2, m=5, n; " 以下均是正确赋值语句的选项是_________。

(A) p1=&m; p2=&n; *p1=*p2; (B) p1=&m; p2=p1;

(C) p1=&m; *p2=*p1; (D) p1=&m; p2=&p1;

5. 若有语句"int *point, a=4;"和"point=&a;"下面均代表地址的一组选项是______。

(A) &a, &*point, point (B) a, point, *&a()&*a, &a, *point

(C) *&point, *point, &a (D) a, *point

6. 若有以下定义和语句

```
#include <stdio.h>
int main()
{
    int a=4, b=3, *p, *q, *w;
    p=&a;
    q=&b;
    w=q;
    q=NULL;
}
```

则以下选项中错误的语句是_________。

(A) w=p; (B) *p=*w; (C) *q=0; (D) *p=a;

7. 已定义以下函数

```
int fun(int *p)  { return *p; }
```

该函数的返回值是_________。

(A) 形参 p 所指存储单元中的值 (B) 形参 p 中存放的值

(C) 不确定的值 (D) 形参 p 的地址值

8. 以下程序的运行结果是_________。

```
#include <stdio.h>
void sub(int x, int y, int *z)
{ *z=y-x; }
int main()
{
    int a, b, c;
    sub(10, 5, &a);
    sub(7, a, &b);
    sub(a, b, &c);
    printf("%4d, %4d, %4d\n", a, b, c);
    return 0;
}
```

(A) -5, -12, -17 (B) 5, 2, 3 (C) 5, -2, -7 (D) -5, -12, -7

9. 若有以下定义，则对 a 数组元素的正确引用是________。

```
int a[5], *p=a;
```

(A) *(a+2)　　(B) *&a[5]　　(C) a+2　　(D) *(p+5)

10. 若有以下定义，则 p+5 表示________。

```
int a[10], *p=a;
```

(A) 元素 a[5]的地址　　(B) 元素 a[5]的值
(C) 元素 a[6]的地址　　(D) 元素 a[6]的值

11. 若有以下说明语句，则 p2−p1 的值为________。

```
int a[10], *p1, *p2;
p1=a;
p2=&a[5];
```

(A) 5　　(B) 6　　(C) 10　　(D) 没有指针与指针的减法

12. 若有以下说明语句，则 p2＞p1 的值为________。

```
int a[10], *p1, *p2;
p1=a;
p2=&a[5];
```

(A) 0　　(B) 1
(C) 指针与指针不能进行关系运算　　(D) −1

13. 若有定义：

```
int aa[8];
```

则以下表达式中不能代表数组元素 aa[1]的地址的是________。

(A) &aa[0]++　　(B) &aa[1]　　(C) &aa[0]+1　　(D) aa+1

14. 有以下程序

```
#include <stdio.h>
int main()
{
    int x[8]={8, 7, 6, 5, 0, 0}, *s;
    s=x+3;
    printf("%d\n", s[2]);
    return 0;
}
```

执行后输出结果是________。

(A) 5　　(B) 随机值　　(C) 6　　(D) 0

15. 以下程序能找出数组 x 中的最大值和该值所在的元素下标，数组元素值从键盘输入。请选择填空。

```
#include <stdio.h>
int main()
{
    int x[10], *p1, *p2, k;
```

```
    for(k=0; k<10; k++)
        scanf("%d", x+k);
    for(p1=x, p2=x; p1-x<10; p1++)
        if(*p1>*p2)
        p2=p1;
    printf("MAX=%d, TNDEX=%d\n", *p2, ________);
    return 0;
}
```

(A) p2　　(B) p2−x　　(C) x−p2　　(D) pl−x

16. 以下程序调用 findmax 函数返回数组中的最大值

```
#include <stdio.h
int findmax(int *a, int n)
{
    int *p, *s;
    for(p=a, s=a; p-a<n; p++)
        if(________)
        s=p;
    return(*s);
}
int main()
{
    int x[5]={12, 21, 13, 6, 18};
    printf("%d\n", findmax(x, 5));
    return 0;
}
```

下划线处应填入的是________。

(A) a[p]>a[s]　　(B) p>s　　(C) p-a>p-s　　(D) *p>*s

17. 以下程序运行结果为________。

```
void sort(int a[], int n)
{
    int i, j, t;
    for(i=0; i<n-1; i++)
        for(j=i+1; j<n; j++)
            if(a[i]<a[j])
            {
                t=a[i];
                a[i]=a[j];
                a[j]=t;
            }
```

```
}
int main()
{
    int aa[10]={1, 2, 3, 4, 5, 6, 7, 8, 9, 10}, i;
    sort(&aa[3], 5);
    for(i=0; i<10; i++)
        printf("%d, ", aa[i]);
    printf("\n");
    return 0;
}
```

(A) 10, 9, 8, 7, 6, 5, 4, 3, 2, 1,　　(B) 1, 2, 3, 8, 7, 6, 5, 4, 9, 10,

(C) 1, 2, 10, 9, 8, 7, 6, 5, 4, 3,　　(D) 1, 2, 3, 4, 5, 6, 7, 8, 9, 10,

18. 若有定义："int a[2][3];" 则对 a 数组的第 i 行第 j 列(假设 i，j 已正确说明并赋值)元素值的正确引用为_________。

(A) (a+i)[j]　　(B) *(a+i)+j

(C) *(*(a+i)+j)　　(D) *(a+i+j)

19. 若有以下定义和语句，则对 a 数组元素地址的正确引用为_________。

```
int a[2][3], (*p)[3];
p=a;
```

(A) p[2]　　(B) p[1]+1　　(C) (p+1)+2　　(D) *(p+2)

20. 若有以下定义，且 0≤i<6，则正确的赋值语句是_________。

```
int s[4][6], t[6][4], (*p)[6];
```

(A) p=s[i];　　(B) p=t;　　(C) p=t[i];　　(D) p=s;

21. 若有以下定义

```
int x[4][3]={1, 2, 3, 4, 5, 6, 7, 8, 9, 10, 11, 12};
int (*p)[3]=x;
```

则能够正确表示数组元素 x[1][2]的表达式是_________。

(A) *(*(p+1)+2)　　(B) *((*p+1)[2])

(C) (*p+1)+2　　(D) *(*(p+5))

22. 有以下程序

```
#include<stdio.h>
int main()
{
    int a[3][3], *p, i;
    p=&a[0][0];
    for(i=0; i<9; i++)
        p[i]=i+1;
    printf("%d\n", a[1][2]);
    return 0;
```

```
    }
```

程序运行后的输出结果是________。

(A) 9　　(B) 3　　(C) 2　　(D) 6

23. 以下不能正确进行字符串赋初值的语句是________。

(A) char str[5]={'g', 'o', 'o', 'd'};　　(B) char str[]="good!";

(C) char *str="good!";　　(D) char str[5]="good!";

24. 有以下程序

```
int main()
{
    char *s[]={"one", "two", "three"}, *p;
    p=s[1];
    printf("%c, %s\n", *(p+1), s[0]);
    return 0;
}
```

执行后输出结果是________。

(A) t, one　　(B) w, one　　(C) o, two　　(D) n, two

25. 设有下面的程序段：

```
char s[]="china"; char *p; p=s;
```

则下列叙述正确的是________。

(A) *p 与 s[0]相等

(B) s 和 p 完全相同

(C) 数组 s 中的内容和指针变量 p 中的内容相等

(D) s 数组长度和 p 所指向的字符串长度相等

26. 下面程序的运行结果是________。

```
#include<stdio.h>
#include<string.h>
void fun(char *s)
{
    char a[7];
    s=a;
    strcpy (a, "look");
}
int main()
{
    char *p;
    fun(p);
    puts(p);
    return 0;
}
```

(A) 空值　　(B) look_ _ _ (_ 表示空格)

(C) look　　(D) look_ _

27. 下面程序的功能是统计子串 substr 在母串 str 中出现的次数。请选择填空。

```
#include<stdio.h>
#include<string.h>
int count(char *str, char *substr)
{
    int i, j, k, num=0;
    for(i=0; ________________; i++)
        for(j=i, k=0; substr[k]==str[j]; k++, j++)
            if(substr[k+1]=='\0')
            {
                num++;
                break;
            }
    return(num);
}
int main()
{
    char str[80], substr[80];
    fgets(str, 80, stdin);
    str[strlen(str)-1]='\0';
    fgets(substr, 80, stdin);
    substr[strlen(substr)-1]='\0';
    printf("%d\n", count(str, substr));
    return 0;
}
```

(A) str[i]=='\0'　　(B) str[i]== substr[i]

(C) str[i]>substr[i]　　(D) str[i]!='0'

28. 以下与“int *q[5]; ”等价的定义语句是__________。

(A) int (*q[5]);　　(B) int q[5];　　(C) int *q;　　(D) int (*q)[5];

29. 若有定义：“int *p[4]; ”则标识符 p__________。

(A) 是一个指针，它指向一个含有四个整型元素的一维数组

(B) 是一个指向整型变量的指针

(C) 说明不合法

(D) 是一个指针数组名

30. 以下正确的说明语句是__________。

(A) int a[]={1, 3, 5, 7, 9}; int *num[5]={a[0], a[2], a[3], a[4]};

(B) int *b[]={1, 3, 5, 7, 9};

(C) int a[3][4], (*num)[4]; num[1]=&a[1][3];

(D) int a[5], *num[5]={&a[0], &a[1], &a[2], &a[3], &a[4]};

31. 若有以下定义，且 0≤i<4，则不正确的赋值语句是________。

```
int b[4][6], *p, *q[4];
```

(A) p=b[i];　　(B) q[i]=b[i];

(C) q[i]=&b[0][0];　　(D) q=b;

32. 若有说明“char *language[]={"FORTRAN", "BASIC", "PASCAL", "JAVA", "C"};”，则表达式*language[1]>*language[3]比较的是________。

(A) 字符串 BASIC 和字符串 JAVA

(B) 字符 B 和字符 J

(C) 字符串 FORTRAN 和字符串 PASCAL

(D) 字符 F 和字符 P

33. 若有说明:“char *language[]={"FORTRAN", "BASIC", "PASCAL", "JAVA", "C"}; ”则以下不正确的叙述是________。

(A) language 是一个字符型指针数组，它包含 5 个元素，其初值分别是 "FORTRAN"，"BASIC"，"PASCAL"，"JAVA"，"C"

(B) language+2 表示字符串"JAVA"的首地址

(C) *language[2]的值是字母 P

(D) language 是一个字符型指针数组，它包含 5 个元素，每个元素都是一个指向字符串变量的指针

34. 若有定义“int a[]={2, 4, 6, 8, 10, 12, 14, 16, 18, 20, 22, 24}, *q[4], k; ”，则下面程序的输出是________。

```
for(k=0; k<4; k++)
    q[k]=&a[k*3];
printf("%d\n", *q[3]);
```

(A) 16　　(B) 20

(C) 输出项不合法，结果不确定　　(D) 8

35. 下面程序的输出结果是________。

```
#include <stdio.h>
int main ()
{
    int  var= 000;
    int  *ptr=&var;
    int  **pptr=&ptr;
    *ptr=4000;
    printf("%d", **pptr);
    return 0;
}
```

(A) 3000　　(B) 4000　　(C) 错误的引用　　(D) 0

36. 下面程序编写正确的是_________。

(A) int arr[]={1, 2, 3}; int**p=arr[0];

(B) int arr[]={1, 2, 3}; int**p=arr[3];

(C) int arr[]={1, 2, 3}; int**p=arr+0;

(D) int arr[]={1, 2, 3}; int**p=arr+3;

37. 运行下面程序，输出的结果是_________。

```
#include <stdio.h>
int main()
{
    char *avg[]={"abc", "bcd", "cde", "def"};
    char **point=avg+2;
    printf("%s", *point+2);
    return 0;
}
```

(A) a　　(B) b　　(C) d　　(D) e

38. 已知有函数 double mod(int a, int b)下面正确引用该函数的是_________。

(A) double (*p)(int, int); p=pow;　　(B) int (*p)(int, int); p=pow;

(C) double (*p)(int, int); p=*pow;　　(D) int (*p)(int, int); p=*pow;

39. 以下程序的输出结果是_________。

```
#include<stdio.h>
void fun(int num, int val)
{
    printf("%d", num);
}
int main()
{
    void (*pfun)(int num, int val);
    int num = 100;
    pfun = fun;
    pfun(200, num);
    return 0;
}
```

(A) 100　　(B) 200　　(C) 0　　(D) 编译错误

40. 下面的程序输出结果为_________。

```
#include <stdio.h>
#include <string.h>
int main()
{
    char s1[80]="china", s2[80]="canada";
```

```
    int (*p)(const char *, const char *);
    p=strcmp;
    printf("%d", p(s1, s2));
    return 0;
}
```

(A) 0　　(B) 1　　(C) −1　　(D) 2

二、填空题

1. 以下程序通过指针操作，找出输入的三个整数中最大的数并将其输出，试填空。

```
#include<stdio.h>
int main()
{
    int x, y, z, imax, *a=&x, *b=&y, *c=&z;
    scanf("%d, %d, %d", a, b, c);
    printf("x=%d, y=%d, z=%d\n", x, y, z);
    imax=*a;
    if(iamx<*b)
        imax=*b;
    if(imax<*c)
        ________________;
    printf("max=%d\n", imax);
    return 0;
}
```

2. 若输入的值分别是 1，3，5，下面程序的运行结果是________________。

```
int main()
{
    int a=0, i, *p, sum;
    p=&a;
    for(i=0; i<=2; i++)
    {
        scanf("%d", p);
        sum=s(p);
        printf("sum=%d", sum);
    }
    return 0;
}
int s(int  *p)
{
    int sum=10;
```

```
    sum=sum+*p;
    return(sum);
}
```

3. 下面程序的运行结果是____________。

```
#include<stdio.h>
void swap(int *a, int *b)
{
    int *t;
    t=a;
    a=b;
    b=t;
}
int main()
{
    int x=3, y=5, *p=&x, *q=&y;
    swap(p, q);
    printf("%d%d\n", *p, *q);
    return 0;
}
```

4. 以下程序的运行结果是______________。

```
#include<string.h>
int *p;
int main()
{
    int a=1, b=2, c=3;
    p=&b;
    pp(a+c, &b);
    printf("(1)%d %d %d", a, b, *p);
    return 0;
}
void pp(int a, int *b)
{
    int c=4;
    *p=*b+c;
    a=*p-c;
    printf("(2)%d %d %d", a, *b, *p);
}
```

5. 以下程序将数组 a 中的数据按逆序存放，试填空。

```
#include<stdio.h>
```

```
#define M 8
int main()
{
    int a[M], i, j, t;
    for(i=0; i<M; i++)    scanf("%d", a+i);
    i=0; j=M-1;
    while(i<j)
    {
        t=*(a+i);
        *(a+i)=*(a+j);
        *(____________________)=t;
        i++; j--;
    }
    for(i=0; i<M; i++)
        printf("%3d", *(a+i));
    return 0;
}
```

6. 若有以下定义，不移动指针 p，并且通过指针 p 引用值为 98 的数组元素地址的表达式是__________________。

```
int w[10]={20, 54, 98, 33, 47, 9, 72, 80, 61, 102}, *p=w;
```

7. 有以下程序

```
int *f(int *x, int *y)
{
    if (*x<*y)
        return x;
    else
        return y;
}
int main()
{
    int a=7, b=8, *p, *q, *r;
    p=&a;
    q=&b;
    r=f(p, q);
    printf("%d, %d, %d\n", *p, *q, *r);
    return 0;
}
```

执行后输出结果是____________________。

8. 若有定义“int a[]={2, 4, 6, 8, 10, 12}, *p=a;”则*(p+1)的值是 4，*(a+5)的值

是____________________。

9. 若有以下定义和语句:

```
int a[4]={0, 1, 2, 3}, *p;
p=&a[2];
```

则“*--p”的值是__________。

10. 若有以下定义和语句：

```
int x[10], *p; p=x;
```

在程序中引用数组元素 x[i][j]的四种形式是*(p+i)、 p[i]、____________________和 x[i](假设 i 已正确说明并赋值)。

11. 函数 acopy 将整型数组 a 的内容逆序复制到整型数组 b 中(–999 为数组的结束标志)，试填空。

```
#include<stdio.h>
void acopy(____________________)
{
    int i=0, j=0;
    while(*(a+j)!=-999)
        j++;
    b[j]=a[j];
    j--;
    while(a[i]!=-999)
    {
        b[i]=a[j];
        i++;
        j--;
    }
}
int main()
{
    static int a[]={1, 3, 5, 7, 9, 2, 4, 6, 8, 10, -999};
    int b[20], i=0;
    acopy(a, b);
    while(b[i]!=-999)
      printf("%3d", b[i]);
    return 0;
}
```

12. 以下程序把一个十进制整数转换成二进制数，并把此二进制数的每一位放在一维数组 b 中，然后输出 b 数组(注意：二进制数的最低位放在数组的第一个元素中)，试填空。

```
#include<stdio.h>
int main()
```

```
{
    int b[16], x, k, r, i;
    printf("Enter a integer:\n");
    scanf("%d", &x);
    printf("%6d's binary number is :", x);
    k=-1;
    do
    {
        r=x%2;
        k++;
        *(b+k)=r;
        x/=2;
    }while(x!=0);
    for(i=k; i>=0; i--)
        printf("%ld", *(______________));
    printf("\n");
    return 0;
}
```

13. 若有以下输入(<CR>代表回车换行符)，则下面程序的运行结果是__________。

输入：7　8　5　4　6　7　9　10　3　2　0　4　-1<CR>

程序：

```
#include<stdio.h>
int main()
{
    int b[51], i, n=1, p, *q=b+1;
    scanf("%d", q);
    while(*q>-1)
    {
        q++;
        n++;
        scanf("%d", q);
    }
    p=1;
    for(i=2; i<=n; i++)
    if(*(b+i)>*(b+p))
        p=i;
    printf("p=%2d, b[%ld]=%3d\n", p, p, *(b+p));
    return 0;
}
```

14. 若有以下输入(<CR>代表回车)，则下面程序的运行结果是______________。

输入：1, 2<CR>

```
#include<stdio.h>
int main()
{
    int a[2][3]={2, 4, 5, 8, 10, 12};
    int (*p)[3], i, j;
    p=a;
    scanf("%d, %d", &i, &j);
    printf("a[%d][%d]=%d\n", i, j, *(*(p+i)+j));
    return 0;
}
```

15. 若有定义“int a[2][3]={2, 4, 6, 8, 10, 12}；”则“*(&a[0][0]+2*2+1)”的值是 12，*(a[1]+2)的值是______________。

16. 若有以下定义和语句：

```
int s[10][6], *pt[10];
for(i=0; i<10; i++) pt[i]=s[i];
```

在程序中可通过指针数组 pt，用 *(pt[i]+j)等四种形式引用数组元素 s[i][j](假设 i，j 已正确说明并赋值)；另三种形式分别是 pt[i][j]、*(pt[i]+j)和______________。

17. 设有 5 个学生，每个学生考 4 门课，以下程序能检查这些学生有无考试不及格的课程。若某一学生有一门或一门以上课程不及格，就输出该学生的序号(序号从 0 开始)和其全部课程成绩，试填空。

```
#include<stdio.h>
int main()
{
    int score[5][4]={
                    {62, 87, 67, 95},
                    {95, 85, 98, 73},
                    {66, 92, 81, 69},
                    {78, 56, 90, 99},
                    {60, 79, 82, 89}};
    int (*p)[4], j, k, flag;
    p=score;
    for(j=0; j<5; j++)
    {
        flag=0;
        for(k=0; k<4; k++)
            if(*(*(p+j)+k)<60)
                flag=1;
```

```
        if(flag==1)
        {
            printf("No。%d is fail, scores are:\n", j);
            for(k=0; k<4; k++)
                printf("%5d", ____________);
            printf("\n");
        }
    }
    return 0;
}
```

18. 若有定义“int a[3][5], i, j; ”(且 0≤i<3，0≤j<5)，则 a[i][j]的地址可用以下四种形式表示。

(1) &a[i][j]；

(2) a[i]+j ；

(3) *(a+i)+j；

(4) &a[0][0]+________。

19. 下面程序可通过行指针 p 输出数组 a 中任一行任一列元素的值，试填空。

```
#include<stdio.h>
int main()
{
    int a[2][3]={2, 4, 6, 8, 10, 12};
    int(*p)[3], i, j;
    p=a;
    scanf("%d, %d", &i, &j); /* 0≤1<2, 0≤j<3 */
    printf("a[%d][%d]=%d\n", i, j, *(*___________+j));
    return 0;
}
```

20. 以下程序运行后的输出结果是__________。

```
#include<stdio.h>
int main()
{
    char a[]="Language", b[]="Programe";
    char *p1, *p2;
    int k;
    p1=a;
    p2=b;
    for(k=0; *(p1+k)!='\0'; k++)
        if(*(p1+k)==*(p2+k))
            printf("%c", *(p1+k));
```

```
    return 0;
}
```

21. 下面程序段是把从终端读入的一行字符作为字符串放在字符数组中，然后输出，试填空。

```
#include<stdio.h>
int main()
{
    int i;
    char s[80], *p;
    for(i=0; i<79; i++)
    {
        s[i]=getchar();
        if(s[i]=='\n')
            break;
    }
    s[i]=_________;
    p=s;
    while(*p)
        putchar(*p++);
    return 0;
}
```

22. 下面程序的功能是将两个字符串 s1 和 s2 连接起来，试填空。

```
#include<stdio.h>
#include<string.h>
char *conn(char *p1, char *p2);
int main()
{
    char s1[80], s2[80];
    fgets(s1, 80, stdin);
    s1[strlen(s1)-1]='\0';
    fgets(s2, 80, stdin);
    s2[strlen(s2)-1]='\0';
    conn(s1, s2);
    puts(s1);
    return 0;
}
char *conn(char *p1, char *p2)
{
    char *p=p1;
```

```
    while(*p1)
        p1++;
    while(*p2)
    {*p1=*p2; p1++; p2++; }
    ____________;
    return(p);
}
```

23. 当运行以下程序时，从键盘输入 6<CR>(<CR>表示回车)，则下面程序的运行结果是______________。

```
#include<stdio.h>
#include<string.h>
void fun(char *a, char b)
{
    while(*(a++)!='\0');
    while(*(a-1)<b)
        *(a--)=*(a-1);
    *(a--)=b;
}
int main()
{
    char s[10]="97531", c;
    c=getchar();
    fun(s, c);
    puts(s);
    return 0;
}
```

24. 下面程序段的运行结果是___________。

```
#include<stdio.h>
#include<string.h>
int main()
{
    char s[80], *sp ="HELLO!";
    sp=strcpy(s, sp);
    s[0]='h';
    puts(sp);
}
```

25. 当运行以下程序时，从键盘输入(<CR>表示回车)：

```
book<CR>
book <CR>
```

则下面程序段的运行结果是__________。

```
#include<stdio.h>
#include<string.h>
int main()
{
    char a1[80]="", a2[80]="", *s1=a1, *s2=a2;
    fgets(s1, 80, stdin);
    s1[strlen(s1)-1]='\0';
    fgets(s2, 80, stdin);
    s2[strlen(s2)-1]='\0';
    if(!strcmp(s1, s2))
        printf("*");
    else
        printf("#");
    printf("%ld", strlen(strcat(s1, s2)));
}
```

26. 若有以下定义和语句:

```
int *p[3], a[6], i;
for(i=0; i<3; i++) p[i]=&a[2*i];
```

则*p[0]引用的是 a 数组元素 a[0]; *(p[1]+1)引用的是 a 数组元素__________。

27. 若有定义“int a[]={2, 4, 6, 8, 10, 12, 14, 16, 18, 20, 22, 24}, *q[3], k;”，则下面程序段的输出是___________。

```
for(k=o; k<3; k++)
q[k]=&a[k*4];
printf("%d", q[2][3]);
```

28. 编写带参数的 main 函数，并输出接收到的每个参数，试填空。

```
#include <stdio.h>
int main(int argc, char *argv[])
{
    int i;
    for (i=0; i<___________; i++)
        printf("Argument %d is %s.\n", i, argv[i]);
    return 0;
}
```

29. 以下程序通过指针数组 p 和一维数组 a 构成如下所示的二维数组的左下半三角结构，然后输出，试填空。

```
1
6 7
11 12 13
```

```
16 17 18 19
21 22 23 24 25
#include<stdio.h>
#define M 5
#define NUM (M+1)*(M)/2
int main()
{
    int a[NUM], *p[M], i, j, index, n;
    for(i=0; i<M; i++)
    {
        index=i*(i+1)/2;
        p[i]=&a[index];
    }
    for(i=0; i<M; i++)
    {
        n=1;
        for(j=0; j<=i; j++)
        {
            p[i][j]= ____________+n;
            n++;
        }
    }
    printf("The output:\n");
    for(i=0; i<M; i++)
    {
        for(j=0; j<=i; j++)
            printf("%4d", p[i][j]);
        printf("\n");
    }
    return 0;
}
```

30. 下面程序的功能是输出所给的一些字符串中的最小的字符串，试填空。

```
#include<stdio.h>
#include<string.h>
int main()
{
    char *a[]={"bag", "good", "This", "are", "Zoo", "park"};
    char *min;
    int i;
```

```
    min=__________;
    for(i=1; i<6; i++)
    {
        if(strcmp(a[i], min)<0) min=a[i];
        printf("The min string is %s\n", min);
    }
    return 0;
}
```

31. 下面程序的输出结果是______。

```
#include <stdio.h>
int main ()
{
    char *a="gkdgkd";
    char *po=a++;
    char **p=&a;
    printf("%c", **p);
    return 0;
}
```

32.下面程序的运行结果是______。

```
#include <stdio.h>
int main()
{
    char a='A';
    char *p=&a;
    char **pr=&p;
    *p+=32;
    printf("%c", **pr);
    return 0;
}
```

33. 以下程序的运行结果是______。

```
#include <stdio.h>
int main()
{
    int a[]={1, 2};
    int *p=a;
    *(p++)=4;
    int **point=&p;
    printf("%d", **point);
    return 0;
```

```
}
```

34. 程序代码如下，则运行的输出结果是________。

```
#include <stdio.h>
int main()
{
    char *arg[]={"abc", "bcd", "cde", "aed"};
    char **argv=arg;
    while(**argv++!='a');
    printf("%s", *argv);
    return 0;
}
```

35. 运行下面程序，输出的结果是________。

```
#include <stdio.h>
int main()
{
    int a[]={1, 2, 3, 4, 5};
    int *p=a;
    int **point=&p;
    printf("%d", **point+2);
    return 0;
}
```

36. 下面是一个按下标顺序由小到大依次输出 s 数组中各个元素的程序，试填空。

```
#include <stdio.h>
int main()
{
    char *s[]={"man", "woman", "girl", "boy", "sister"};
    char **q;
    int k;
    for(k=0; k<5; k++)
    {
        q=________;
        printf("%s\n", *q);
    }
    return 0;
}
```

37. 下面的程序运行结果是________。

```
#include <stdio.h>
float max(float x, float y)
{
```

```
    return x>y?x:y;
}
int main()
{
    float a=1, b=2, c;
    float(*p)(float x, float y);
    p=max;
    c=(*p)(a, b);
    printf("%.1f", c);
    return 0;
}
```

三、程序设计题

1. 编写函数 int* paste(int* a, int* b, int start, int n, int m)，功能是将 b 数组拼接在 a 数组上，从 a 数组的第 start 个元素开始覆盖，返回拼接后的数组并在主函数中输出。其中 n 是 a 数组的长度，m 是 b 数组元素的个数。

2. 编写函数 void split(int* a, int n, int* odd, int* cnto, int* even, int* cnte)，功能是将 a 数组中的奇数存入 odd 数组，数量存入 cnto，偶数存入 even 数组，数量存入 cnte。其中 n 是 a 数组的元素个数。在主函数中调用该函数。

3. 编写函数 void replace(int *a, int length, int n)，用指针完成用数组 a 的前 length 个元素循环覆盖掉后面的元素的操作。n 为 a 数组中元素个数，保证 1≤length≤n。如原数组为{5, 6, 7, 8, 9, 11}，length 为 2 则执行 replace 函数后变为{5, 6, 5, 6, 5, 6}，若 length 为 4 则执行函数后变为{5, 6, 7, 8, 5, 6}。

4. 输入一个仅包含小写字母和空格的字符串，一段只包含小写字母的字符串为一个单词，其中每个单词用空格隔开。要求编写一段程序，将所有单词保存到一个字符指针数组中，重复的单词只保存一个，并输出拆分的单词。

5. 编写函数 void exchange(int *x, int* y, int *z)，将 3 个数按 x≤y≤z 的顺序交换三个变量的值，并输出。

6. 编写函数 int search(char *src, char *sub)，其功能为字符串查找函数，返回子串 sub 在字符串 src 中的首次出现的起始下标。若不存在，返回 -1。

7. 编写函数 void count(char *s, int *letterCount, int *spaceCount, int *otherCount)，实现输入一行文字 s，找出其中的字母、空格、数字及其他字符的个数。

8. 编写程序，用户输入多个字符串，按照字典顺序将字符串进行排序，并输出。要求在排序中使用指针数组完成。

9. 编写函数 void inverse(char *str)，实现字符串 str 的逆序存放。

10. 编写函数截取字符串 s 的子串 char* subString(char *s, int index, int offset)，参数 index 为开始截取子串的位置，参数 offset 为截取的子串字符个数，长度不足时只截取到字符串最后一个字符。

第 8 章　结构体与共用体

如果简单的变量类型不能满足程序设计的需求，则可以将一些有关的变量组织起来定义成一个结构，用来表示一个有机的整体或一种新的类型，程序可以像处理内部的基本数据那样对结构进行各种操作。在 C 语言中，这种结构被称为结构体和共用体。

数组、结构体、共用体都属于构造数据类型，即都是使用其他数据类型的对象构造的数据类型，其不同点在于：数组由相同数据类型的元素构成，可将相同属性的数据进行集中处理；结构体和共用体可由不同数据类型的成员构成，常用于实现对数据库的管理。

8.1　结构体类型与结构体变量

8.1.1　结构体类型

1. 结构体的概念

C 语言内部的数据类型分为基本数据类型(如整型、浮点型、字符型变量等)和构造数据类型(如数组，数组中的若干个元素属于同一数据类型)。但在实际问题中，一组数据往往有多种不同的数据类型。例如，登记学生的信息，可能需要用到 char 型的姓名、int 型或 char 型的学号、int 型的年龄、char 型的性别、float 型的成绩等。又如，对于记录一本书，需要 char 型的书名、char 型的作者名、float 型的价格等。在这些情况下，使用简单的基本数据类型甚至数组都很难解决，而结构体可以有效解决这个问题。这种新的数据类型可以包含多项数据，从而达到表示一个整体的目的，这种包含多个数据项，每个数据项的数据类型可能不同的变量集合称作结构体(structure)。

2. 结构体类型定义

结构体类型定义(也称做定义一个结构体)是描述结构如何将多个数据项组合的主要方法。定义一个结构体类型的一般形式为

```
struct　结构体名
{
    成员说明;
};
```

语法规则：

(1) struct 是关键字，表示开始定义结构体类型。

(2) 结构体名要遵循标识符定义的规则。

(3) 大括号“{ }”不能省略，多个数据项的定义用大括号括起来。

(4) 成员说明的形式类似变量、数组或者指针等的定义，但不能为成员进行初始化。

(5) 大括号“{ }”后的分号不能省略。

例如：

```
struct student
{
    char name[20];          //姓名
    int num;                //学号
    float score;            //成绩
};
```

这里 student 是结构体名字，struct student 是自定义的数据类型名。结构体类型声明之后并不分配内存，只有定义了结构体类型的变量，才在内存中分配存储空间。结构体类型声明可以放在函数外，此时为全局结构体，类似全局变量，在它之后声明的所有函数都可以使用；也可以放在函数内，此时为局部结构体，类似局部变量，只能放在该函数内使用。

若感觉 struct student 这种形式的数据类型名比较烦琐，在结构体定义的时候，可以使用关键字 typedef 给结构体的数据类型自定义一个简洁的名字，自定义数据类型名字的一般格式如下：

```
typedef struct　结构体名
{
    成员说明;
}数据类型名称;
```

语法规则：

(1) typedef 是关键字，写在 struct 关键字之前。

(2) 自定义的简洁类型名字，必须写在右括号之后，通常使用大写字符，以明显区分结构体名和结构体类型名。

例如：

```
typedef struct student
{
    char name[20];          //姓名
    int num;                //学号
    float score;            //成绩
}STU;
```

8.1.2　结构体变量

结构体类型变量的定义有以下三种方法：

(1) 先定义结构体类型，再定义结构体变量。其一般形式如下：

struct　结构体名　结构体变量名;

语法规则：

① 结构体变量名要遵循标识符命名规则。

② 可以同时定义多个变量，之间用逗号分隔。

③ 关键字 struct 要与结构体名一起使用，共同构成结构体类型名。

例如：

```
struct student stu1, stu2;
```

(2) 在定义结构体类型的同时定义变量。其一般形式如下：

```
struct  结构体名
{
    成员说明;
}结构体变量名;
```

语法规则：

① 结构体变量在结构体类型定义的右大括号后进行定义，变量名要遵循标识符命名规则。

② 可以同时定义多个变量，之间用逗号分隔。

③ 结构体类型定义最后的分号，改在结构体变量名之后。

例如：

```
struct student
{
    char name[20];
    int num;
    float score;
}stu1, stu2;
```

(3) 直接定义结构体变量(不指定结构体名)。其一般形式如下：

```
struct
{
    成员说明;
}结构体变量名;
```

语法规则：

① 此种方式在定义结构体类型时省略了结构体的名字，没有完整的结构体类型名，被称为无名称的结构体类型。

② 使用无名称的结构体类型定义结构体变量，结构体变量只能跟在右大括号后，不能在其他位置再定义此结构体类型的变量。

③ 结构体类型没有名字，无法用它来声明函数的形参类型或者函数的返回值类型。

例如：

```
struct
{
    char name[20];
    int num;
    float score;
}stu1, stu2;
```

8.1.3　结构体变量的初始化和引用

1. 结构体类型的字节长度

结构体变量定义之后，内存就开辟一段内存空间存储结构体变量的值，通常情况下结构体变量所占用内存的字节数等于所属结构体类型的所有成员字节数的总和，但也有例外。

【例 8.1】 运行程序，查看结构体变量占用的内存字节数。

```
#include<stdio.h>
struct student
{
    char name[20];
    int num;
    float score;
};
struct test
{   char a;
    int b;
    char c;
};
int main()
{   struct student s;
    struct test t;
    printf("struct student 类型字节数：%ld\n", sizeof(struct student));
    printf("struct student 类型变量字节数%ld\n", sizeof(s));
    printf("struct test 类型字节数：%ld\n", sizeof(struct test));
    printf("struct test 类型变量字节数：%ld\n", sizeof(t));
    return 0;
}
```

程序运行结果如图 8.1 所示。

```
user@ekwphqrdar-machine:~/Cproject$ gcc 8.1.c
user@ekwphqrdar-machine:~/Cproject$ ./a.out
struct student类型字节数：28
struct student类型变量字节数28
struct test类型字节数：12
struct test类型变量字节数：12
```

图 8.1　例 8.1 程序运行结果

struct student 类型的三个成员 name、num 和 score 的字节数加起来正好是 28，与程序运行结果一致。struct test 类型的三个成员 a、b 和 c 的字节数加起来是 6，但程序运行结果却是 12，主要有以下两个原因：

① 结构体变量的首地址的字节数要能够被其最宽基本类型成员的大小所整除；

② 结构体的总大小为结构体最宽基本类型成员大小的整数倍，如有需要，编译器会

在最末一个成员之后加上填充字节。

例 8.1 中的 struct test 结构体类型，其最宽字节数的成员为整型的 a，占 4 个字节。在存储的时候，结构体的首地址必须能够被其中最宽数据类型字节数整除，参照原因①，第一个成员是 char 类型，占 1 个字节，所以要在 char 后面填充 3 个字节，然后再存储下一个成员；最后一个成员也是 char 类型，占 1 个字节，参照原因②，结构体的总大小为最宽数据类型的整数倍，所以会在第二个 char 之后再填充 3 个字节，加起来总和即为 12 个字节。但若将 struct test 结构体类型的成员声明顺序做如下修改，其所占用的字节数就为 8，内存的利用率提升了 33%：

```
struct test
{
    int b;
    char a;
    char c;
};
```

因此，定义结构体类型，组织其数据成员的时候，可以将相同类型的成员放在一起，这样就减少了编译器为了对齐而添加的填充字节数，从而更加有效地利用内存。

2. 结构体成员访问运算符

每个结构体变量，各自占用独立的内存空间，每个变量都有自己的成员数据，可以使用结构体成员访问运算符“.”来访问属于自己的成员，其一般格式如下：

　　结构体变量.成员名;

例如：

```
struct student
{
    char name[20];
    int num;
    float score;
}s1, s2;
strcpy(s1.name, "张三");
s1.num=10001;
s1.score=95.5f;
```

如果成员名是一个变量名，那么引用的就是这个变量的内容；如果成员名是一个数组名，那么引用的就是这个数组的首地址。

3. 结构体变量的初始化

(1) 定义的同时直接初始化。

语法规则：

① 在定义变量的同时，使用“{}”将初始值赋给对应的每一个成员，每个初始值用逗号分隔。

② 赋值时数据类型要与成员的类型匹配，同字符、字符数组的初始化一样，如果是

字符，就用单引号括起来；如果是字符串，就用双引号括起来。

③ 初始值必须是常量，不能是变量。

④ 初始值的数量可以少于成员的数量，未赋值的成员的初始值用 0 来代替。

例如：

```
struct student
{
    char name[20];
    int num;
    float score;
}
struct student stu1={"王五", 152648512, 80f};
```

相当于成员 name 的值是 "王五"，成员 num 的值是 152648512，成员 score 的值是 80f。

再如：

```
struct test
{
    int b;
    char a;
    char c;
}t={25, 'A', 'B'};
```

相当于成员 b 的值是 25，成员 a 的值是字符 'A'，成员 c 的值是字符 'B'。

(2) 先定义结构体变量，需要时再初始化。此时，只能使用结构体变量单独访问成员进行赋值。

语法规则：

① 需要使用哪个成员，就给哪个成员赋初值。

② 未赋值的成员的初始值用 0 来代替，指针成员的值为 NULL。

③ 初始值的类型要跟成员的类型保持一致。

例如：

```
struct test
{   int b;
    char a;
    char c;
}t;
...
t.b=25;
t.a='A';
t.c='B';
```

4. 结构体变量的引用

使用 “.” 运算符对成员进行引用。在引用结构体变量及其成员时，应注意以下几点：

(1) C语言中不允许对结构体变量整体进行输入和输出，对结构体变量的操作都是对结构体变量成员进行的操作，是个体关系，不能整体操作。

(2) 如果成员本身就属于一个结构体类型，那么此时就继续用若干个“.”运算符号，一级一级地访问，直到访问到最底一层的成员，如“class.student.age=20;”。

(3) 结构体变量可以作为函数的参数，也可以作为函数的返回值。当函数的形参与实参为结构体变量时，这种传递参数的方式属于值传递方式，即形参的变化不影响实参。如果用结构体变量的指针作参数，则可直接对实参的结构体变量进行修改。

【例 8.2】 输入两个学生的学号、姓名和成绩，输出成绩较高的学生的学号、姓名和成绩。

```
#include<stdio.h>
int main()
{
    struct student
    {
        int num;
        char name[20];
        float score;
    }s1, s2;
    printf("请输入第一位学生的学号、姓名和成绩：");
    scanf("%d%s%f", &s1.num, s1.name, &s1.score);
    printf("请输入第一位学生的学号、姓名和成绩：");
    scanf("%d%s%f", &s2.num, s2.name, &s2.score);
    printf("最高成绩是:\n");
    if(s1.score>s2.score)
        printf("%d %s %6.2f\n", s1.num, s1.name, s1.score);
    else if(s1.score<s2.score)
        printf("%d %s %6.2f\n", s2.num, s2.name, s2.score);
    else{
        printf("%d %s %6.2f\n", s1.num, s1.name, s1.score);
        printf("%d %s %6.2f\n", s2.num, s2.name, s2.score);
    }
    return 0;
}
```

程序的运行结果如图 8.2 所示。

```
user@ekwphqrdar-machine:~/Cproject$ gcc 8.2.c
user@ekwphqrdar-machine:~/Cproject$ ./a.out
请输入第一位学生的学号、姓名和成绩: 80630 lihua 90
请输入第一位学生的学号、姓名和成绩: 80632 chenjie 85.5
最高成绩是:
80630 lihua  90.00
```

图 8.2　例 8.2 程序运行结果

8.2　结构体数组及其应用

1. 结构体数组的定义

结构体数组与其他数据类型数组的定义形式一样，只是数据类型不同，例如：

```
struct student
{
    int num;
    char name[20];
    char sex;
    int age;
    float score;
    char addr[30];
};
struct student stud[2];
```

上述程序定义了一个名为 stud 的长度为 2 的结构体数组，数组有 2 个元素，每个元素都为 struct student 类型的数据。

2. 结构体数组初始化

(1) 将每个元素的成员值用花括号括起来，再将数组的全部元素值用一对花括号括起来。每个元素的初始化规则与结构体变量的初始化规则相同。例如：

```
struct student
{
    int num;
    char name[20];
    char sex;
    int age;
    float score;
    char addr[30];
}stud[2]={{80360, "zhang san", 'F', 19, 80, "35 shandong Road"},
          {80361, "wanger", 'F', 19, 90, "101 shandong Road"}};
```

(2) 在一个花括号内一次列出各个元素的成员值，此时需要注意“{ }”内值的数量。例如：

```
struct student
{
    int num;
    char.name[20];
    char sex;
    int age;
```

```
        float score;
        char addr[30] ;
    }stud[2]={80360, "zhangsan", 'F', 19, 80, "35 shandong Road", 80361, "wanger", 'F', 19, 90,
            "101 shandong Road"};
```

【例 8.3】 有 n 个学生的信息(包括学号、姓名、成绩)，要求按照成绩的高低顺序输出各学生的信息。

```
#include <stdio.h>
struct student
{   int num;
    char name[20];
    float score;
};
int main()
{   struct student stu[5]={
                        {86110, "zhang", 78},
                        {86112, "wang", 96.5},
                        {86114, "li", 85},
                        {86116, "zhao", 72.5},
                        {86118, "sun", 99.5}};
    struct student temp;
    const int n=5;
    int i, j, k;
    for(i=0; i<n-1; i++)
    {
        k=i;
        for(j=i+1; j<n; j++)
            if(stu[j].score>stu[k].score)
                k=j;
        if(k!=i)
        {
            temp=stu[k];
            stu[k]=stu[i];
            stu[i]=temp;
        }
    }
    for(i=0; i<n; i++)
        printf("%6d %8s %6.2f\n", stu[i].num, stu[i].name, stu[i].score);
    return 0;
}
```

程序运行结果如图 8.3 所示。

```
user@ekwphqrdar-machine:~/Cproject$ gcc 8.3.c
user@ekwphqrdar-machine:~/Cproject$ ./a.out
 86118       sun  99.50
 86112      wang  96.50
 86114        li  85.00
 86110     zhang  78.00
 86116      zhao  72.50
```

图 8.3　例 8.3 程序运行结果

8.3　指向结构体的指针

1. 结构体指针变量的定义

结构体指针变量就是指向结构体变量的指针变量。可以使用结构体指针变量间接访问结构体变量，结构体指针变量的值就是所指向的结构体变量的首地址。结构体指针变量定义的一般形式为：

struct 结构体名称 *结构体指针名称;

例如：

```
struct student *pt;
```

2. 结构体指针变量的初始化

结构体指针变量也必须先赋值后使用。赋值就是把结构体变量的地址赋给该指针变量，例如：

```
struct student stu;
struct student *pstu=&stu;
```

3. 结构体指针变量调用成员

结构体指针变量初始化后，就能更方便地访问结构体变量的各个成员，调用时使“.”或者“->”运算符，其访问成员项的一般形式为：

(*结构体指针变量).成员名

或

结构体指针变量->成员名

例如：

```
(*pstu).num 或 pstu->num
```

因为成员运算符“.”的优先级高于间接寻址运算符“*”，所以(*pstu)两侧的括号不可以少。

【例 8.4】 通过指向结构体变量的指针变量输出结构体变量中成员的信息。

```
#include<stdio.h>
#include<string.h>
int main()
{
```

```
    struct student
    {
        long num;
        float score;
        char name[20];
        char sex;
    };
    struct student s;
    struct student *p;
    p=&s;
    s.num=80631;
    strcpy(s.name, "Lihua");
    s.sex='M';
    s.score=86.5;
    printf(" 学号\t 姓名\t 性别\t 成绩\n");
    printf("%ld\t%s\t%c\t%5.1f\n", s.num, s.name, s.sex, s.score);
    printf("%ld\t%s\t%c\t%5.1f\n", (*p).num, (*p).name, (*p).sex, (*p).score);
    printf("%ld\t%s\t%c\t%5.1f\n", p->num, p->name, p->sex, p->score);
    return 0;
}
```

程序运行结果如图 8.4 所示。

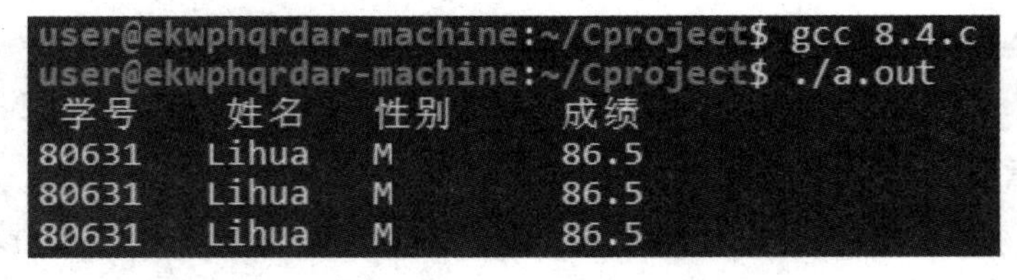

图 8.4　例 8.4 程序运行结果

4. 结构体变量作函数的参数

(1) 用结构体变量的成员作参数。例如，用类似 stu.num 的结构体变量的成员作函数实参，将实参值传递给形参。其用法与用普通变量作实参是一样的，属于“值传递”的方式。应当注意实参与形参的类型要保持一致。

(2) 用结构体变量作实参。用结构体变量作实参时，采取的也是“值传递”的方式，将结构体变量所占的内存单元的内容全部按顺序传递给形参，形参也必须是同类型的结构体变量，在函数调用期间形参也要占用内存单元。这种传递方式在空间和时间上开销较大，如果结构体的规模很大，开销是很可观的。另外，由于采用“值传递”的方式，如果在执行被调用函数期间改变了形参(也是结构体变量)的值，该值不能返回主调函数，这往往会造成使用上的不便，因此很少用这种方法。

(3) 用指向结构体变量(或数组元素)的指针作实参。将结构体变量或结构体数组元素的地址传给实参，形参是结构体指针，这种传递方式是地址传递。地址传递方式在实际应用中使用频率较高。

【例 8.5】 计算一年后程序员的工资。

```
# include <stdio.h>
struct coder
{
    int salary;      //薪水
    int experience; //经验
    char type[15]; //岗位
};
void oneYearLater(struct coder *p);
int main ()
{
    struct coder c = {15000, 3, "Java"};
    printf("岗位:%s\n 当前薪资:%-5d\n 当前经验:%d 年\n", c.type, c.salary, c.experience);
    oneYearLater(&c);
    printf("------------------一年后--------------------\n");
    printf("岗位:%s\n 当前薪资:%-5d\n 当前经验:%d 年\n", c.type, c.salary, c.experience);
    return 0;
}
//一年后
void oneYearLater(struct coder *p)
{
    p->salary=p->salary*1.1;
    p->experience++;
}
```

程序运行结果如图 8.5 所示。

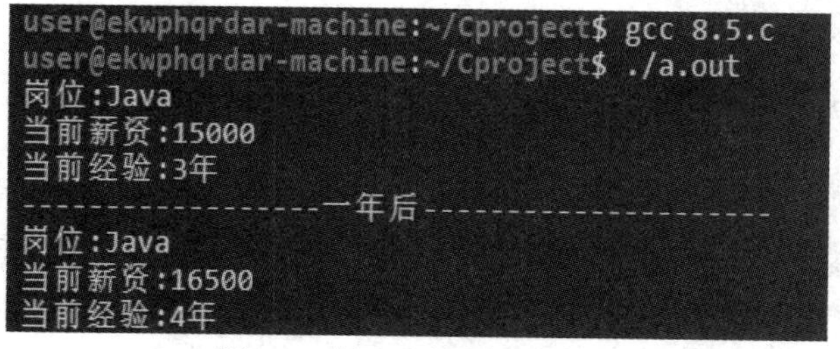
```
user@ekwphqrdar-machine:~/Cproject$ gcc 8.5.c
user@ekwphqrdar-machine:~/Cproject$ ./a.out
岗位:Java
当前薪资:15000
当前经验:3年
------------------一年后---------------------
岗位:Java
当前薪资:16500
当前经验:4年
```

图 8.5　例 8.5 程序运行结果

函数调用语句“oneYearLater(&c);”传递的是结构体变量 c 的地址，传递给 oneYearLater()函数的形参 p，p 是结构体指针变量。因为是地址传递，因此在 oneYearLater()函数体内，修改了成员 salary 和 experience 的值后，实参 c 的值会同时被更改。此种传递方式，因为形参是结构体指针形式，只占用 4 个字节的内存，相较于形参是结构体变量的形式，有效地提升了内存使用率。

8.4　简单链表操作

8.4.1　链表概述

1. 动态分配内存空间

在处理多个同类型的数据时，可以使用数组来存储这多个数据。但数组有一个缺点，就是数组定义之后，其长度固定不变。在实际的编程中，经常会出现所需的内存空间取决于实际输入数据的多少，而没有办法预先确定其空间的大小。对于这样的问题，用数组的方法就很难解决。但C语言还提供了内存管理函数，这些内存管理函数可以按实际数据多少来动态地分配内存空间，也可以把不再使用的空间回收再利用。常用的内存管理函数主要有三个：

(1) 分配内存空间函数 malloc()。

函数原型：

```
void* malloc(unsigned int size);
```

函数参数：size 表示要申请的内存空间的字节数。

函数返回值：void 型指针。返回的是申请到的内存空间的首地址。

函数功能：在内存的动态存储区中分配一块长度为 size 字节的连续区域。

例如：

```
char *pc=(char *)malloc(100);
```

该语句表示申请了一个长度为 100 个字节的内存空间，可以存放 char 型数据。因 malloc() 函数的返回值是 void 型指针，void 是无类型，“void *”被称为万能指针类型，可以代表任何地址，因此使用时必须先把 void 型指针强制转换为合适类型的指针再使用。

(2) 分配内存空间函数 calloc()。

函数原型：

```
void* calloc(unsigned int n, unsigned int size);
```

函数参数：n 表示要申请的内存块的个数，size 表示每个内存块的字节数。

函数返回值：void 型指针。

例如：

```
struct stu* ps=(struct stu*)calloc(2, sizeof(struct stu));
```

函数功能：在内存的动态存储区中分配 n 块长度为 size 字节的连续区域。

(3) 释放内存空间函数 free()。

函数原型：

```
void free(void *ptr);
```

函数参数：ptr 是一个任意类型的指针变量，它指向被释放区域的首地址。该指针变量是由 malloc()函数或者 calloc()函数生成的。

函数功能：释放 ptr 所指向的内存空间。

以上三个函数在使用时，所在源代码文件需包含 stdlib.h 头文件。

2. 链表的概念

数组属于静态内存分配，特点是逻辑关系上相邻的两个元素在物理存储的位置上也相邻。数组的优点是可以随机存取表中任一元素，方便快捷；缺点是在插入或删除某一元素时，需要移动大量元素并可能造成内存空间的浪费。链表能很好地解决数组的这个缺点。

链表是一种物理存储单元上非连续、非顺序的存储结构，数据元素的逻辑顺序是通过链表中的指针链接次序实现的。链表由一系列节点(链表中每一个元素称为节点)组成，节点可以在运行时动态生成。每个节点包括一个存储数据元素的数据域和一个存储下一个节点地址的指针域。

使用链表结构可以较好地克服数组需要预先知道数据大小的缺点，链表结构可以充分利用内存空间，实现灵活的内存动态管理。但是链表失去了数组通过下标随机读取的优点，同时链表由于增加了节点的指针域，空间开销也比较大。链表有很多种不同的类型：单向链表、双向链表以及循环链表。本节只介绍单向链表的相关操作。链表的示意图如图 8.6 所示。

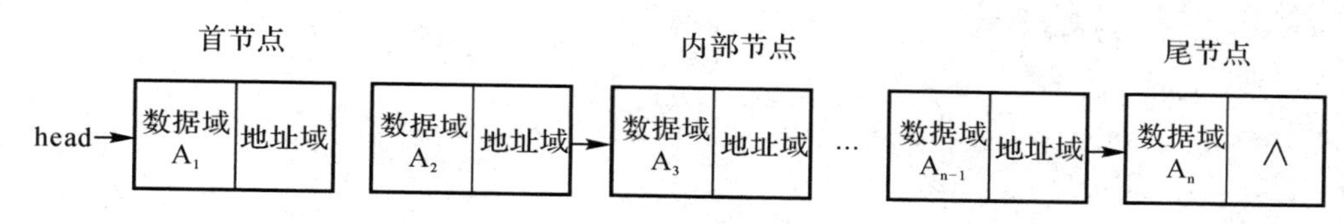

图 8.6　链表的示意图

一个链表主要由若干节点组成，每个节点包括数据域和地址域两部分。数据域用来存储数据，地址域用来存储下一个节点所在的地址。节点的数据类型是一个自定义的结构体类型，形式如下：

```
struct node
{
    数据成员的定义;     //数据域，可以是多个成员
    struct node *next;    //地址域
};
```

此结构体类型能够成为节点的数据类型，有一个重要的标志就是代表地址域的指针(struct node *next)，这个指针的数据类型就是这个结构体类型本身，可以用来存储下一个节点的地址。一个完整的链表包含以下几个部分：

① 头指针：指向链表中首节点的指针；

② 首节点：链表中第一个数据元素 A_1 所在的节点；

③ 内部节点：首节点之后，尾节点之前的所有节点；

④ 尾节点：链表的最后一个节点，尾节点没有后继节点，所以指针域为 NULL。

8.4.2　链表的基本操作

1. 静态链表的建立

建立链表就是链表从无到有的过程，例 8.6 建立了一个有 3 个固定节点的链表。

【例 8.6】 建立一个简单链表，它由 3 个学生数据的节点组成，要求输出各节点中的数据。

```
#include<stdio.h>
struct   student
{
    int num;
    float score;
    struct student *next;
};
int main()
{
    struct student a, b, c;
    struct student *head, *p;
    a.num=80630;
    a.score=87.0f;
    b.num=80632;
    b.score=97.5f;
    c.num=80635;
    c.score=67.5f;
    head=&a;
    a.next=&b;
    b.next=&c;
    c.next=NULL;
    p=head;
    while(p!=NULL){
        printf("学号:%d\t 成绩:%.1f\n", p->num, p->score);
        p=p->next;
    }
    return 0;
}
```

程序运行结果如图 8.7 所示。

```
user@ekwphqrdar-machine:~/Cproject$ gcc 8.6.c
user@ekwphqrdar-machine:~/Cproject$ ./a.out
学号:80630      成绩:87.0
学号:80632      成绩:97.5
学号:80635      成绩:67.5
```

图 8.7　例 8.6 程序运行结果

建立链表时，用 head 指针指向第一个节点 a，head 指针也称为链表的头指针，是链表的入口，a.next 指向 b 节点，b.next 指向 c 节点，这就构成了链表关系。语句“c.next=NULL; ”的作用是使 c.next 不指向任何有用的存储单元，c 也称为链表的尾节点。链表结构示意图如图 8.8 所示。

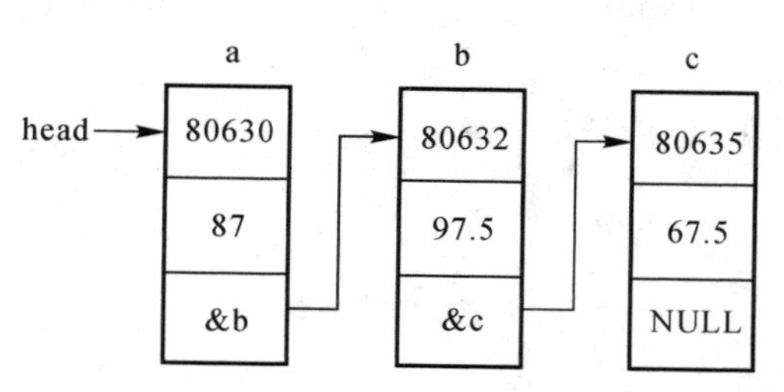

图 8.8　例 8.6 链表结构示意图

图 8.8 是一个具有 3 个固定节点的链表，通常情况下，链表的节点数都是未知的，因此就需要程序具有能够动态创建节点的能力。

2. 动态链表的建立

静态链表是比较简单的，所有节点都是在程序中定义的，不是临时开辟的，也不能用完后释放。但通常情况下，链表的节点数都是未知的，因此就需要程序具有能够临时创建节点的能力。所以下面就介绍一个具有能够临时创建节点能力的程序，具有临时创建节点能力的链表被称为“动态链表”。动态链表在创建节点和删除节点时需要 3 个内存管理函数来完成具体的创建和删除的操作，使用这 3 个函数需要在程序中引入头文件“stdlib.h”。

【例 8.7】 动态创建一个链表，链表包含 n 个节点，节点数据从键盘输入。

```
#include<stdio.h>
#include<stdlib.h>
struct node
{
    int num;
    float score;
    struct node *next;
};
int main()
{
    int n;
    struct node *head=NULL, *p1, *p2;
    printf("请输入节点的个数：");
    scanf("%d", &n);
    for(int i=1; i<=n; i++)
    {
        printf("请输入第%d 个节点的数据：", i);
        p1=(struct node *)malloc(sizeof(struct node));
        scanf("%d%f", &p1->num, &p1->score);
        if(i==1)
```

```
            head=p1;
        else
            p2->next=p1;
        p2=p1;
    }
    p2->next=NULL;
    if(head!=NULL)
    {
        p1=head;
        while(p1!=NULL)
        {
            printf("学号:%d\t 成绩:%.1f\n", p1->num, p1->score);
            p1=p1->next;
        }
    }
    else
        printf("此链表为空");
    return 0;
}
```

程序运行结果如图 8.9 所示。

```
user@u17e86gawx8-machine:~/Cproject$ gcc 8.7.c
user@u17e86gawx8-machine:~/Cproject$ ./a.out
请输入节点的个数：5
请输入第1个节点的数据：21001 86.5
请输入第2个节点的数据：21005 90.5
请输入第3个节点的数据：21004 75
请输入第4个节点的数据：21006 68.5
请输入第5个节点的数据：21009 100
学号:21001      成绩:86.5
学号:21005      成绩:90.5
学号:21004      成绩:75.0
学号:21006      成绩:68.5
学号:21009      成绩:100.0
```

图 8.9　例 8.7 和例 8.8 程序运行结果

例 8.7 的代码中包含创建链表和输出链表两个操作。main 函数内定义了 3 个 node 结构体的指针变量。head 为头指针，p2 为指向两相邻节点的前一节点的指针变量，p1 为后一节点的指针变量。在 for 语句内，用 malloc 函数申请长度与 node 结构体长度相等的空间作为新建节点的内存空间，并将申请到的首地址赋给 p1，然后输入节点数据。如果当前节点为第一个节点(i==1)，则把 p1 值(该节点指针)赋给 head 和 p2；如非第一个节点，则把 p1 值赋给 p2 所指节点的指针域成员 next，再把 p1 值赋给 p2，以为下一次循环做准备。循环结束时，将最后一个节点的 next 赋为 NULL。

输出链表时，指针 p1 从 head 开始，只要当前节点不为 NULL，则输出当前节点的数据；然后指针 p1 顺着 next 的指向移动到下一个节点(p1=p1->next;)，直到当前节点为 NULL，输出结束。

【例 8.8】 将例 8.7 中创建链表的过程封装成一个函数，打印链表的过程封装成一个函数，最后编写 main()函数调用创建和打印函数，完成与例题 8.7 相同的操作。

```
#include<stdio.h>
#include<stdlib.h>
typedef struct node
{
    int num;
    float score;
    struct node *next;
}NODE;
NODE * create(int n);
void print(NODE *head);
int main()
{
    int n;
    struct node *head=NULL;
    printf("请输入节点的个数：");
    scanf("%d", &n);
    head=create(n);
    print(head);
    return 0;
}
NODE * create(int n)
{
    NODE *head=NULL, *p1, *p2;
    for(int i=1; i<=n; i++)
    {
        printf("请输入第%d 个节点的数据：", i);
        p1=(struct node *)malloc(sizeof(NODE));
        scanf("%d%f", &p1->num, &p1->score);
        if(i==1)
            head=p1;
        else
            p2->next=p1;
        p2=p1;
    }
    p2->next=NULL;
    return head;
}
```

```
void print(NODE *head)
{
    NODE *p1;
    if(head!=NULL){
        p1=head;
        while(p1!=NULL)
        {
            printf("学号:%d\t 成绩:%.1f\n", p1->num, p1->score);
            p1=p1->next;
        }
    }
    else
        printf("此链表为空");
}
```

程序运行结果与例 8.7 一样，如图 8.9 所示。

3. 插入节点

【例 8.9】 编写一个 insert()函数，实现将一个节点按学号大小顺序插入到链表的功能。

```
NODE *insert(NODE *head, NODE *newnode)
{
    NODE *p0=newnode, *p1=head, *p2=NULL;
    if(head==NULL)
    {
        head=newnode;
        newnode->next=NULL;
    }
    else
    {
        while((p0->num>p1->num)&&(p1->next!=NULL))
        {
            p2=p1;
            p1=p1->next;
        }
        if(p0->num<p1->num)
        {
            if(head==p1)
                head=p0;
            else
```

```
                p2->next=p0;
            p0->next=p1;
        }
        else
        {
            p1->next=p0;
            p0->next=NULL;
        }
    }
    return head;
}
```

本函数的两个形参均为指针变量，head 指向链表，newnode 指向被插入节点。函数中首先判断链表是否为空(head==NULL)，为空则使 head 指向被插入节点；若不为空，则用 while 语句循环查找插入位置。找到之后再判断是否在第一个节点之前插入，若是“head==p1”则使 head 指向被插入节点“head=p0;”，被插入节点指针域指向原第一个节点“p0->next=p1;”，否则在其他位置插入“p2->next=p0;”。若插入的节点大于表中所有节点，则在表末插入。本函数返回一个指针，是链表的头指针。当插入的位置在第一个节点之前时，插入的新节点成为链表的第一个节点，因此 head 的值也有了改变，故需要把这个指针返回主调函数。

4. 删除节点

【例 8.10】 编写一个 del()函数，实现将一个指定学号的节点从链表中删除的功能。

```
NODE *del(NODE *head, int delnum)
{
    NODE *p1=head, *p2=NULL;
    if(head==NULL)
        printf("链表为空，不存在此节点！\n");
    else
    {
        while((delnum!=p1->num)&&(p1->next!=NULL))
        {
            p2=p1;
            p1=p1->next;
        }
        if(delnum==p1->num)
        {
            if(head==p1)
                head=p1->next;
            else
```

```
                p2->next=p1->next;
            free(p1);
        }
        else
            printf("不存在此节点！\n");
    }
    return head;
}
```

函数有两个形参，head 为指向链表第一个节点的指针变量，delnum 为待删节点的学号。首先判断链表是否为空(head==NULL)，为空则不可能有被删节点；若不为空，则使 p1 指针指向链表的第一个节点。进入 while 语句后逐个查找被删节点。找到被删节点之后再看是否为第一个节点，若是则使 head 指向第二个节点(head=p1->next)，即可把第一个节点从链表中删去，否则使被删节点的前一个节点(p2 所指)指向被删节点的后一个节点(p2->next=p1->next;)。若循环结束还未找到要删的节点，则输出“不存在此节点！”的提示信息。最后返回 head 值。

5. 查询节点

【例 8.11】 编写一个 search()函数，实现查询一个指定学号的节点的功能。

```
NODE *search(NODE *head, int searchnum)
{
    NODE *p1=NULL;
    if(head==NULL)
    {
        printf("此链表为空！");
        return NULL;
    }
    else
    {
        p1=head;
        while(p1!=NULL)
        {
            if(p1->num==searchnum)
                return p1;
            p1=p1->next;
        }
    }
    return NULL;
}
```

函数有两个形参，head 为链表头节点指针，searchnum 为待删节点的学号。首先判断链表是否为空(head==NULL)，为空则不可能有查询的节点；若不为空，则使 p1 指针指向链表的第一个节点。进入 while 语句后逐个查找是否存在要查询的节点，有则直接返回该节点的地址(return p1)，若直到表尾还没查到，则返回 NULL。

6. 修改节点

【例 8.12】 编写一个 modify()函数，实现修改某个学号学生成绩的功能。

```
NODE *modify(NODE *head, int modifynum, float modifyscore)
{
    NODE *p;
    p=search(head, modifynum);
    if(p==NULL)
        return NULL;
    else
        p->score=modifyscore;
    return p;
}
```

函数有 3 个形参，head 为链表头节点指针，modifynum 为待修改节点的学号，modifyscore 为待修改节点的成绩。函数体内，先调用 search()函数查询该节点是否存在，存在则继续修改，不存在则返回 NULL。

此函数的参数还可以将 modifynum 和 modifyscore 封装到一个 NODE 类型的变量中，将函数声明修改为“*modify(NODE *head, NODE modifynode); ”。

【例 8.13】 编写一个完整程序，调用以上的创建、插入、删除、查询和修改函数，完成链表的全部操作。

```
#include<stdio.h>
#include<stdlib.h>
typedef struct node
{
    int num;
    float score;
    struct node *next;
}NODE;
NODE * create(int n);
void print(NODE *head);
NODE *insert(NODE *head, NODE *newnode);
NODE *del(NODE *head, int delnum);
NODE *search(NODE *head, int searchnum);
NODE *modify(NODE *head, int modifynum, float modifyscore);
int menu();                                  //菜单函数
int main()
```

```
{
    int n, choice, num; ;
    NODE *head=NULL;                    //头指针
    NODE *newnode=NULL;                 //待插入节点指针
    NODE *searchresult=NULL;            //查询到的节点指针
    NODE *modifynode=NULL;              //待修改节点指针
    while(1)
    {
        choice=menu();
        switch(choice)
        {
            case 1:                     //创建链表
                printf("请输入节点的个数：");
                scanf("%d", &n);
                head=create(n);
                break;
            case 2:                     //插入节点
                newnode=(NODE *)malloc(sizeof(NODE));
                printf("请输入待插入节点的数据：");
                scanf("%d%f", &newnode->num, &newnode->score);
                head=insert(head, newnode);
                break;
            case 3:                     //删除节点
                printf("请输入待删除的节点的学号：");
                scanf("%d", &num);
                head=del(head, num);
                break;
            case 4:                     //查找节点
                printf("请输入待查询的节点的学号：");
                scanf("%d", &num);
                searchresult=search(head, num);
                if(searchresult==NULL)
                    printf("查无此人！\n");
                else
                    printf("学号：%d 成绩：%f\n", searchresult->num, searchresult->score);
                break;
            case 5:                     //输出链表
                print(head);
                break;
```

```
            case 6:                           //修改节点
                printf("请输入修改节点的学号：");
                scanf("%d", &num);
                modifynode=search(head, num);
                if(modifynode==NULL)
                    printf("查无此人！\n");
                else
                {
                    printf("成绩：%.1f，请输入修改后的成绩：", modifynode->score);
                    float tscore;
                    char tempinput;
                    scanf("%f", &tscore);
                    while(1)
                    {
                        printf("确认修改(y/n)？");
                        getchar();
                        tempinput=getchar();
                        if(tempinput=='n'||tempinput=='N')
                            break;
                        else if(tempinput=='y'||tempinput=='Y')
                        {
                            modifynode->score=tscore; modifynode=modify(head, num, tscore);
                            if(modifynode!=NULL)
                                printf("修改成功！\n");
                            break;
                        }
                    }
                }
                break;
            case 7:
                return 0;
        }
    }
    return 0;
}
int menu()
{
    int choice=0;
    printf("**********************\n");
```

```
    printf("* 1.创建链表 2.插入节点 *\n");
    printf("* 3.删除节点 4.查找节点 *\n");
    printf("* 5.输出链表 6.修改节点 *\n");
    printf("* 7.退出                *\n");
    printf("**********************\n");
    printf("请选择操作(1-7)：");
    while(1)
    {
        scanf("%d", &choice);
        if(choice>7||choice<1)
            printf("输入错误，选择操作(1-7)：");
        else
            break;
    }
    return choice;
}
```

此示例代码未完整地给出创建、插入、删除、查找、修改和输出操作的函数，可参考例8.7～例8.12的函数定义。程序运行的结果如图8.10所示。

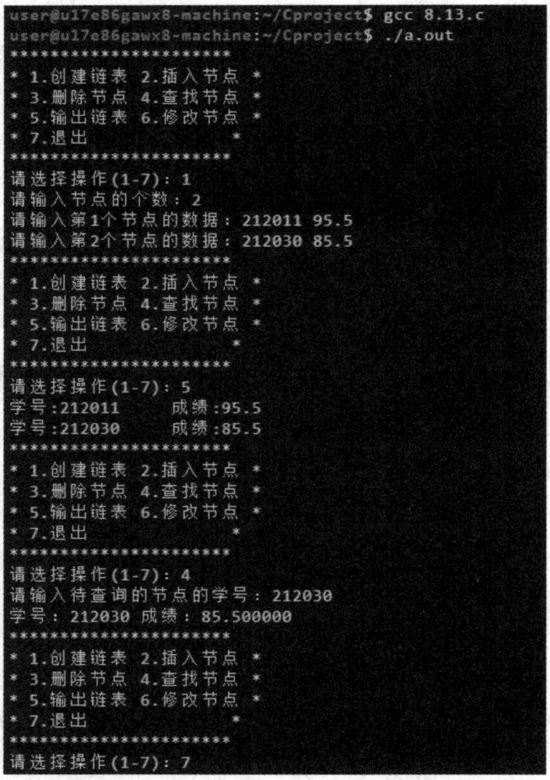

```
user@u17e86gawx8-machine:~/Cproject$ gcc 8.13.c
user@u17e86gawx8-machine:~/Cproject$ ./a.out
**********************
* 1.创建链表 2.插入节点 *
* 3.删除节点 4.查找节点 *
* 5.输出链表 6.修改节点 *
* 7.退出               *
**********************
请选择操作(1-7): 1
请输入节点的个数: 2
请输入第1个节点的数据: 212011 95.5
请输入第2个节点的数据: 212030 85.5
**********************
* 1.创建链表 2.插入节点 *
* 3.删除节点 4.查找节点 *
* 5.输出链表 6.修改节点 *
* 7.退出               *
**********************
请选择操作(1-7): 5
学号:212011     成绩:95.5
学号:212030     成绩:85.5
**********************
* 1.创建链表 2.插入节点 *
* 3.删除节点 4.查找节点 *
* 5.输出链表 6.修改节点 *
* 7.退出               *
**********************
请选择操作(1-7): 4
请输入待查询的节点的学号: 212030
学号: 212030 成绩: 85.500000
**********************
* 1.创建链表 2.插入节点 *
* 3.删除节点 4.查找节点 *
* 5.输出链表 6.修改节点 *
* 7.退出               *
**********************
请选择操作(1-7): 7
```

图8.10　例8.13程序运行结果

8.5 共 用 体

8.5.1 共用体类型和共用体变量

结构体是一种构造类型或复杂类型，它可以包含多个类型不同的成员。在 C 语言中，还有另外一种和结构体非常类似的构造类型——共用体(union)，其作用是相同的内存位置存储不同的数据成员。

1. 共用体类型定义

使用关键字 union 来定义共用体，定义的一般格式如下：

```
union 共用体名
{
    成员说明;
};
```

语法规则：

① union 是关键字，表示开始定义共用体类型；

② 共用体名要遵循标识符定义的规则；

③ 大括号“{ }”不能省略，多个数据成员的定义用此大括号括起来；

④ 成员说明的形式类似变量、数组或者指针等的定义，但不能为成员进行初始化；

⑤ 大括号“{ }”后的分号不能省略。

例如：

```
union data
{
    char c_data;
    int i_data;
};
```

2. 共用体变量的定义

(1) 将共用体类型与变量同时定义：

```
union 共用体名
{
    成员说明;
}共用体变量列表;
```

语法规则：

① 共用体变量在共用体类型定义的右大括号后进行定义，变量名要遵循标识符命名规则；

② 可以同时定义多个变量，变量之间用逗号分隔；

③ 共用体类型定义最后的分号，改在共用体变量名之后。

例如：

```
union data
{
    char c_data;
    int i_data;
}x, y;
```

(2) 先定义共用体类型，然后定义共用体变量。共用体变量定义的一般形式如下：

共用体类型 变量名;

语法规则：

① 共用体变量名要遵循标识符命名规则；

② 可以同时定义多个变量，变量之间用逗号分隔；

③ 关键字 union 要与共用体名一起使用，共同构成共用体类型名。

例如：

```
union data x, y;
```

即先声明一个 union data 类型，再将 x, y 定义为该类型的变量。

(3) 省略共用体名，语法形式如下：

```
union
{
    成员说明;
}共用体变量;
```

语法规则：

① 此种方式在定义共用体类型时省略了共用体的名字，没有完整的共用体类型名，被称为无名称的共用体类型；

② 使用无名称的共用体类型定义共用体变量，共用体变量只能跟在右大括号后，不能在其他位置再定义此共用体类型的变量；

③ 共用体类型没有名字，无法用它来声明函数的形参类型或者函数的返回值类型。

例如：

```
union
{
    char c_data;
    int i_data;
}x, y;
```

8.5.2 引用共用体变量的方式

1. 共用体变量引用该共用体成员

在定义共用体变量之后，就可以引用该共用体变量的某个成员。共用体变量的引用形式为：

共用体变量名.成员项;

例如：

```
union data
{
    char c_data;
    int i_data;
}a;
a.c_data='W';
a.i_data=200;
```

2. 共用体类型的字节长度

共用体的各个成员是以同一个地址开始存放的，每一个时刻只能存储一个成员，这样就要求它在分配内存单元时要满足两点：

① 通常情况下，共用体类型实际占用存储空间为其最长的成员所占的存储空间；

② 若该最长的存储空间对其他成员的类型字节数不满足整除关系，该最大空间自动延伸。

【例 8.14】 阅读程序，分析共用体类型占用字节数的规则。

```
# include <stdio.h>
union test
{   char a[10];   //字节长度为 10
    short int n;  //字节长度为 2
    float f;      //字节长度为 4
}t;
int main()
{   printf("short int 字节数：%ld\n", sizeof(short int));
    printf("共用体变量 t 字节数：%ld\n", sizeof(t));
    return 0;
}
```

程序运行结果如图 8.11 所示。

```
user@ekwphqrdar-machine:~/Cproject$ gcc 8.14.c
user@ekwphqrdar-machine:~/Cproject$ ./a.out
short int字节数：2
共用体变量t字节数：12
```

图 8.11　例 8.14 程序运行结果

程序中，字节数最长的成员是数组 a，所占的存储空间是 10 个字节，另外一个成员是单精度浮点数占 4 个字节，10 无法整除 4，因此需要延伸共用体的内存空间字节数，既要大于 10，又要满足是其他成员所需空间的整数倍，所以共用体变量变为 12 个字节。

【例 8.15】 阅读程序，分析共用体成员之间值的相互影响的规则。

```
#include <stdio.h>
union data
{   int n;
```

```
        char ch;
        short m;
    };
    int main()
    {   union data a;
        printf("sizeof(a)=%ld, sizeof(union data)=%ld\n", sizeof(a), sizeof(union data));
        a.n=0x40;
        printf("a.n=0x40 时， a.n=%X, a.ch=%c, a.m=%hX\n", a.n, a.ch, a.m);
        a.ch='9';
        printf("a.ch='9'时， a.n=%X, a.ch=%c, a.m=%hX\n", a.n, a.ch, a.m);
        a.m=0x2059;
        printf("a.m=0x2059 时， a.n=%X, a.ch=%c, a.m=%hX\n", a.n, a.ch, a.m);
        a.n=0x3E25AD54;
        printf("a.n=0x3E25AD54 时， a.n=%X, a.ch=%c, a.m=%hX\n", a.n, a.ch, a.m);
        return 0;
    }
```

程序运行结果如图 8.12 所示。

```
user@ekwphqrdar-machine:~/Cproject$ gcc 8.15.c
user@ekwphqrdar-machine:~/Cproject$ ./a.out
sizeof(a)=4,sizeof(union data)=4
a.n=0x40时， a.n=40,a.ch=@,a.m=40
a.ch='9'时， a.n=39,a.ch=9,a.m=39
a.m=0x2059时， a.n=2059,a.ch=Y,a.m=2059
a.n=0x3E25AD54时， a.n=3E25AD54,a.ch=T,a.m=AD54
```

图 8.12　例 8.15 程序运行结果

共用体中所有成员在内存中共享同一块内存空间，所有成员数据从低位开始对齐，当前赋值的成员数据，可能会影响其他成员的数据值。例 8.15 中，当“a.n=0x3E25AD54; ”赋值之后，成员 n 的低 2 位字节会覆盖成员 m 原本的值，因此输出成员 m 的值为 AD54。成员在内存中存储情况如图 8.13 所示。

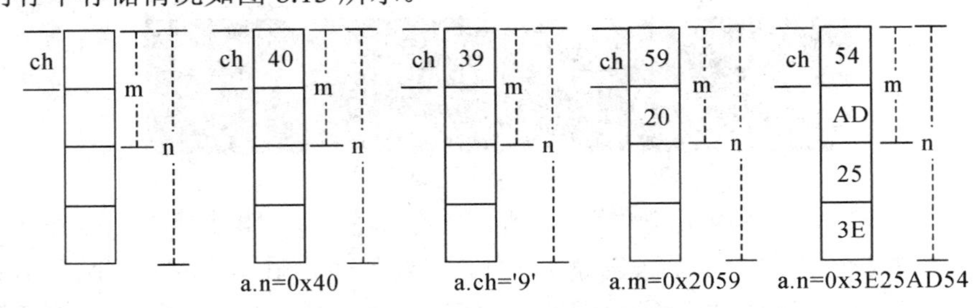

图 8.13　例 8.15 成员在内存中存储情况示意图

3. 共用体变量初始化

(1) 定义共用体变量同时初始化。

语法规则：

① 在定义变量的同时，使用{ }将初始值赋给成员；

② 只能赋一个常量或常量表达式。

例如：

```
union data
{
    int n;
    char ch;
    short m;
};
union data d={64};
```

(2) 先定义共用体变量，需要时再初始化，此时只能单独调用成员进行初始化。

例如：

```
union data
{
    int n;
    char ch;
    short m;
};
union data d;
…
d.n=64;
```

4. 共用体类型数据的特点

(1) 共用体虽然可以有多个成员，但在某一时刻，只能使用其中的一个成员；

(2) 可以对共用体变量初始化，但初始化表中只能有一个常量；

(3) 共用体变量中起作用的成员是最后一次被赋值的成员，在对共用体变量中的某一个成员赋值后，原有变量存储单元中的值就被取代；

(4) 共用体变量的地址和它的各成员的地址是同一地址；

(5) 不能对共用体变量名赋值，也不能企图引用变量名来得到一个值。

【例 8.16】 有若干个人员的数据，其中有学生和教师。学生的数据包括姓名、号码、性别、职业、成绩。教师的数据包括姓名、号码、性别、职业、专业。所有人员数据要求用同一个表格来处理。

```
#include <stdio.h>
#include <stdlib.h>
#define TOTAL 4   //人员总数
struct
{
    char name[20];
    int num;
    char sex;
```

```
        char profession;
        union{
            float score;
            char course[20];
        } sc;
    }p[TOTAL];
    int main()
    {   int i;
        //输入人员信息
        for(i=0; i<TOTAL; i++){
            printf("请输入: ");
            scanf("%s %d %c %c", p[i].name, &(p[i].num), &(p[i].sex), &(p[i].profession));
            if(p[i].profession=='s')                //如果是学生
                scanf("%f", &p[i].sc.score);
            else   //如果是老师
                scanf("%s", p[i].sc.course);
            fflush(stdin);
        }
        //输出人员信息
        printf("\n 姓名\t\t 编号\t\t 性别\t 职业\t\t 成绩/课程\n");
        for(i=0; i<TOTAL; i++){
            printf("%s\t%d\t%c\t%c\t\t", p[i].name, p[i].num, p[i].sex, p[i].profession);
            if(p[i].profession=='s')                //如果是学生
                printf("%.2f\n", p[i].sc.score);
            else                                    //如果是老师
                printf("%s\n", p[i].sc.course);
        }
        return 0;
    }
```

程序运行结果如图 8.14 所示。

```
user@ekwphqrdar-machine:~/Cproject$ gcc 8.16.c
user@ekwphqrdar-machine:~/Cproject$ ./a.out
请输入: zhaosi 21001 F s 90.5
请输入: lisi 10011 M t math
请输入: wangwu 10100 M t english
请输入: dinger 21004 F s 95

姓名            编号            性别    职业
成绩/课程
zhaosi  21001   F       s               90.50
lisi    10011   M       t               math
wangwu  10100   M       t               english
dinger  21004   F       s               95.00
```

图 8.14　例 8.16 程序运行结果

本章小结

本章介绍了结构体和共用体的相关知识，最重要的是结构体的使用方法，另外还介绍了共用体的概念和使用方法，主要内容包括：

(1) 结构体的概念、定义；

(2) 结构体变量的定义、初始化和使用；

(3) 结构体数组和结构体指针的应用；

(4) 简单链表的创建、插入、节点删除等操作；

(5) 共用体的概念和定义，共用体变量的定义、初始化和使用。

习　题

一、选择题

1. 已知学生记录描述为

```
struct student
{
    int no;
    char name[20];
    char sex;
    struct
    {
        int year;
        int month;
        int day;
    }birth;
};
struct student s;
```

设变量 s 中的“生日”应是“1984 年 11 月 11 日”，下列对“生日”的正确赋值方式是__________。

(A)
```
s.birth.year=1984;
s.birth.month=11;
s.birth.day=11;
```

(B)
```
year=1984;
month=11;
day=11;
```

(C)
```
birth.year=1984;
birth.month=11;
birth.day=11;
```

(D)
```
s.year=1984;
s.month=11;
s.day=11;
```

2. 若有以下定义和语句:

```
union data
{
    int i;
    char c;
    float f;
}a;
int n;
```

则以下语句正确的是________。

(A) printf("%d\n", a);　　(B) a=5;

(C) n=a;　　(D) a.i=2;

3. 设有如下定义:

```
struct sk
{
    int a;
    float b;
}data;
int *p;
```

若要使 p 指向 data 中的 a 域，正确的赋值语句是________。

(A) p=data.a;　　(B) p=&data.a;

(C) *p=data.a　　(D) p=&a;

4. C 语言结构体类型变量在程序执行期间________。

(A) 只有一个成员驻留在内存中　　(B) 没有成员驻留在内存中

(C) 所有成员一直驻留在内存中　　(D) 部分成员驻留在内存中

5. 以下选项中不能正确把 cl 定义成结构体变量的是________。

(A)
```
struct color
{
    int red;
    int green;
    int blue;
} cl;
```

(B)
```
typedef struct
{
    int red;
    int green;
    int blue;
}C;
C cl;
```

(C)
```
struct
{
    int red;
    int green;
    int blue;
}cl;
```

(D)
```
struct color cl
{
    int red;
    int green;
    int blue;
};
```

6. 以下对结构体类型变量的定义中不正确的是__________。

(A)
```
struct
{
    int num;
    float age;
}student;
struct student std1;
```

(B)
```
struct student
{
    int num;
    float age;
}std1;
```

(C)
```
struct student
{
    int num;
    float age;
}
struct student stdl;
```

(D)
```
struct
{
    int num;
    float age;
}std1;
```

7. 若有以下说明和语句：

```
struct student
{
    int age;
    int num;
}std, *p;
p=&std;
```

则以下对结构体变量 std 中成员 age 的引用方式不正确的是__________。

(A) *p.age　　(B) std.age　　(C) p->age　　(D) (*p).age

8. 若有以下声明语句：

```
typedef struct
{
    int n;
    struct { int y, m, d; } date;
}PERSON;
```

则下面定义结构体数组并赋初值的语句中错误的是__________。

(A) PERSON x[2]={1, 04, 10, 1, 2, 04, 12, 30};

(B) PERSON x[2]={{1, 04, 10, 1}, {2, 04, 12, 30}};

(C) PERSON x[2]={1, {04, 10, 1}, 2, {04, 12, 30}};

(D) PERSON x[2]={{1}, 04, 10, 1, {2}, 04, 12, 30};

9. 若有如下说明：

```
typedef struct
{ int n; char c; double x; }STD;
```

则以下选项中，能正确定义结构体数组并赋初值的语句是__________。

(A) STD tt[2]={1, "A", 62, 2, "B", 75};

(B) struct tt[2]={{1, "A", 62.5}, {2, "B", 75.0}};

(C)　STD tt[2]={{1, 'A', 62}, {2, 'B', 75}};

(D)　struct tt[2]={{1, 'A'}, {2, 'B'}};

10. 若有以下说明和语句，则下面表达式中值为1002的是________。

```
struct student
{
    int age;
    int num;
};
struct student stu[3]={{1001, 20}, {1002, 19}, {1003, 21}};
struct student *p;
p=stu;
```

(A) (*p).num　　(B) (p++)->num

(C) (*++p).age　　(D) (p++)->age

11. 以下对结构体变量stu1中成员age的非法引用是________。

```
struct student
{
    int age;
    int num;
}stu1, *p;
p=&stu1;
```

(A) p->age　　(B) stu1.age

(C) (*p).age　　(D) student.age

12. 若指针p已正确定义，要使p指向两个连续的整型动态存储单元，不正确的语句是________。

(A)　p=(int*)malloc(2*sizeof(int));

(B)　p=(int*)calloc(2, sizeof(int));

(C)　p=2*(int*)malloc(sizeof(int));

(D)　p=(int*)malloc(2*4);

13. 有以下程序：

```
#include<stdio.h>
struct STU
{
    char num[10];
    float score[3];
};
int main()
{
    struct STU s[3]={
            {"20021", 90, 95, 85},
```

```
                {"20022", 95, 80, 75},
                {"20023", 100, 95, 90}};
    struct STU *p=s;
    int i; float sum=0;
    for(i=0; i<3; i++)
        sum=sum+p->score[i];
    printf("%6.2f\n", sum);
    return 0;
}
```

程序运行后的输出结果是________。

(A) 280.00　　(B) 260.00　　(C) 285.00　　(D) 270.00

14. 下列程序运行结果是________。

```
union myun
{
    struct
    {
        int x;
        int y;
        int z;
    }u;
    int k;
}a;
int main()
{
    a.u.x=4;
    a.u.y=5;
    a.u.z=6;
    a.k=0;
    printf("%d\n", a.u.x);
    return 0;
}
```

(A) −1　　(B) 0　　(C) 1　　(D) 2

15. 若已建立下面的链表结构，指针 p、q 分别指向图 8-8 中所示节点，则不能将 q 所指节点插入带链表末尾的一组语句是______。

data　next

a　|　→　b　NULL　　c

p

(A)　q->next=NULL; p=p->next; p->next=q;

(B)　p=p->next; q->next=p->next; p->next=q;

(C)　p=p->next; q->next=p; p->next=q;

(D)　p=(*p).next; (*p).next=(*p).next; (*p).next=q;

16. 若有以下说明和语句，则对 pup 中 sex 域的正确引用方式是______。

```
struct pupil
{
    char name [20];
    int sex;
}pup, *p;
p=&pup;
```

(A) (*p).sex　　(B) p.pup.sex

(C) p->pup.sex　　(D) (*p).pup.sex

17. 当说明一个共用体变量时系统分配给它的内存是______。

(A) 结构中第一个成员所需内存量

(B) 成员中占内存量最大者所需的容量

(C) 结构中最后一个成员所需内存量

(D) 各成员所需内存量的总和

18. 以下对 C 语言中共用体类型数据的叙述正确的是______。

(A) 一个共用体变量中可以同时存放其所有成员

(B) 一个共用体变量中不能同时存放其所有成员

(C) 共用体类型定义中不能出现结构体类型的成员

(D) 可以对共用体变量名直接赋值

19. C 语言共用体类型变量在程序运行期间______。

(A) 部分成员驻留在内存中

(B) 所有成员一直驻留在内存中

(C) 没有成员驻留在内存中

(D) 只有一个成员驻留在内存中

20. 下面程序的运行结果是______。

```
#include "stdio.h"
int main()
{
    union
    {
        int a[2];
        long b;
        char c[4];
    }s;
    s.a[0]=0x39;
    s.a[1]=0x38;
```

```
        printf("%lx\n", s.b);
        printf("%c", s.c[0]);
        return 0;
    }
```

(A) 3938　38　　(B) 390038　39

(C) 3839　8　　(D) 39　9

21. 若有以下说明，则下面不正确的叙述是______。

```
union data
{
    int i;
    char c;
    float f;
}un;
```

(A) un 的地址和它的各成员地址都是同一地址

(B) un 可以作为函数参数

(C) 不能对 un 赋值，但可以在定义 un 时对它初始化

(D) un 所占的内存长度等于成员 f 的长度

二、填空题

1. 以下程序的运行结果是________。

```
struct n
{
    int x;
    char c;
};
int main()
{
    struct n a={10, 'x'};
    func(a);
    printf("%d, %c", a.x, a.c);
    return 0;
}
void func(struct n b)
{
    b.x=20;
    b.c='y';
}
```

2. 下面程序的运行结果是________。

```
#include "stdio.h"
```

```
int main()
{
    struct cmplx
    {
        int x;
        int y;
    }cnum[2]={1, 3, 2, 7};
    printf("%d\n", cnum[0].y/cnum[0].x*cnum[1].x);
    return 0;
}
```

3. 以下程序用来输出结构体变量 ex 所占存储单元的字节数，试填空。

```
struct st
{
    char name[20];
    double score;
};
int main()
{
    struct st ex;
    printf("ex size: %d\n", sizeof(__________));
    return 0;
}
```

4. 当说明一个结构体变量时，系统分配给它的内存是各成员所需内存量的________。

5. 以下程序的运行结果是________。

```
#include <stdio.h>
int main()
{
    struct EXAMPLE
    {
        struct
        {
            int x;
            int y;
        }in;
        int a;
        int b;
    }e;
    e.a=1; e.b=2;
    e.in.x=e.a*e.b;
```

```
        e.in.y=e.a+e.b;
        printf("%d, %d", e.in.x, e.in.y);
        return 0;
    }
```

6. 以下程序用“比较计数”法对结构数组 a 按字段 num 进行降序排列。“比较计数”法的基本思想是：通过另一字段 con 记录 a 中小于某一特定关键字的元素的个数，待算法结束，a[i].con 就是 a[i].num 在 a 中的排序位置。在空格内填入正确内容。

```
#include <stdio.h>
#define N 8
struct c
{
    int num;
    int con;
}a[16];
int main()
{
    int j, i;
    for(i=0; i<N; i++)
    {
        scanf("%d", &a[i].num);
        a[i].con=0;
    }
    for(i=N-1; i>-1; i--)
    for(j=i-1; j>=0; j--)
        if(________________)
            a[j].con++;
        else
            a[i].con++;
    for(i=0; i<N; i++)
        printf("%d, %d\n", a[i].num, a[i].con);
}
```

7. 下面程序的功能是在结构体数组中查找分数最高和最低学生的姓名和成绩，填空补全程序。

```
#include<stdio.h>
int main()
{
    int imax, imin, i, j;
    struct
    {
```

```
        char name[8];
        int score;
    }stud[5]={"李萍", 92, "王兵", 72, "钟虎", 83, "孙逊", 60, "徐军", 88};
    imax=imin=0;
    for(i=1; i<5; i++)
        if(stud[i].score>stud[imax].score)
            imax=i;
        else if(stud[i].score<stud[imin].score)
            __________________;
    printf("最高分:%s, %d\n", stud[imax].name, stud[imax].score);
    printf("最低分:%s, %d\n", stud[imin].name, stud[imin].score);
    return 0;
}
```

8. 设有 3 人的姓名和年龄存在结构体数组中，以下程序输出 3 人中年龄居中者的姓名和年龄。填空补全程序。

```
#include<stdio.h>
static struct man
{
    char name[20];
    int age;
}person[ ]={"li-ming", 18, "wang-hua", 19, "zhang-ping", 20};
int main()
{
    int i, j, max, min;
    max=min=person[0].age;
    for(i=1; i<3; i++)
        if(person[i].age>max)
            max=person[i].age;
        else if(person[i].age<min)
            min=person[i].age;
    for(i=0; i<3; i++)
        if(person[i].age!=max&&person[i].age!=min)
        {
            printf("%s %d\n", ____________________);
            break;
        }
    return 0;
}
```

9. 以下定义的结构体类型拟包含两个成员，其中成员变量 info 用来存入整型数据；成员变量 link 是指向自身结构体的指针。将定义补充完整。

```
struct node
{
    int info;
    __________link;
}
```

10. 以下程序调用 readrec 函数把 10 名学生的学号、姓名、四项成绩以及平均分放在一个结构体数组中，学生的学号、姓名和四项成绩由键盘输入，然后计算出平均分放在结构体对应的域中，调用 writerec 函数输出 10 名学生的信息。在空格内填入正确内容(用指针形式)。

```
#include<stdio.h>
struct stud
{
    char num[5], name[10];
    int s[4];
    int ave;
};
void readrec(struct stud *rec)
{
    int i, sum;
    char ch;
    scanf("%s", rec->num);
    getchar();
    scanf("%s", rec->name);
    for(i=0; i<4; i++)
        scanf("%d", &rec->s[i]) ;                /*读入四项成绩*/
    ch=getchar();                                /*跳过输入数据最后的回车符*/
    sum=0;
    for(i=0; i<4; i++)
        sum+=rec->s[i];                          /*累加四项成绩*/
    rec->ave=sum/4.0;
}
void writerec(__________)
{
    int k, i;
    for(k=0; k<10; k++)
    {
        printf("NUM:%s MANE:%s\n", (*(s+k)).num, (*(s+k)).name);
        for(i=0; i<4; i++)
```

```
                printf("MARK:%5d", (*(s+k)).s[i]); /*输出四项成绩*/
            printf("AVE:%5d\n", (*(s+k)).ave);
        }
}
int main()
{
    struct stud st[30];
    int k;
    for(k=0; k<10; k++)
        readrec(&st[k]);
    writerec(st);
    return 0;
}
```

11. 以下程序的运行结果为__________________。

```
#include<stdio.h>
struct s
{
    int a;
    float b;
    char *c;
};
int main()
{
    struct s x={19, 83.5, "zhang"};
    struct s *px=&x;
    printf("%d %.1f%s", x.a, x.b, x.c);
    printf("%d %.1f%s", px->a, (*px).b, px->c);
    printf("%c %s", *px->c-1, &px->c[1]);
    return 0;
}
```

12. 以下程序的功能是计算并打印复数的差。在空格内填入正确内容。

```
#include<stdio.h>
struct comp
{
    float re;
    float im;
};
struct comp *m(struct comp *x, struct comp *y)
{
```

```
        struct comp *z;
        z=(struct comp *)malloc(sizeof(struct comp));
        z->re=x->re-y->re;
        z->im=x->im-y->im;
        return(z);
    }
    int main()
    {
        struct comp *t;
        struct comp a, b;
        a.re=1;
        a.im=2;
        b.re=3;
        b.im=4;
        t=m(____________);
        printf("z.re=%f, z.im=%f", t->re, t->im);
        return 0;
    }
```

13. 以下程序的功能是统计链表中节点的个数(count)，其中 first 为指向头节点的指针，填空补全程序。

```
#include<stdio.h>
struct node
{
    int data;
    stuct node *next;
};
...
struct node *p, *first;
int count=0;
p=first;
while(p->next!=NULL)
{
    ______________;
    p=p->next;
}
```

14. 已知 head 指向一个带头节点的单向链表，链表中每个节点包含整型数据域(data)和指针域(next)。链表中各节点按数据域递增有序链接，以下函数删除链表中数据域值相同的节点，相同值只保留一个(去偶)。填空补全程序。

```
#include<stdio.h>
```

```
#include<stdlib.h>
typedef int datatype;
typedef struct node
{
    datatype data;
    struct node *next;
}linklist;
void purge(linklist *head)
{
    linklist *p, *q;
    q=head->next;
    if(q==NULL)
        return;
    p=q->next;
    while(p!=NULL)
        if(p->data==q->data)
        {
            ________________;
            free(p);
            p=q->next;
        }
        else
        {
            q=p;
            p=p->next;
        }
}
```

15. 以下程序的功能是建立一个带有头节点的单向链表，并将存储在数组中的字符依次转存到链表的各个节点中，填空补全程序。

```
struct node
{
    char data;
    struct node *next;
};
____________ creatList(char *s)
{
    struct node *h, *p, *q;
    h=(struct node *)malloc(sizeof(struct node));
    p=q=h;
```

```
        while(*s!='\0')
        {
            p=(struct node *)malloc(sizeof(struct node));
            p->data=*s ;
            q->next=p;
            q=p;
            s++;
        }
        p->next='\0';
        return h;
    }
    int main()
    {
        char str[]="link list";
        struct node *head;
        head=creatList(str);
        ...
        return 0;
    }
```

16. 下列程序的运行结果是____________。

```
#include<stdio.h>
int main()
{
    union
    {
        int k;
        char c[4];
    }*s, a;
    s=&a;
    s->c[0]=0x54;
    s->c[1]=0x48;
    s->c[2]=0x39;
    s->c[3]=0x12;
    printf("%x\n", s->k);
}
```

17. 若有如下定义语句，则变量 w 在内存中所占的字节数是____________。

```
#include<stdio.h>
union aa
{
```

```
    float x;
    char c[6];
};
struct st
{
    union aa v;
    float w[5];
    double ave;
}w;
int main()
{
    printf("%ld\n", sizeof(struct st));
    return 0;
}
```

18. 以下程序的运行结果是____________。

```
#include<stdio.h>
int main()
{
    union EXAMPLE
    {
        struct
        {
            int x;
            int y;
        }in;
        int a;
        int b;
    }e;
    e.a=1;
    e.b=2;
    e.in.x=e.a*e.b;
    e.in.y=e.a+e.b;
    printf("%d%d", e.in.x, e.in.y);
    return 0;
}
```

19. 以下程序的运行结果为____________________________________。

```
#include<stdio.h>
struct w
{
```

```
    char low;
    char high;
};
union u
{
    struct w byte;
    int word;
}uu;
int main()
{
    uu.word=0x1234;
    printf("Word value:%04x ", uu.word);
    printf("High value:%02x ", uu.byte.high);
    printf("Low value:%02x ", uu.byte.low);
    uu.byte.low=0xff;
    printf("Word value:%04x ", uu.word);
    return 0;
}
```

20. 以下程序的运行结果为____________。

```
#include<stdio.h>
struct w
{
    char low;
    char high;
};
union u
{
    struct w byte;
    int word;
}uu;
int main()
{
    uu.word=0x1234;
    printf("%x", uu.byte.high);
    uu.byte.low=0xff;
    printf("%x", uu.word);
    return 0;
```

```
}
```

21. 写出下列程序的运行结果____________。

```
#include<stdio.h>
union st
{
    int i;
    char ch[2];
}a;
int main()
{
    a.ch[0]=13;
    a.ch[1]=0;
    printf("%d\n", a.i);
    return 0;
}
```

22. 以下程序的运行结果是____________。

```
#include<stdio.h>
int main()
{
    struct EXAMPLE
    {
        union
        {
            int x;
            int y;
        }in;
        int a;
        int b;
    }e;
    e.a=1; e.b=2;
    e.in.x=e.a*e.b;
    e.in.y=e.a+e.b;
    printf("%d, %d", e.in.x, e.in.y);
    return 0;
}
```

三、程序设计题

1. 试利用结构体类型编制一个程序，实现输入一个学生的数学期中和期末考试成绩，然后计算并输出其平均成绩。

2. 编写一个函数 print，打印一个学生的成绩数组，该数组中有 *n* 个学生的数据记录，每个记录包括 num、name 和 score[3]，用主函数输入 *n* 个学生的数据记录。

3. 有两个链表 a 和 b，设节点中包含学号、姓名。从 a 链表中删去与 b 链表中有相同学号的所有节点。

4. 以下程序用来按学生姓名查询其排名和平均成绩。*n* 个学生的排名、姓名和成绩数据从键盘输入。查询可连续进行，直到键入 0 时结束程序。

第 9 章　文　件

前面各章所使用的输入和输出，都是以终端作为处理对象，即通过键盘输入数据，计算机经过处理后，将运行结果通过显示器进行输出。这种方式的输入和输出，使得程序员每次运行都需要手动进行输入，而结果也无法进行保存。但在实际的使用中，往往需要将数据保存到磁盘上，以便后续使用，这就需要使用到文件。在 C 语言中对于文件的处理通常包括打开、读写、关闭等操作，本章重点介绍如何使用文件处理函数实现对文件的不同操作。

9.1　概　述

9.1.1　文件

在使用计算机时经常会使用到文件，内存中的数据只有保存在存储器上才能够在后续进行查看，这样就需要将数据存储到文件中。所谓文件一般是指存储在外部存储器中的一组相关数据的集合。文件用唯一文件名(包括路径)作为标识，需要对文件进行读/写操作时，可以通过文件名找到对应的文件。

路径分为绝对路径与相对路径两种，绝对路径是指文件从根目录开始，按照一级一级的顺序直到文件为止。例如，“D:\C 语言\第 9 章\例 9.1\file1.txt”，这种路径的引用形式较为清晰，但实际应用中却存在问题。如果在程序中使用上面这条绝对路径来处理 file1 文件，当把名为“例 9.1”的这个文件夹复制到另一文件夹或另一台电脑中时，可能由于无法找到 D 盘的“C 语言”或“第 9 章”文件夹，从而无法打开文件。为了解决这种问题，可以使用相对路径，相对路径是指相对于当前的文件位置的路径，例如，若 file1.txt 与需要使用文件的程序“main.c”存放在同一文件夹下，这时就可以使用“file1.txt”这样一条相对于程序位置的路径。这种路径形式无论如何移动，都可以使程序准确地找到指定的文件，本章的例题中均使用相对路径。

前面的程序中涉及数据的读/写操作都是以计算机的输入/输出设备作为对象的，在操作系统中，不同的硬件设备也都被看成是一个文件，对计算机而言，无论数据的来源是硬件设备还是文件，都相当于是对于文件的操作。C 语言中，为终端提供了标准输入文件(名为 stdin)和标准输出文件(名为 stdout)，当程序运行时，默认会打开这两个文件流，这样就可以对终端进行输入/输出操作。通常把键盘称为标准输入文件，scanf()、getchar()函数从 stdin 文件获取输入数据；把显示器称为标准输出文件，printf()、putchar()函数向 stdout 文件输出数据。

9.1.2 文件的类型

C 语言中通常把文件看作多个字符的集合，根据文件中数据存储形式的不同，文件分为两种存储类型，分别为文本文件及二进制文件。

文本文件又称为 ASCII 文件，在文本文件中，每个字符都按照其对应的 ASCII 码进行存储，一个字符占用一个字节。当数据流在内存和文本文件之间进行流动时，会发生数据转换。例如，整数 123 在内存中按照二进制形式存储，而当写入文本文件时，会使用字符串 "123" 表示。

二进制文件则是把数据按照其在内存中存放的形式，原样输出到文件中，当数据流在内存和二进制文件之间进行流动时，不会发生任何数据转换，所有数据都以与内存中完全一致的方式存储在文件中。

例如：整数“202147”在文本文件中存储为“50 48 50 49 52 55”，每个字符均以其对应的 ASCII 码形式保存，因此一共占用 6 个字节。而在二进制文本中则按照二进制的形式存储，占用 4 个字节，如图 9.1 所示。以 ASCII 码形式存储字符时，每个字节对应一个字符，因此读取处理较为方便，但输入/输出之间存在数据的转换，并且占用较多空间；而以二进制码形式存储数据时，数据在存储器与文件之间不存在转换，节约时间及空间，但无法以单个字符为单位进行读取。

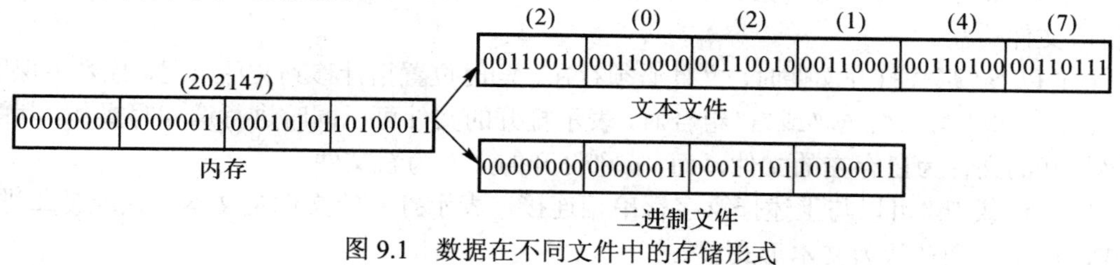

图 9.1 数据在不同文件中的存储形式

9.2 文件的打开与关闭

在 C 语言中，在对文件内容进行读/写修改之前，需要先进行文件的打开操作，结束后则需要将文件关闭。其中，打开相当于将文件与程序建立连接，而关闭则是断开文件与程序之间的连接。

9.2.1 文件的打开

C 语言规定了标准输入/输出函数，使用 fopen()函数来进行文件的打开操作。

函数原型：

```
FILE *fopen(char *filename, char *mode);
```

函数参数：第一个参数“*filename”为文件名(可使用绝对路径或相对路径)；第二个参数“*mode”为打开方式，文件的打开方式可以为只读、只写、读/写等，不同形式如表 9.1 所示。

函数返回值：文件的相关信息，包括文件名、当前位置指针、缓冲区状况等，这些信息将保存到FILE类型的结构体变量中，在stdio.h头文件中定义了该结构体类型，并将该类型变量的地址作为函数返回值返回。若打开文件出错，则返回空指针NULL，可以通过判断返回值是否为空来确定文件是否正确打开。

函数功能：以mode形式，打开名为filename的文件。

表9.1　文件打开方式

打开方式	含　义
"r"	以只读的形式打开文本文件
"w"	以写入的形式打开文本文件
"a"	以追加的形式打开文本文件
"+"	与上面字符串组合，表示以读和写方式打开文件
"t"	以文本形式打开，此方式为文件打开的默认方式，可以省略不写
"b"	以二进制形式打开

说明：

(1) 以"r"形式打开文件时，文件必须已经存在，若打开一个不存在的文件，程序会报错。

(2) 以"w"形式打开文件时，若不存在该文件，则新建并打开一个文件；若已经存在，则将原文件覆盖。

(3) 以"a"形式打开文件时，文件必须存在，同时位置指针移到文件末尾，原数据保留。

(4) 当"+"与"r"、"w"或"a"组合时，表示打开的文件可以同时进行读和写操作，其中，"r+"打开的文件为已存在的文件，而"w+"打开的文件为新文件。

(5) "t"或"b"可以与上述任意字符串相连接，表示打开的文件是文本形式或是二进制形式，如不写则默认为文本形式。

例如：

```
FILE *fp;
fp=fopen("abc.txt", "a+");
```

表示以读/写形式打开当前文件夹下的"abc.txt"文件，原文件内容不删除，并在文件末尾进行添加。

```
fp=fopen("abc.bin", "wb+");
```

表示新建名为"abc.bin"的二进制文件，该文件可进行读和写操作。

9.2.2　文件的关闭

在对文件的操作全部结束后，需要使用fclose()函数将文件关闭，以防止资源浪费或造成文件中内容的丢失。

函数原型：

```
int fclose(FILE *fp) ;
```

函数参数：参数“*fp”为程序前面获取到的文件指针。对于以"w"方式打开的文件，fclose会在关闭该文件之前刷新缓冲区(也就是将缓冲区中的内容写到文件中)。

函数返回值：当文件正常关闭时，函数返回值为 0；若关闭文件出错，则返回非零值。

函数功能：关闭 fp 指向的文件。

【例 9.1】 文件的打开与关闭。

```
#include<stdio.h>
#include<stdlib.h>
int main()
{
    FILE *fp;
    fp=fopen("data.txt", "r+");          //以读/写方式打开 data.txt 文件
    if(fp==NULL)
    {
        printf("无法打开文件。\n");
        exit(1);                 //若打开失败，则终止程序运行
    }
    fclose(fp);
    return 0;
}
```

当不存在“data.txt”文件时，程序运行结果如图 9.2 所示。

```
user@ekwphqrdar-machine:~/Cproject$ gcc 9.1.c
user@ekwphqrdar-machine:~/Cproject$ ./a.out
无法打开文件。
```

图 9.2　例 9.1 程序运行结果

9.3　文件的读/写

C 语言提供了多种文件读/写方式，可以读/写字符、字符串，格式化读/写或者按照任意大小的数据块进行读/写等。

9.3.1　读/写字符函数

1. fgetc()函数

若想要将指定文件中的一个字符读取到程序中，并将字符赋予某个变量，可使用 fgetc()函数。

函数原型：

int fgetc(FILE *fp);

函数参数：参数“*fp”为已打开文件的文件指针。

函数返回值：在文件中读取到的字符，如果读取字符出错(已读取到文件末尾)，则返回一个文件结束标志 EOF。EOF 为在 stdio.h 中定义的常量，值为 -1，用来表示文件内容的结束。由于文件中字符以其对应的 ASCII 码形式进行存储，不包括负数，因此可以使用

-1 来表示内容的结束。而在返回值处也需要使用 int 型来使 EOF 的值包含在其中。

函数功能：从 fp 指向的文件中读取一个字符。

例如：

```
char ch;
ch=fgetc(fp);
```

表示从文件中读取一个字符存储到变量 ch 中。

在文件内部有一个位置指针，用来指向当前读写的位置。每次文件打开时，该指针总指向文件的第一个字节。使用“fgetc()”函数后，该指针会自动向后移动一个字节，所以可以通过连续多次使用“fgetc()”函数，读取多个字符，无需手动更改位置指针。

另外 C 语言中还提供了“feof()”函数来判断文件是否已结束。可以使用“feof(fp)”来测试文件的位置指针是否已指向末尾，若已指向末尾，则函数返回值为非零值；否则返回 0 值。

若想顺序读取文件中的字符，可使用：

```
while(!feof(fp))
{
    c=fgetc(fp);
    …
}
```

当文件未结束时，“feof(fp)”值为 0，while 循环成立，继续执行循环内部的操作；当文件指针指向文件末尾，则“feof(fp)”值为非零，循环结束。

EOF 不可以代替“feof()”函数，EOF 包含了文件出错的情况，不可以完全用来作为判断文件结束的依据。

【例 9.2】 输出文件中的字符。

```
#include<stdio.h>
#include<stdlib.h>
int main()
{
    FILE *fp;
    int ch;
    //以只读方式打开并测试是否打开成功
    if((fp=fopen("file1.txt", "r+")) == NULL )
    {
        printf("文件打开失败！ \n");
        exit(1);
    }
    //每次读取一个字符，直到文件结束
    while((ch=fgetc(fp))!=EOF)
        putchar(ch);
```

```
    printf("\n");
    fclose(fp);
    return 0;
}
```

程序运行结果如图 9.3 所示。

```
user@ekwphqrdar-machine:~/Cproject$ gcc 9.2.c
user@ekwphqrdar-machine:~/Cproject$ ./a.out
ghtergerg
```

```
C 9.2.c    file1.txt ×
1    ghtergerg
2
```

图 9.3　例 9.2 程序运行结果

2. fputc()函数

若想要将结果输出到指定文件中，可使用 fputc()函数。

函数原型：

```
int fputc(int c, FILE *fp);
```

函数参数："*fp"表示已打开的文件指针，"c"表示需要输出的字符，可以为变量或常量。

函数返回值：当输出成功时，返回值为输出值；若出错，则返回 EOF。

函数功能：把变量 c 的值写到 fp 所指向的文件中。

例如：

```
char ch='a';
fputc(ch, fp);
```

表示将变量 ch 中保存的字符'a'写入文件 fp 的当前位置。

【例 9.3】 通过键盘向文件中输入一串字符，直到输入"#"时停止。

```
#include<stdio.h>
#include<stdlib.h>
int main()
{
    FILE *fp;
    char ch;
    //以只写方式打开文件并测试是否打开成功
    if( (fp=fopen("file1.txt", "w")) == NULL )
    {
        printf("文件打开失败!\n");
        exit(1);
    }
    printf("请输入一个字符串，以#结尾:\n");
```

```
    //每次从键盘读取一个字符并写入文件
    while ((ch=getchar())!='#')
        fputc(ch, fp);
    fclose(fp);
    return 0;
}
```

程序运行结果如图 9.4 所示。

```
user@ekwphqrdar-machine:~/Cproject$ gcc 9.3.c
user@ekwphqrdar-machine:~/Cproject$ ./a.out
请输入一个字符串，以#结尾:
dasdsdwe#
```

```
file1.txt ×
  1    dasdsdwe
```

图 9.4　例 9.3 运行结果

例 9.3 中，以"w"方式打开文件，所以运行程序后，如果当前文件夹下没有 file1.txt 文件，则会首先创建一个名为 file1.txt 的文件，然后在屏幕上输入一串字符，以“#”结束，该串字符就可被写入文件 file1.txt 中；如果已存在 file1.txt 文件，那么就会先清除文件中的内容，再把输入的字符串写入 file1.txt 文件。程序结束后可以根据路径找到对应的文件，查看其内容与输入的内容是否一致。

9.3.2　读/写字符串函数

1. fgets()函数

同 fgetc()函数相似，若要从指定文件中读取多个字符，可以使用 fgets()函数。

函数原型：

```
char *fgets(char *s, int n, FILE *fp);
```

函数参数：“*fp”表示文件指针，“n”表示可以存储的字符长度，将读取到的内容存放到字符指针“*s”中。

函数返回值：若读取成功，则返回字符数组的首地址；若读取失败时则返回 NULL。如果开始读取时文件位置指针已经指向了文件末尾，那么将读取不到任何字符，也将返回 NULL。

从文件中读取到字符串后，程序会自动在末尾添加结束字符“\0”，字符长度 n 也包括了“\0”，也就是说，实际只读取到了 n−1 个字符。因此实际使用中，如果希望读取 10 个字符，n 的值应该为 11。

函数功能：从 fp 指向的文件中读取一个长为 n−1 的字符串，并存入起始地址为 s 的一段连续内存中。

例如：

```
#define N 11
char str[N];
```

```
FILE *fp=fopen("file1.txt", "r");
fgets(str, N, fp);
```

表示从 file1.txt 中读取 10 个字符，并保存到数组 str 中。

在使用 fgets 时需要注意的是，fgets()最多只能读取一行数据，不能跨行。如果在读取到 n-1 个字符之前出现了换行符“\n”，或者读到了文件末尾，则读取结束。

2. fputs()函数

若要将多个字符写到指定的文件中，可使用 fputs()函数。

函数原型：

```
int fputs(char *s, FILE *fp);
```

函数参数：“*fp”表示文件指针，“*s”表示需要输出的字符串，可以是字符串常量、字符串数组名、字符型指针。

函数返回值：若参数输出成功，则返回值为非负值；否则返回 EOF。

函数功能：将 s 所指向的字符串输出到 fp 指向的文件中。

例如：

```
char *str = "I love China!";
FILE *fp = fopen("file1.txt", "a+");
fputs(str, fp);
```

表示将字符串“I love China!”写到文件末尾。

【例 9.4】输入一个字符串，添加在文件的下一行。

```
#include<stdio.h>
#include<stdlib.h>
#define SIZE 100
Int main()
{
    FILE *fp;
    char str[SIZE] = {0};
    if((fp=fopen("file1.txt", "a+"))==NULL)
    {
        puts("文件打开失败！\n");
        exit(1);
    }
    printf("请输入一个字符串：");
    fgets(str, 10, stdin);
    fputs("\n", fp);                    //先在文件末尾添加一个换行符
    fputs(str, fp);                     //再添加字符串
    fclose(fp);
    return 0;
}
```

程序运行结果如图9.5所示。

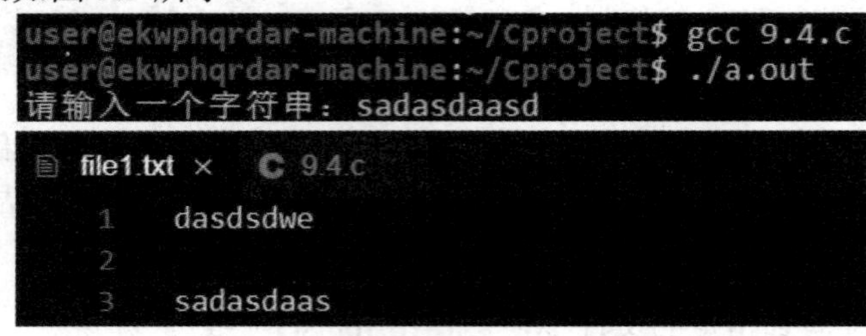

图9.5　例9.4运行结果

通过键盘输入一串字符后，可打开文件file1.txt查看是否已将字符串添加在文件的下一行。

9.3.3　格式化读/写函数

1. fscanf()函数

文件的读写类型还提供了一种类似“scanf()”函数的格式化读写方式，唯一的不同是“fscanf()”函数的操作对象不是终端而是磁盘文件。

函数原型：

int fscanf(FILE *fp, char *format, [argument...]);

函数参数：第一个参数“*fp”为文件指针，第二个参数“*format”为格式控制字符串，第三个参数“argument”为输入列表(可选)。后两者与“scanf()”函数中参数含义相同。

函数返回值：已输入的数据个数。

函数功能：从fp指向的文件中按照format指定的格式，将数据存放到argument内存地址中。

例如：

```
fscanf(fp, "%d", &a);
```

表示从已打开的fp文件的当前位置读取一个整型数据，将数据输入到变量a中。

如果把函数中的第一个参数“*fp”改为“stdin”，则fscanf函数的功能与scanf相同，都为通过键盘读取数据。

2. fprintf()函数

“fprintf()”函数与“printf()”函数类似，可以按照对应的格式来进行数据的输出。

函数原型：

int fprintf(FILE *fp, char *format, [argument...]);

函数参数：第一个参数“*fp”为文件指针，第二个参数“*format”为格式控制字符串，第三个参数“argument”为输出列表(可选)。后两者与“printf()”函数中参数含义相同。

函数返回值：输出的数据个数。

函数功能：将argument变量按照format格式输出到fp所指向的文件中。

例如：

```
fprintf(fp, "%d", a);
```

表示将变量a中的值，按整型格式输出到fp文件中位置指针所指向的位置。

同样，如果把函数中的第一个参数“*fp”改为“stdout”，则 fprintf 函数的功能与 printf 相同，都为向显示器输出数据。

【例 9.5】 从键盘输入 3 名学生的信息，包括姓名以及数学、英语、物理三门课程成绩，并计算每个学生的平均分输出到文件中，再从文件中读取，显示到屏幕上。

```
#include <stdio.h>
#include<stdlib.h>
int main()
{
    FILE *fp;
    char student_name[20];
    float math, eng, phy, total, aver;
    int i;
    if((fp=fopen("studentlist.txt", "w"))==NULL)
    {
        printf("文件打开失败!\n");
        exit(1);
    }
    printf("姓名\t 数学\t 英语\t 物理\n");
    for(i=0; i<3; i++)
    {
        scanf("%s%f%f%f", student_name, &math, &eng, &phy);
        total=math+eng+phy;
        aver=total/3;
        fprintf(fp, "%s\t%.2f\t%.2f\t%.2f\t%.2f\n", student_name, math, eng, phy, aver);
    }
    fclose(fp);
    if((fp=fopen("studentlist.txt", "r"))==NULL)
    {
        printf("文件打开失败!\n");
        exit(1);
    }
    printf("姓名\t 数学\t 英语\t 物理\t 平均分\n");
    for(i=0; i<3; i++)
    {
        fscanf(fp, "%s%f%f%f%f", student_name, &math, &eng, &phy, &aver);
        printf("%s\t%2.2f\t%2.2f\t%2.2f\t%2.2f\n", student_name, math, eng, phy, aver);
    }
    return 0;
}
```

程序运行结果如图 9.6 所示。

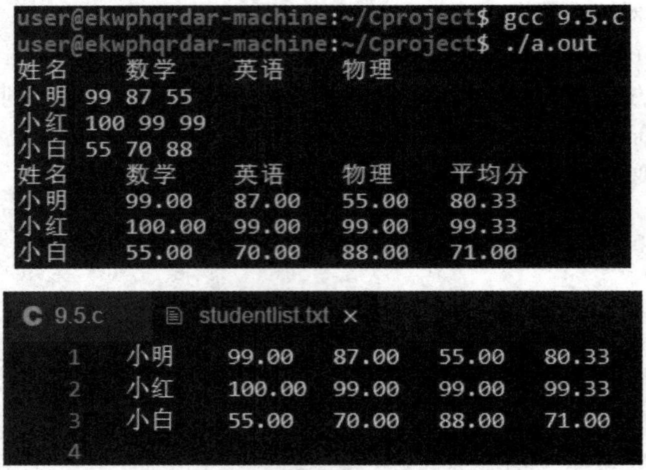

```
user@ekwphqrdar-machine:~/Cproject$ gcc 9.5.c
user@ekwphqrdar-machine:~/Cproject$ ./a.out
姓名    数学    英语    物理
小明 99 87 55
小红 100 99 99
小白 55 70 88
姓名    数学    英语    物理    平均分
小明    99.00   87.00   55.00   80.33
小红    100.00  99.00   99.00   99.33
小白    55.00   70.00   88.00   71.00
```

```
9.5.c    studentlist.txt ×
1   小明    99.00   87.00   55.00   80.33
2   小红    100.00  99.00   99.00   99.33
3   小白    55.00   70.00   88.00   71.00
4
```

图 9.6　例 9.5 程序运行结果

9.3.4　读/写数据块函数

在对文件进行的操作中，还有一种比较特殊的读写方式，按照特定内存大小的数据块进行数据的读写。

1. fread()函数

如果希望将文件中的一串连续的数据依次读取到一个数组中，可以使用“fread()”函数来实现。

函数原型：

unsigned int fread(void *ptr, unsigned int size, unsigned int nmemb, FILE *fp);

函数参数：第一个参数“*ptr”为一个指针，是数据的存放地址，第二个参数“size”是要读取的每个数据块的字节数，第三个参数“nmemb”为要读取多少个 size 大小的数据项，第四个参数“*fp”为文件指针。

函数返回值：所读数据项个数，通常与 nmemb 相等，若出现错误或到达文件末尾，则可能小于 nmemb。

函数功能：从 fp 所指向的文件中读取 nmemb 个长度为 size 的数据项，并存入 ptr 所指向的内存中。

例如：内存中有结构体数组 stu，其中包含 10 个元素，每个元素都用来存放学生的信息，文件中存储着 10 个学生对应的数据，要将文件中的数据读取到数组 stu 中，可使用如下形式：

```
fread(stu, sizeof(struct student), 10, fp);
```

也可以表示为：

```
for(i=0; i<10; i++)
    fread(&stn[i], sizeof(struct student), 1, fp);
```

第一条语句的含义为共向文件读取 1 次，每次读 10 个数据块；第二条语句含义为共向文件读取 10 次，每次读 1 个数据块，两种方式意义相同。

2. fwrite()函数

当需要把内存中连续的一串数据输出到文件中，可以使用“fwrite()”函数来实现。

函数原型：

```
unsigned int fwrite(void *ptr, unsigned int size, unsigned int nmemb, FILE *fp);
```

函数参数：第一个参数“ptr”为一个指针，是要输出数据的首地址，第二个参数“size”是输出的每个数据块的字节数，第三个参数“nmemb”为要写入多少个 size 大小的数据项，第四个参数为文件指针。

函数返回值：写入文件的数据项个数。

函数功能：将 ptr 所指向的连续 nmemb 个 size 大小的数据输出到 fp 指向的文件中。

“fread()”和“fwrite()”函数在使用时是以内存中多个字节为单位进行读写，因此这两个函数一般适用于二进制文件的读写，尤其对于数组的操作效率更高。由于数组中数据是连续的存放在内存中，如果一个一个元素的读写，效率较低，而以多条数据(即数据块)为单位读写可以大幅度提高读写速度。

【例 9.6】 从键盘输入 5 个学生的姓名、学号、年龄、家庭住址，并存储到文件中。

```
#include<stdio.h>
#include<stdlib.h>
#define SIZE 5
struct student
{
    char name[10];
    char num[10];
    int age;
    char addr[20];
}stu[SIZE];
void addStudent()
{
    FILE *fp;
    int i;
    if( (fp=fopen("student_list.dat", "wb")) == NULL )
    {
        puts("文件打开失败!\n");
        exit(1);
    }
    for(i=0; i<SIZE; i++)
        if(fwrite(&stu[i], sizeof(struct student), 1, fp)!=1)
            printf("写入文件失败!\n");
    fclose(fp);
```

```
}
int main()
{
    int i;
    printf("姓名\t 学号\t 年龄\t 家庭住址\n");
    for(i=0; i<SIZE; i++)
        scanf("%s%s%d%s", stu[i].name, stu[i].num, &stu[i].age, stu[i].addr);
    addStudent();
    return 0;
}
```

程序运行结果如图 9.7 所示。

```
user@ekwphqrdar-machine:~/Cproject$ gcc 9.6.c
user@ekwphqrdar-machine:~/Cproject$ ./a.out
姓名    学号    年龄    家庭住址
Zhang  21001 18 Dalian
Li 21002 19 Dalian
Zhao 21003 19 Shenyang
Wang 21004 18 Beijing
Liu 21005 18 Tianjin
```

图 9.7　例 9.6 程序运行结果

如图 9.7 所示，依次输入 5 名学生的姓名、学号、年龄、家庭住址，屏幕无结果输出，但输入的数据已存储在 D 盘的“student_list”文件中，可以使用例 9.7 将数据读出，显示在屏幕上。

【例 9.7】 将例 9.6 中文件的数据读出，输出在屏幕上。

```
#include<stdio.h>
#include<stdlib.h>
#define SIZE 5
struct student
{
    char name[10];
    char num[10];
    int age;
    char addr[20];
}stu[SIZE];
int main()
{
    int i;
    FILE *fp;
    if( (fp=fopen("student_list.dat", "rb"))==NULL )
    {
      puts("文件打开失败!\n");
      exit(1);
```

```
    }
    fread(stu, sizeof(struct student), 5, fp);
        for(i=0; i<SIZE; i++)
            printf("%10s%10s%5d%20s\n", stu[i].name, stu[i].num, stu[i].age, stu[i].addr);
    fclose(fp);
    return 0;
}
```

程序运行结果如图 9.8 所示。

```
user@ekwphqrdar-machine:~/Cprojects gcc 9.7.c
user@ekwphqrdar-machine:~/Cprojects ./a.out
     Zhang     21001   18              Dalian
        Li     21002   19              Dalian
      Zhao     21003   19            Shenyang
      Wang     21004   18             Beijing
       Liu     21005   18             Tianjin
```

图 9.8　例 9.7 程序运行结果

9.4　文件定位

文件的读取位置是通过位置指针获取的，当按顺序依次读取文件中的字符时，文件指针将会自动向后移动一个字符的位置。但很多时候需要强制将指针转移到文件的某个指定处，这就需要使用到文件的定位功能。

9.4.1　fseek()函数

“fseek()”函数可以随意更改文件的位置指针。

函数原型：

```
int fseek(FILE *fp, long int offset, int from);
```

函数参数：“fp”为文件指针，“offse”为移动的字节数，类型数据为 long，用常量表示时，要求加后缀“L”。偏移量的计算单位为字节，而且可以为负值，表示从当前位置反方向偏移；“from”表示从哪里开始移动，可选择文件首、当前位置、文件尾 3 种起始点，其值为 0、1、2。ANSI C 指定的常量及含义如表 9.2 所示。

函数返回值：成功返回当前位置；否则返回 -1。

函数功能：将 fp 指向文件的位置指针按照 from 要求移动 offset 个字节。

表 9.2　from 的值及其所表示的位置

from 值	from 的常量	含　义
0	SEEK_SET	相对的偏移量的参照位置为文件首
1	SEEK_CUR	相对的偏移量的参照位置为位置指针的当前位置
2	SEEK_ END	相对的偏移量的参照位置为文件尾

例如：

```
fseek(fp, 10L, SEEK_SET);         //将位置指针移动到离文件首部 10 个字节处
fseek(fp, 10L, 1);                //将位置指针移动到距离当前位置 10 个字节处
fseek(fp, -10L, SEEK_ END);       //将位置指针从文件尾向前移动 10 个字节
```

还可以使用 feek 函数实现将位置指针移动到文件开始或末尾位置，例如

```
fseek(fp, 0L, SEEK_SET);          //移动到文件首
fseek(fp, 0L, SEEK_END);          //移动到文件尾
```

9.4.2 rewind()函数

若希望将文件的位置指针直接重置到文件的开头位置，可使用 rewind()函数。

函数原型：

```
void rewind(FILE *fp);
```

函数参数：文件指针。

函数返回值：无。

函数功能：设置 fp 指向文件的位置指针指向文件的首字节。

9.4.3 ftell()函数

由于文件中的位置指针经常移动，人们往往不清楚当前所指的位置而导致处理数据的错误。使用 ftell()函数可以得到文件位置指针的读写位置，读写位置指的是从文件首到当前位置的字节数。

函数原型：

```
long ftell(FILE *fp) ;
```

函数参数：文件指针。

函数返回值：类型为长整型，读取成功返回值为当前文件的位置指针，失败则为 -1L。

函数功能：获取 fp 指向文件当前的位置指针。

【例 9.8】 将例 9.6 文件中的第 1、3、5 个学生的信息输出到屏幕上。

```
#include<stdio.h>
#include<stdlib.h>
#define SIZE 5
struct student
{
    char name[10];
    char num[10];
    int age;
    char addr[20];
}stu[SIZE];
int main()
{
```

```
    int i;
    FILE *fp;
    if( (fp=fopen("student_list.dat", "rb")) == NULL )
    {
        puts("文件打开失败!\n");
        exit(1);
    }
    for(i=0; i<SIZE; i+=2)
    {
        fseek(fp, i*sizeof(struct student), 0);
        fread(&stu[i], sizeof(struct student), 1, fp);
        printf("%10s%10s%5d%20s\n", stu[i].name, stu[i].num, stu[i].age, stu[i].addr);
    }
    fclose(fp);
    return 0;
}
```

程序运行结果如图 9.9 所示。

```
user@ekwphqrdar-machine:~/Cproject$ gcc 9.8.c
user@ekwphqrdar-machine:~/Cproject$ ./a.out
     Zhang     21001   18              Dalian
      Zhao     21003   19            Shenyang
       Liu     21005   18             Tianjin
```

图 9.9　例 9.8 程序运行结果

本章小结

本章主要介绍了 C 语言中文件的概念、文件操作的步骤及对文件进行处理函数的使用方法。包括对文件的打开、关闭，向文件读/写单个字符、字符串，格式化读/写方式，以固定长度的数据块为单位进行读/写，以及文件的定位函数。

习　　题

一、选择题

1. 系统的标准输入文件是指_________。

(A) 硬盘　　(B) 键盘

(C) 软盘　　(D) 显示器

2. 使用绝对路径名访问文件是从_________开始按目录结构访问某个文件。

(A) 当前目录　　(B) 用户主目录

(C) 根目录　　(D) 父目录

3. 下列关于 C 语言数据文件的叙述中正确的是_________。

(A) 文件由数据流形式组成，按数据的存放形式分为二进制文件和文本文件

(B) 文件由 ASCII 码字符序列组成，C 语言只能读/写文本文件

(C) 文件由二进制数据序列组成，C 语言只能读写二进制文件

(D) 文件由记录序列组成，可按数据的存放形式分为二进制文件和文本文件

4. 关于二进制文件和文本文件描述正确的为_________。

(A) 文本文件把每一个字节放成一个 ASCII 代码的形式，只能存放字符或字符串数据

(B) 二进制文件把内存中的数据按其在内存中的存储形式原样输出到磁盘上存放

(C) 二进制文件可以节省外存空间和转换时间，不能存放字符形式的数据

(D) 一般中间结果数据需要暂时保存在外存上，以后又需要输入到内存的，常用文本文件保存

5. 利用 fopen (fname, mode)函数实现的操作不正确的为_________。

(A) 正常返回被打开文件的文件指针，若执行 fopen 函数时发生错误则函数返回 NULL

(B) 若找不到由 fname 指定的相应文件，则按指定的名字建立一个新文件

(C) 若找不到由 fname 指定的相应文件，且 mode 规定按读方式打开文件则产生错误

(D) 为 fname 指定的相应文件开辟一个缓冲区，调用操作系统提供的打开或建立新文件功能

6. 若执行 fopen 函数时发生错误，则函数的返回值是_________。

(A) 0　　(B) 1

(C) 地址值　　(D) NULL

7. 若以“a+”方式打开一个已存在的文件，则以下叙述正确的是_________。

(A) 其他各项说法皆不正确

(B) 文件打开时，原有文件内容不被删除，位置指针移到文件末尾，可作添加和读操作

(C) 文件打开时，原有文件内容被删除，只可作写操作

(D) 文件打开时，原有文件内容不被删除，位置指针移到文件开头，可作重写和读操作

8. 当顺利执行了文件关闭操作时，fclose 函数的返回值是_________。

(A) 1　　(B) TRUE

(C) -1　　(D) 0

9. 以下叙述中错误的是_________。

(A) 不可以用 FILE 定义指向二进制文件的文件指针

(B) 如果关闭文件出错，返回值为非零值

(C) 在程序结束时，应当用 fclose()函数关闭已打开的文件

(D) 使用 fclose()函数会在关闭文件前把缓冲区的内容写到文件中

10. fgetc()函数的作用是从指定文件读入一个字符，该文件的打开方式必须是_________。

(A) 只写　　(B) 追加

(C) 读或读/写　　(D) 答案 B 和 C 都正确

11. 若调用 fputc 函数输出字符成功，则其返回值是_________。

(A) EOF　　(B) 0

(C) 输出的字符　　　　　　(D) 1

12．阅读以下程序及对程序功能的描述，其中正确的描述是________。

```
#include <stdio.h>
#include <stdlib.h>
int main()
{
    FILE * in, * out;
    char infile[10], outfile[10];
    printf("Enter the infile name:\n");
    scanf("%s", infile);
    printf("Enter the outfile name:\n");
    scanf("%s", outfile);
    if ((in=fopen(infile, "r"))==NULL)
    {
        printf("cannot open infile\n");
        exit(0);
    }
    if((out=fopen(outfile, "w"))==NULL)
    {
        printf("cannot open outfile\n");
        exit(0);
    }
    while (!feof(in))
        fputc(fgetc(in), out);
    fclose(in);
    fclose(out);
    return 0;
}
```

(A) 程序实现将两个磁盘文件合并，并且在屏幕上输出的功能
(B) 程序实现将两个磁盘文件合二为一的功能
(C) 程序实现将磁盘文件的信息在屏幕上显示的功能
(D) 程序实现将一个磁盘文件复制到另一个磁盘文件中的功能

13. 有如下程序：

```
#include <stdio.h>
int main()
{
    FILE *fp=fopen("file1.txt", "r");
    char str[10];
    fgets(str, 10, fp);
```

```
        puts(str);
        return 0;
    }
```

文件 file1.txt 中内容如下，程序运行结果为________。

```
1234567
1234
```

(A) 1234　　(B) 123456712

(C) 1234567123　　(D) 1234567

14. 以下程序的功能是________。

```
#include <stdio.h>
int main()
{
    FILE *fp;
    char str[]="Beijing 2022";
    fp=fopen("file2.txt", "w");
    fputs(str, fp);
    fclose(fp);
    return 0;
}
```

(A) 在屏幕上显示“Beijing 2022”

(B) 把“Beijing 2022”存入 file2.txt 文件中

(C) 在打印机上打印出“Beijing 2022”

(D) 以上都不对

15. 有如下程序：

```
#include<stdio.h>
int main()
{
    FILE *fp1;
    fp1=fopen("f1.txt", "w");
    fprintf(fp1, "%s", "abc");
    fclose(fp1);
    return 0;
}
```

若文本文件 f1.txt 中原有内容为：good，则运行以上程序后文件 f1.txt 中的内容为_____。

(A) abcgood　　(B) abcd

(C) goodabc　　(D) abc

16. 有以下程序：

```
#include<stdio.h>
int main()
```

```
{
    FILE *fp;
    int i=20, j=30, k, n;
    fp=fopen("d1.dat", "w");
    fprintf(fp, "%d\n", i);
    fprintf(fp, "%d\n", j);
    fclose(fp);
    fp=fopen("d1.dat", "r");
    fscanf(fp, "%d%d", &k, &n);
    printf("%d %d\n", k, n);
    fclose(fp);
    return 0;
}
```

程序运行后的输出结果是_________。

(A) 20 50　　(B) 30 20

(C) 20 30　　(D) 30 50

17. 已知函数的调用形式："fread(buffer, size, count, fp);"，其中 buffer 代表的是_____。

(A) 一个存储区，存放要读的数据项

(B) 一个文件指针，指向要读的文件

(C) 一个整型变量，代表要读入的数据项总数

(D) 一个指针，指向要读入数据的存放地址

18. 已知定义：

```
struct stu
{
    char name[20];
    char id[10];
    int score;
}classmate[30];
FILE *fp;
```

假设文件已经以写模式打开，则将 5 名学生的基本信息写入文件的语句不正确的是_________。

(A)
```
for(i=0; i<5; i++)
    fwrite(&classmate[i], sizeof(struct stu), 1, fp);
```

(B)
```
for(i=0; i<5; i++)
    fwrite(classmate +i, sizeof(struct stu), 1, fp);
```

(C)
```
fwrite(classmate, sizeof(struct stu), 5, fp);
```

(D)
```
for(i=0; i<5; i++)
    fwrite(classmate[i], sizeof(struct stu), 1, fp);
```

19. fseek 函数的正确调用形式是_________。

(A) fseek(fp, 位移量, 起始点);

(B) fseek(位移量, 起始点, fp);

(C) fseek(文件类型指针, 起始点, 位移量);

(D) fseek(起始点, 位移量, 文件类型指针);

20. 函数调用语句“fseek(fp, -20L, 2);”的含义是_________。

(A) 将文件位置指针移动到离当前位置 20 个字节处

(B) 将文件位置指针从当前指针位置向后移动 20 个字节

(C) 将文件位置指针移到距离文件头 20 个字节处

(D) 将文件位置指针从文件末尾处向后退 20 个字节

21. 利用 fseek 函数可实现的操作是_________。

(A) 改变文件的位置指针

(B) 文件的随机读/写

(C) 文件的顺序读/写

(D) 以上答案均正确

22. 函数 rewind 的作用是_________。

(A) 使位置指针自动移至下一个字符的位置

(B) 使位置指针重新返回文件的开头

(C) 使位置指针指向文件的末尾

(D) 将位置指针指向文件中所要求的特定位置

23. 以下可以实现将位置指针指向文件开头的语句是_________。

(A) fseek(fp, 0L, SEEK_END);　　(B) fseek(fp, 0L, SEEK_CUR);

(C) rewind(fp);　　(D) fseek(fp, 10L, SEEK_SET);

24. 函数 ftell()的作用是_________。

(A) 其他答案均正确　　(B) 得到流式文件中的当前位置

(C) 初始化流式文件的位置指针　　(D) 移动流式文件的位置指针

25. 函数 ftell()读取正确，则返回值为_________。

(A) −1L　　(B) 0

(C) 当前位置指针　　(D) 1

二、填空题

1. 通常把键盘称为标准输入文件，scanf()函数从_________文件获取输入数据。

2. 文件路径分为_________和相对路径两种。

3. 根据数据的组成形式，C 中将文件分为_________和二进制文件两种类型。

4. 数字“8”存储在文本文件中的存储形式为_________ (十进制)。

5. 若要以可读可写的形式打开一个已存在的二进制文件，需要使用的打开方式为_________。

6. 以只读形式打开名为“file.txt”的文件，语句为_______________。

7. 若要将已打开的文件关闭，写出语句(文件指针名为 fp)______________。

8. 文件正常关闭时，fclose()函数返回值为______________。

9. feof(fp)函数用来判断文件是否结束，如果遇到文件结束，函数值为非零值，否则为____________。

10. 下面程序用变量 count 统计文件中字符的个数。请在空格处填入适当内容，以确保代码能正确编译执行。

```
#include<stdio.h>
#include<stdlib.h>
int main()
{
    FILE *fp;
    long count=0;
    if ((fp=fopen("letter.dat", "r"))==NULL)
    {
        printf("cannot open infile\n");
        exit(1);
    }
    while (!feof(fp))
    {
        ____________
        count++;
    }
    printf("count=%ld\n", count);
    fclose(fp);
    return 0;
}
```

11. 函数调用语句"fgets(buf, n, fp);"从 fp 指向的文件中读入__________个字符放到 buf 字符数组中。

12. 已有文本文件 test.txt，其中的内容为"Hello, everyone!"。以下程序中，文件 test.txt 已正确为"读"而打开，由文件指针 fr 指向该文件，则程序的输出结果是__________。

```
#include <stdio.h>
int main()
{
    FILE *fr; char str[40];
    fr=fopen("test.txt", "w");
    fgets(str, 5, fr);
    printf("%s\n", str);
    fclose(fr);
    return 0;
}
```

13. 以下程序中用户由键盘输入一个文件名，然后输入一串字符(用#结束输入)存放到此文件中，并将字符的个数写到文件尾部，补全程序中的空缺。

```
#include<stdio.h>
#include<stdlib.h>
int main()
{
    FILE *fp;
    char ch, fname[32];
    int count=0;
    printf("Input the filename:");
    scanf("%s", fname);
    if((fp=fopen(fname, "w+"))==NULL)
    {
        printf("Can't open file : %s \n", fname);
        exit(0);
    }
    getchar();
    printf("Enter data:");
    while((ch=getchar())!='#')
    {
        fputc(ch, fp);
        count++;
    }
    fprintf(fp, "\n%d\n", __________);
    fclose(fp);
    return 0;
}
```

14. 若要使用 fprintf()函数实现向屏幕输出数据的功能，需要将__________作为标准输出文件。

15. 下面程序从一个二进制文件中读入结构体数据，并把结构体数据显示在终端屏幕上，在空格处填入适当内容。

```
#include<stdio.h>
struct rec
{
    int num;
    float total;
};
void reout(________)
{
    struct rec r;
```

```
    while (!feof(f))
    {
        fread(&r, sizeof(struct rec), 1, f);
        printf("%d, %f\n", r.num, r.total);
    }
}
int main()
{
    FILE *f;
    f=fopen("bin.dat", "rb");
    reout(f);
    fclose(f);
    return 0;
}
```

16. 以下程序的功能是输入 4 名学生的姓名、学号、年龄及住址并存入磁盘文件。在空格处填入适当内容。

```
#include<stdio.h>
#include<stdlib.h>
#define SIZE 4
struct student_type
{
    char name[10];
    int num;
    int age;
    char addr[15];
}stud[SIZE];
void save()
{
    FILE *fp;
    int i;
    if((fp=fopen("stu_list.txt", "w"))==NULL)
    {
        printf("cannot open infile\n");
        exit(1);
    }
    for(i=0; i<SIZE; i++)
    if(fwrite(&stud[i], sizeof(struct student_type), 1, fp)!=1)
        printf("file write error\n");
    fclose(fp);
```

```
}
int main()
{
    int i;
    for(i=0; i<SIZE; i++)
        scanf("%s, %d, %d, %s", stud[i].name, __________, &stud[i].age, stud[i].addr);
    save();
    return 0;
}
```

17. 设有以下结构体类型：

```
struct st
{
    char name[8];
    int num;
    float s[4];
}student[50];
```

并且结构体数组 student 中的元素都已有值，若要将这些元素写到硬盘文件 fp 中，将以下 fwrite 语句补充完整。

```
fwrite(student, 50*sizeof(struct st), _______, fp);
```

18. 利用 fseek()函数可以实现文件的 ________读写操作。

19. 将文件指针移动到文件末尾，可以使用“fseek(fp, ____, SEEK_END); ”。

20. 将文件指针移动到文件首部，可使用“_________(fp); ”语句。

21. 有下面程序，要实现在文件中输入“abc”字符串后，将第一个字符改为“c”，将程序补充完整。

```
#include<stdio.h>
#include<stdlib.h>
int main()
{
    FILE *fp1;
    if((fp1=fopen("a1.txt", "w+"))==NULL)
    {
        printf("can not open file\n");
        exit(1);
    }
    fputs("abc", fp1);
    rewind(fp1);
    __________________;
    fputs("c", fp1);
    fclose(fp1);
```

```
    }
```

22. 假设以下程序执行前文件 gg.txt 的内容为“sample”，程序运行后的结果是_____。

```
    #include <stdio.h>
    int main()
    {
        FILE *fp;
        long position;
        fp=fopen("gg.txt", "a");
        position=ftell(fp);
        printf("position=%ld, ", position);
        fprintf(fp, "sample data\n");
        position=ftell(fp);
        printf("position=%ld", position);
        fclose(fp);
        return 0;
    }
```

23. 若读取位置指针失败，ftell()函数的返回值为_________。

三、程序设计题

1. 从键盘输入一个字符串将其中所有小写字母转换为大写字母后，输出到文件“a1.txt”中，再将文件中的内容读出，输出到屏幕上。(输入字符串以“！”结束，字符串长度不超过 100。)

2. 已有两个磁盘文件，每个文件中各存放了一行字母，要求把这两个文件中的信息合并，并将字符按照字母顺序排列，将结果存放到另一文件中。

3. 从键盘输入 *n* 名学生的信息，包括姓名以及数学、英语、物理三门课程成绩，并按照总分由高到低进行排序，将排好序的学生数据存放到文件“sort.txt”文件中。

4. 文件“info.txt”中有 *n* 名职工的信息，包括职工号、姓名、部门(A、B、C)、工资(2 位小数)，输出第 m 条职工的信息(各信息之间用空格隔开)。

附录 1　常用字符与 ASCII 码对照表

信息在计算机上是用二进制表示的，这种表示法不够直观。因此，计算机上都配有输入和输出设备，其主要目的是将信息在这些设备上显示出来方便人们阅读理解。为保证人和设备、设备和计算机之间能进行正确的信息交换，人们编制了统一的信息交换代码，这就是 ASCII 码表(美国信息交换标准代码)，如表 F1.1 所示。

表 F1.1　ASCII 码对照表

ASCII 码值	控制字符	ASCII 码值	控制字符	ASCII 码值	控制字符	ASCII 码值	控制字符	ASCII 码值	控制字符
0	NUL	27	ESC	54	6	81	Q	108	l
1	SOH	28	FS	55	7	82	R	109	m
2	STX	29	GS	56	8	83	X	110	n
3	ETX	30	RS	57	9	84	T	111	o
4	EOT	31	US	58	:	85	U	112	p
5	ENQ	32	(space)	59	;	86	V	113	q
6	ACK	33	!	60	<	87	W	114	r
7	BEL	34	″	61	=	88	X	115	s
8	BS	35	#	62	>	89	Y	116	t
9	HT	36	$	63	?	90	Z	117	u
10	LF	37	%	64	@	91	[	118	v
11	VT	38	&	65	A	92	/	119	w
12	FF	39	'	66	B	93	]	120	x
13	CR	40	(	67	C	94	^	121	y
14	SO	41	)	68	D	95	—	122	z
15	SI	42	*	69	E	96	、	123	{
16	DLE	43	+	70	F	97	a	124	|
17	DC1	44	,	71	G	98	b	125	}
18	DC2	45	-	72	H	99	c	126	~
19	DC3	46	.	73	I	100	d	127	DEL
20	DC4	47	/	74	J	101	e		
21	NAK	48	0	75	K	102	f		
22	SYN	49	1	76	L	103	g		
23	ETB	50	2	77	M	104	h		
24	CAN	51	3	78	N	105	i		
25	EM	52	4	79	O	106	j		
26	SUB	53	5	80	P	107	k		

ASCII表中的0～31为控制字符；32～126为打印字符；127为Delete(删除)命令。控制字符在相应环境下默认完成的功能如表F1.2所示。

表F1.2　控制字符的功能

NUL	空	VT	垂直制表	SYN	空转同步
SOH	标题开始	FF	走纸控制	ETB	信息组传送结束
STX	正文开始	CR	回车	CAN	作废
ETX	正文结束	SO	移位输出	EM	纸尽
EOY	传输结束	SI	移位输入	SUB	换置
ENQ	询问字符	DLE	空格	ESC	换码
ACK	承认	DC1	设备控制1	FS	文字分隔符
BEL	报警	DC2	设备控制2	GS	组分隔符
BS	退一格	DC3	设备控制3	RS	记录分隔符
HT	横向列表	DC4	设备控制4	US	单元分隔符
LF	换行	NAK	否定	DEL	删除

附录2　运算符的优先级和结合性总表

表 F2.1　运算符的优先级和结合性总表

优先级	运算符	含　义	结合性
1	( )	括号(函数调用等)	由左向右
	[ ]	数组下标	
	->	结构成员访问	
	.	结构成员访问	
2	!	逻辑非否定	由右向左
	~	位非运算	
	+	正号	
	−	负号	
	*	间接访问	
	&	取变量地址	
	++	自加	
	−−	自减	
	(类型)	强制类型转换	
	sizeof	取数据或类型字节数	
3	*	乘法运算	由左向右
	/	除法运算	
	%	求余运算	
4	+	加法运算	由左向右
	−	减法运算	
5	<<	位运算左移	由左向右
	>>	位运算右移	
6	<	关系运算小于	由左向右
	<=	关系运算小于等于	
	>	关系运算大于	
	>=	关系运算大于等于	
7	==	关系运算等于	由左向右
	!=	关系运算不等于	

续表

优先级	运算符	含　义	结合性
8	&	按位与	由左向右
9	^	按位异或	由左向右
10	|	按位或	由左向右
11	&&	逻辑与运算	由左向右
12	||	逻辑或运算	由左向右
13	?　:	条件运算(三目)	从右向左
14	=, op=	赋值，复合赋值	从右向左
15	,	逗号运算	由左向右

附录 3　C 常用库函数

库函数不是 C 语言的一部分，是 C 编译系统提供的一批根据需求编制并供用户使用的一组程序。不同的编译系统所提供的库函数的数目、函数名以及函数功能是不完全相同的。考虑到通用性，本书只列出部分常用库函数。读者在编制程序时可能会用到更多的函数，请查阅有关的库函数手册。

(1) 数学运算相关函数，使用时需包含 math.h 头文件，常用数学函数如表 F3.1 所示。

表 F3.1　数 学 函 数

函数名	函数原型	函数功能	返回值
abs	int abs(int i)	求整型参数 i 的绝对值	计算结果
acos	double acos(double x)	计算 $\cos^{-1}(x)$的值 $-1\leqslant x\leqslant 1$	计算结果
asin	double asin(double x)	计算 $\sin^{-1}(x)$的值 $-1\leqslant x\leqslant 1$	计算结果
atan	double atan(double x)	计算 $\tan^{-1}(x)$的值	计算结果
atan2	double atan2(double x，double y)	计算 $\tan^{-1}(x/y)$的值	计算结果
ceil	double ceil(double x)	求出不小于 x 的最小整数	该整数的双精度实数
cos	double cos(double x)	计算 cos(x)的值 x 的单位为弧度	计算结果
cosh	double cosh(double x)	计算 x 的双曲余弦函数 cosh(x)的值	计算结果
exp	double exp(double x)	求 e^x 的值	计算结果
fabs	double fabs(double x)	求 x 的绝对值	计算结果
floor	double floor(double x)	求出不大于 x 的最大整数	该整数的双精度实数
fmod	double fmod(double x, double y)	求整数 x/y 的余数	返回余数的双精度实数
frexp	double frexp(double val, int *eptr)	把双精度数 val 分解为数字部分(尾数)x 和以 2 为底的指数 n，即 $val = x*2^n$，n 存放在 eptr 指向的变量中	返回数字部分 x $0.5\leqslant x<1$
labs	long labs(long n)	求长整数 n 的绝对值	计算结果
log	double log(double x)	求 $\log_e x$，即 ln x	计算结果
log10	double log10(double x)	求 $\log_{10} x$	计算结果
pow	double pow(double x, double y)	求 xy	计算结果
sin	double sin(double x)	求 sin(x)的值 x 的单位为弧度	计算结果
sinh	double sinh(double x)	计算 x 的双曲正弦函数 sinh(x)的值	计算结果
sqrt	double sqrt(double x)	求 x 的算术根，$x\geqslant 0$	计算结果
tan	double tan(double x)	计算 tan(x)的值 x 的单位为弧度	计算结果
tanh	double tanh(double x)	计算 x 的双曲正切函数 tanh(x)的值	计算结果

(2) 字符函数，使用时需包含 ctype.h 头文件，常用字符处理函数如表 F3.2 所示。

表 F3.2　字符处理函数

函数名	函数原型	函数功能	返回值
isalnum	int isalpha(int ch)	检查 ch 是字母('A'-'Z'，'a'-'z')或数字	是字母或数字返回非 0 值；否则返回 0
isalpha	int isalpha(int ch)	检查 ch 是否为字母	是返回非 0；否则返回 0
isascii	int isascii(int ch)	测试 ch 是否为 ASCII 码字符，也就是判断 ch 的范围是否在 0 到 127 之间	是返回非 0 值；否则返回 0
iscntrl	int iscntrl(int ch)	检查 ch 是否为控制字符(0x00-0x1F 之间的字符，或者等于 0x7F)	是返回非 0 值；否则返回 0
isdigit	int isdigit (int ch)	检查 ch 是否为数字字符('0'-'9')	是返回非 0 值；否则返回 0
islower	int islower(int ch)	检查 ch 是否为小写字母('a'-'z')	是返回非 0 值；否则返回 0
isprint	int isprint(int ch)	检查 ch 是否为可打印字符(含空格)(0x20-0x7E)	是返回非 0 值；否则返回 0
ispunct	int ispunct(int ch)	检查 ch 是否为标点字符(0x00-0x1F)，即除字母数字和空格之外的所有可打印字符	是返回非 0 值；否则返回 0
isspace	int isspace(int ch)	检查 ch 是否为空格(' ')，水平制表符('\t')，回车符('\r')，走纸换行('\f')，垂直制表符('\v')，换行符('\n')	是返回非 0 值；否则返回 0
isupper	int isupper(int ch)	检查 ch 是否为大写字母('A'-'Z')	是返回非 0 值；否则返回 0
isxdigit	Int isxdigit(int ch)	检查 ch 是否为 16 进制数字('0'-'9'，'A'-'F'，'a'-'f')	是返回非 0 值；否则返回 0
tolower	int tolower(int ch)	检查 ch 是否为小写字母('a'-'z')	返回相应的小写字母
toupper	int toupper(int ch)	检查 ch 是否为大写字母('a'-'z')	返回相应的大写字母

(3) 字符串函数，使用时需包含 string.h 头文件，常用字符串处理函数如表 F3.3 所示。

表 F3.3　字符串处理函数

函数名	函数原型	函数功能	返回值
strcpy	char *strcpy(char *str1, char *str2)	将字符串 str2 复制到字符串 str1 中	返回 str1
strncpy	char *strncpy(char *str1, char *str2，unsigned int count)	将字符串 str2 中前最多 count 个字符复制到字符串 str1 中	返回 str1
strlen	unsigned long strlen(char *str)	统计字符串 str 中字符的个数(不包含'\0')	返回字符个数
strcat	vhar *strcat(char *str1, char *str2)	将字符串 str2 连接到字符串 str1 之后	返回 str1
strncat	char *strncat(char *str1, char *str2, unsigned intcount)	字符串 str2 中前最多 count 个字符连接到字符串 str1 之后，并以'\0'结束	返回 str1
strcmp	int strcmp(char *str1, char *str2)	按字典顺序比较两个字符串 str1 和 str2(大小写敏感)	str1<str2，返回负数 str1==str2，返回 0 str1>str2，返回正数
strncmp	int strncmp(char *str1, char *str2，unsigned int count);	按字典顺序比较两个字符串 str1 和 str2 前最多 count 个字符(大小写敏感)	同上
strset	char *strset(char *str, char c)	将字符串 str 中的每个字符都变成字符 c	返回 str
strnset	char *strnset(char *str, char c, unsigned int count)	将字符串 str 中的前 count 个字符都变成字符 c	返回 str
strchr	char *strchr(char *str, char c)	在字符串 str 中查找第一次出现字符 c 的位置	返回该位置的指针；没找到，则返回 NULL
strrchr	char *strrchr(char *str, char c)	从字符串 str 尾反向查找第一次出现字符 c 的位置	同上
strstr	char *strstr (char * str1, char *str2)	找出 str2 字符串在 str1 字符串中第一次出现的位置	同上
strupr	char *strupr (char * str)	将字符串 str 中的小写字母转换为大写字母。此函数非标准 C 的库函数	返回 str
strlwr	char *strlwr(char * str)	将字符串 str 中的大写字母转换为小写字母。此函数非标准 C 的库函数	返回 str

(4) 动态内存分配函数，使用时需包含 alloc.h 头文件，常用动态内存分配函数如表 F3.4 所示。

表 F3.4 动态内存分配函数

函数名	函数原型	函数功能	返回值
calloc	void *calloc(unsigned n, unsigned size)	分配 n 个数据项的内存连续空间，每项大小为 size 字节	成功，返回分配的内存单元的起始地址；否则，返回 NULL
free	void free(void *p)	释放 p 所指的内存区	无
malloc	void *malloc(unsigned size)	分配 size 字节的存储区	成功，返回分配的内存单元的起始地址；否则，返回 NULL
realloc	void *realloc(void *p, unsigned size)	将 p 所指向的已经分配的存储区域的大小改为 size 字节	返回指向该内存区的指针

(5) 内存操作函数，使用时需包含 mem.h 头文件，常用内存操作函数如表 F3.5 所示。

表 F3.5 内存操作函数

函数名	函数原型	函数功能	返回值
memcpy	void *memcpy(void *to, void *from, unsigned int count)	从 from 指向的内存区向 to 指向的内存区复制 count 个字节；如果两内存区重叠，不定义该内存区的行为	返回指向 to 的指针
memset	void *memset(void *buf, int ch, unsigned int count)	把 ch 的低字节复制到 buf 指向的内存区的前 count 个字节处，常用于把某个内存区域初始化为已知值	返回 buf 指针
memmove	void *memcpy(void *to, void *from, unsigned int count)	从 from 指向的内存区间 to 指向的内存区间复制 count 个字节；如果两内存区间重叠，则复制仍进行，但把内容放入 to 后修改 from	返回指向 to 的指针
memcmp	int memcmp(void *buf1, void *buf2, unsigned int count)	比较 buf1 和 buf2 指向的内存区前 count 个字节信息	buf1＜buf2，返回负数；buf1=buf2，返回 0；buf1＞buf2，返回正数

(6) 缓冲文件系统的输入/输出函数，如表 F3.6 所示，使用时需包含 stdio.h 头文件。

表 F3.6　缓冲文件系统的输入/输出函数

函数名	函数原型	函数功能	返回值
fclose	int fclose(FILE *fp)	关闭 fp 所指的文件，释放文件缓冲区	成功返回 0，否则返回非 0
feof	int feof(FILE *fp)	检查文件是否结束	遇到文件结束符返回非 0 值，否则返回 0
ferror	int ferror(FILE *fp)	检查 fp 所指向的文件中的错误	无错时返回 0，有错时返回非 0
fflush	int fflush(FILE *fp)	如果 fp 所指向的文件是“写打开”的，则将输出缓冲区中的内容物理地写入文件；若文件是“读打开”的，则清除输入缓冲区的内容。在这两种情况下，文件维持打开不变	成功，返回 0；出现写错误，返回 EOF
fgetc	int fgetc(FILE *fp)	从 fp 所指向的文件中取得下一个字符	返回所得到的字符；若读入出错，返回 EOF
fgetchar	int fgetchar(void)	从标准输入设备中取得下一个字符	返回所得到的字符；若读入出错，返回 EOF
fgets	char *fgets(char *buf, int n, FILE *fp)	从 fp 所指向的文件中读取一个长度为(n-1)的字符串，存入起始地址为 buf 的空间	返回地址 buf，遇到文件出错，返回 NULL
fopen	FILE *fopen(char *filename, char *mode)	以 mode 指定的方式打开名为 filename 的文件	成功，返回一个文件指针，失败则返回 NULL 指针
fprintf	int fprintf(FILE *fp, char *format, srgs,...)	把 args 的值以 format 指定的格式输出到 fp 所制指定的文件中	实际输出的字符数
fputc	int fputc(int ch, FILE *fp)	将字符 ch 输出到 fp 指向的文件中	成功，返回该字符；否则，返回 EOF
fputchar	int fputchar(int ch)	将字符 ch 输出到标准输出设备上	成功，返回该字符；否则，返回 EOF

续表一

函数名	函数原型	函数功能	返回值
fputs	int fputs(char *str, FILE *fp)	将 str 指向的字符串输出到 fp 指定的文件	成功，返回 0；若出错返回非 0
fread	int fread(char *pt, unsigned int size, unsigned int n, FILE *fp)	从 fp 所指定的文件中读取大小为 size 的 n 个数据项，存到 pt 所指向的内存区	已经输入的数据个数
fscanf	int fscanf(FILE *fp, char *format, args,...)	从 fp 所指向的文件中按 format 给定的格式将输入数据送到指针 args 所指向的内存单元	成功，返回当前位置；否则返回 1
fseek	int fseek(FILE *fp, long int offset, int base)	将 fp 所指向的文件的位置指针移到以 base 所指出的位置为在基准、以欧服粉色调味位移量的位置	成功，返回当前位置；否则返回 −1
ftell	long tell(FILE* fp)	返回 fp 所指向的文件中的度读写位置	返回读写位置
fwrite	unsigned int fwrite (char *ptr, unsigned int size, unsigned int n, FILE *fp)	把 ptr 所指向的 n × size 个字节写到 fp 所指向的文件中	写到 fp 文件中的数据项的个数
getc	int getc(FILE *fp)	从 fp 所指向的文件中读入一个字符	返回所读的字符，若文件结束或出错，则返回 EOF
getchar	int getchar()	从标准输入设备读取并返回下一个字符(以回车结束)	返回所读的字符，若文件结束或出错，则返回-1
gets	char *gets(char *str)	从标准输入设备读入字符串，放到 str 指定的字符数组中，一直读到接收新行符或 EOF 为止，新行符不作为读入串的内容，变成'\0'作为该字符串的结束	成功，返回 str 指针；失败则返回 NULL 指针
printf	int printf (char *format, args,...)	将输出列表列 args 的值按 format 规定的格式输出到标准输出设备	输出字符的个数；若出错则返回负数

续表二

函数名	函数原型	函数功能	返回值
putc	int putc(int ch, FILE *fp)	把一个字符 ch 输出到 fp 所指向的文件中	输出字符 ch；若出错，返回 EOF
putchar	int putchar(char ch)	把字符 ch 输出到标准输出设备	输出字符 ch；若出错，返回 EOF
puts	int puts(const char *str)	把 str 所指向的字符串输出到标准输出设备，将'\0'转换成为回车换行	输出字符 ch；若出错，返回 EOF
rename	int rename(char *oldname, char *newname)	把 oldname 所指向的文件名改为由 newname 所指向的文件名	成功返回 0；出错返回 1
rewind	void rewind(FILE *fp)	将 fp 指示的文件中的位置指针置于文件开头位置，并清除文件结束标志	无
scanf	int scanf(const char *format, args,...)	从标准输入设备按 format 指向的字符串规定的格式，输出数据给 args 所指向的单元	读入并赋给 args 的数据个数。出错返回 0

(7) 数据类型转换函数，如表 F3.7 所示，使用时需包含 stdlib.h 头文件。

表 F3.7　数据类型转换函数

函数名	函数原型	函数功能	返回值
atof	double atof(char *str)	把字符串 str 转换成双精度浮点值。串中必须含有合法的浮点数，否则返回值无定义	返回转换后的双精度浮点值
atoi	int atoi(char *str)	把字符串 str 转换成整型值。串中必须含有合法的整型数，否则返回值无定义	返回转换后的整型值
atol	int atol(char *str)	把字符串 str 转换成长整型值。串中必须含有合法的长整型数，否则返回值无定义	返回转换后的长整型值
itoa	char *itoa(int value, char *str, int radix)	将整型 value 转换成用 radix 进制表示的字符串 str。进制 radix 必须在 21～36 之间	指向 str 的指针
ltoa	char *ltoa(long value,char *str,int radix)	将长整型 value 转换成用 radix 进制表示的字符串 str。进制 radix 必须在 21～36 之间	指向 str 的指针
ultoa	char *ultoa(unsigned long value, char *str, int radix)	将无符号长整型 value 转换成 radix 进制表示的字符串 str。进制 radix 必须在 21～36 之间	指向 str 的指针

(8) 其他常用函数，如表 F3.8 所示，使用时需包含 stdio.h 头文件

表 F3.8　其他常用函数

函数名	函数原型	函数功能	返回值
sprintf	int sprintf(char *str, char *format,args,...)	将输出列表列 args 的值按 format 规定的格式输出到字符串 str 中	输出字符的个数；若出错返回负数
sscanf	int sscanf(char *str, char *format,args,...)	从字符串 str 中按 format 规定的格式将输入数据送到 args 所指向的内存单元(args 是指针)	已输入的数据个数
getch	int getch(void)	从控制台取得一个字符，无回显	返回所读字符
getche	int getche(void)	从控制台取得一个字符，回显	返回所读字符
exit	void exit(int code)	执行该函数时，程序立即正常终止，清空和关闭任何打开的文件。程序正常退出状态由 code 等于 0 或 EXIT_SUCCESS 表示，非 0 值或 EXIT_FAILURE 表示错误	无
rand	int rand(void)	产生 0 到 RAND_MAX 之间的随机数，RAND_MAX 至少是 32767	返回随机数
srand	void srand(unsigned int seed)	为 rand 函数生成的伪随机数序列设置起点种子值	无
random	int random(int num)	产生 0 到 num 之间的随机数	返回随机数
randomize	void randomize(void)	为 random 函数生成的伪随机数序列设置起点种子值	无

附录 4　关　键　字

C 语言中一共只有 32 个关键字，如下所示：

auto	break	case	char	const	continue
default	do	double	else	enum	extern
float	for	goto	if	int	long
register	return	short	signed	sizeof	static
struct	switch	typedef	union	unsigned	void
volatile	while				

1999 年 12 月 16 日，ISO 推出了 C99 标准，该标准新增了 5 个 C 语言关键字，如下所示：

inline	restrict	_Bool	_Complex	_Imaginary

2011 年 12 月 8 日，ISO 发布 C 语言的新标准 C11，该标准新增了 7 个 C 语言关键字，如下所示：

_Alignas	_Alignof	_Atomic	_Static_assert
_Noreturn	_Thread_local	_Generic	

附录 5　GCC 简单命令汇总

GCC 原名为 GNU C 语言编译器(GNU C Compiler)，只能处理 C 语言。但其很快扩展，变得可处理 C++，后来又扩展为能够支持更多编程语言，如 Fortran、Pascal、Objective -C、Java、Ada、Go 以及各类处理器架构上的汇编语言等，所以改名 GNU 编译器套件(GNU Compiler Collection)。

GCC 的初衷是为 GNU 操作系统专门编写一款编译器，现已被大多数类 UNIX 操作系统(如 Linux、BSD、MacOS X 等)采纳为标准的编译器，甚至在微软的 Windows 上也可以使用 GCC。GCC 支持多种计算机体系结构芯片，如 x86、ARM、MIPS 等，并已被移植到其他多种硬件平台。

在使用 GCC 编译器的时候，必须给出一系列必要的调用参数和文件名称。GCC 编译器的调用参数大约有 100 多个，这里只介绍其中最基本、最常用的参数。具体可参考 GCC 手册。

GCC 最基本的用法是：gcc [options] [filenames]

其中 options 就是编译器所需要的参数，filenames 给出相关的文件名称。

1. 单文件编译

1) 无选项自动编译链接

命令：gcc main.c

作用：将 main.c 预处理、汇编、编译并链接生成可执行文件。默认输出为 a.out。

2) -o(小写)

命令：gcc main.c　-o demo

作用：将 main.c 预处理、汇编、编译并链接生成可执行文件 demo。-o 选项用来指定输出文件的文件名。

3) -E

命令：gcc -E main.c　-o main.i

作用：将 main.c 预处理输出 main.i 文件。只预编译，直接输出预编译结果。

4) -S

命令：gcc -S main.i

作用：将预处理输出文件 main.i 汇编成 main.s 文件。只执行源代码到汇编代码的转换，输出汇编代码。

5) -c

命令：gcc -c main.s

作用：将汇编输出文件 main.s 编译输出 main.o 文件。

6) 无选项链接

命令：gcc main.o -o demo

作用：将编译输出文件 main.o 链接生成最终可执行文件 demo。

7) -O(大写)

命令：gcc -O1 main.c　-o demo

作用：使用编译优化级别1编译程序。级别为1～3，级别越大优化效果越好，编译时间越长。

8) -Wall

命令：gcc -Wall main.c -o main

作用：让所有编译警告都显示出来，执行上面这行命令，如果程序存在问题会得到warning警告。

2. 多文件编译

1) 多个文件一起编译

命令：gcc utils.c main.c -o demo

作用：将utils.c 和main.c 分别编译后链接成demo可执行文件。

2) 分别编译各个源文件，之后对编译后输出的目标文件链接。

命令：

```
gcc -c utils.c        //生成 utils.o
gcc -c main.c      //生成 main.o
gcc -o utils.o main.o -o demo //将 utils.o 和 main.o 链接生成 demo
```

3. 外部库文件依赖链接编译

1) -I(大写)

命令：gcc -c -I /usr/dev/mysql/include main.c　-o main.o

作用：包含mysql驱动库头文件目录，并编译生成目标文件main.o。

2) -L(大写)，-l(小写)

命令：gcc -L /usr/dev/mysql/lib -lmysqlclient main.o -o demo

作用：通过-L指定依赖库目录，并通过-l指定具体依赖库名，链接生成可执行文件。

-l参数就是用来指定程序要链接的库，-l参数紧接着就是库名。

gcc main.c -o main -lm

如果main.c文件里面有使用C语言的数学库那么需要在命令后面加上参数“-lm”。

解释：就拿数学库来说，他的库名是m，他的库文件名是libm.so，很容易看出，把库文件名的头lib和尾.so去掉就是库名了。

3) -static

命令：gcc -L /usr/dev/mysql/lib -static -lmysqlclient main.o -o demo

作用：强制链接是使用静态库链接库，如果在依赖库目录下同时存在libmysqlclient.so和libmysqlclient.a。

附录 6　华为 CloudIDE 操作简介

一、编写基本 C 语言代码

(1) 打开网址 https://www.huaweicloud.com/product/cloudide.html，注册后登录。单击“立即体验”按钮进入 CloudIDE 主界面，如图 F6.1 所示。

图 F6.1　CloudIDE 首页

(2) 单击立即体验按钮进入 CloudIDE 主界面。在主界面中单击“新建实例”按钮，进入创建 IDE 实例界面，如图 F6.2 所示。

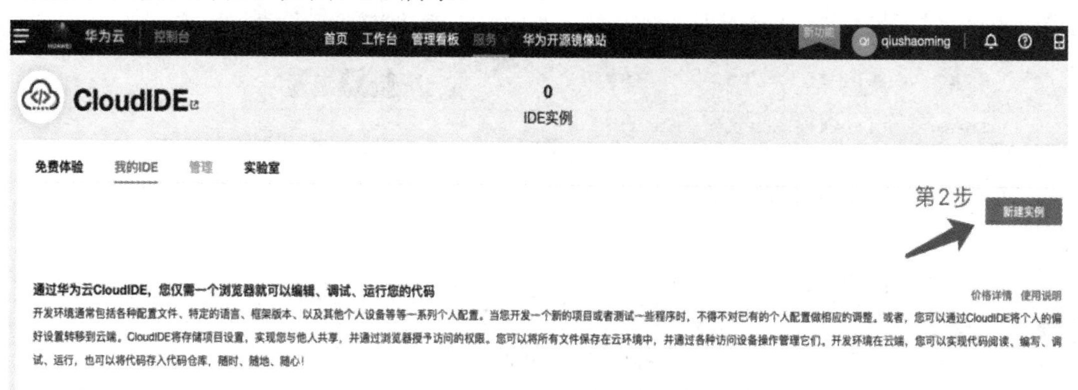

图 F6.2　创建 IDE 实例界面

(3) 在创建 IDE 实例界面中，首先填写基本配置，包括名称、选择技术栈和 CPU 架构，单击“下一步”按钮，进入工程配置界面，如图 F6.3 所示。

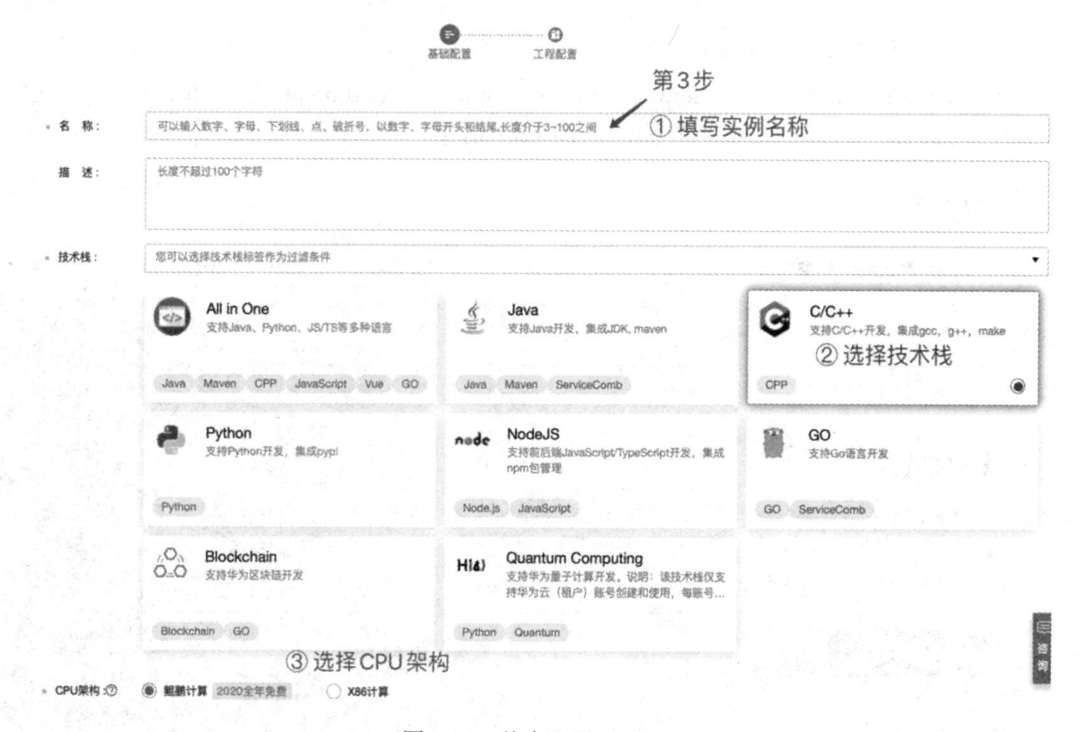

图 F6.3　基本配置界面

(4) 工程配置界面中，选择“样例工程”并填写工程名称后创建简单工程，也可选择“不创建工程”，进入编辑页面再创建工程。单击“确定”按钮，进入工程配置界面，如图 F6.4 所示。

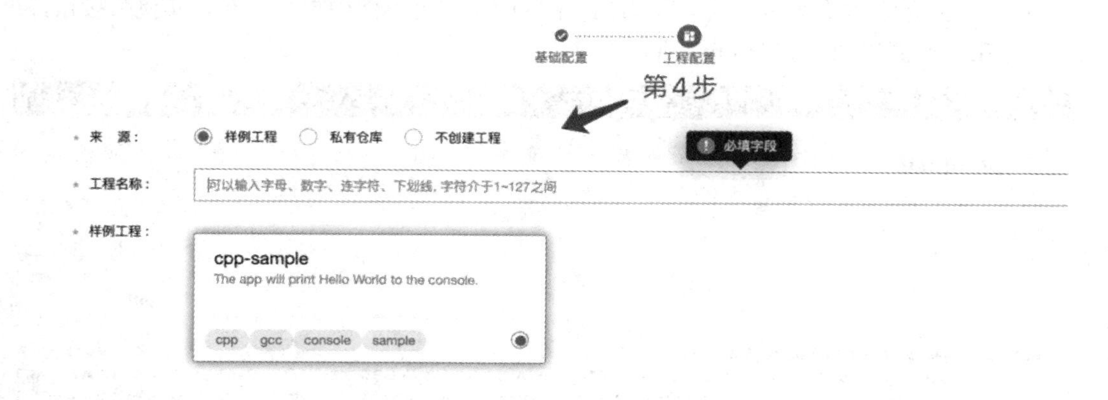

图 F6.4　工程配置界面

(5) 在代码编辑页面，右键点击左侧目录树中的空白处，在弹出菜单中选择新建文件，并给文件名起名，扩展名为 .c，单击确定按钮生成文件，如图 F6.5 所示。

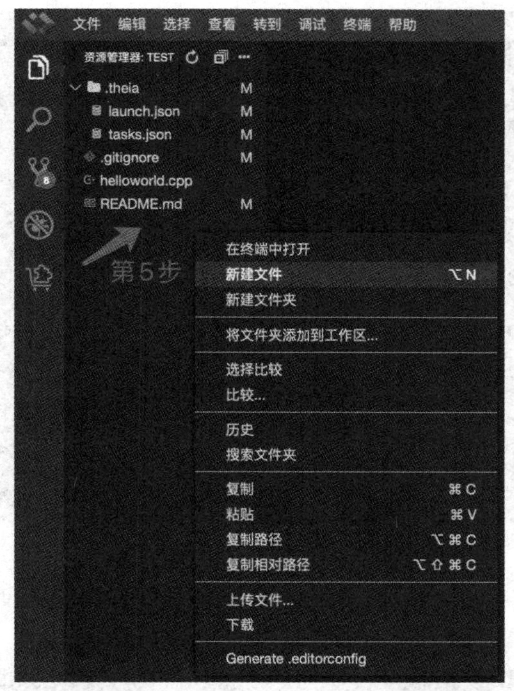

图 F6.5 编辑页面中新建文件

(6) 新建的文件默认是打开状态，可直接编写代码。编写完毕后，在菜单中选择“终端→新建终端”，在打开的终端中输入命令“gcc test.c”后回车(test.c 为第 5 步中新建的文件名)，如无错误提示，表示程序编译成功，并在目录树中可见，生成了一个默认的可执行文件 a.out，如图 F6.6 所示。

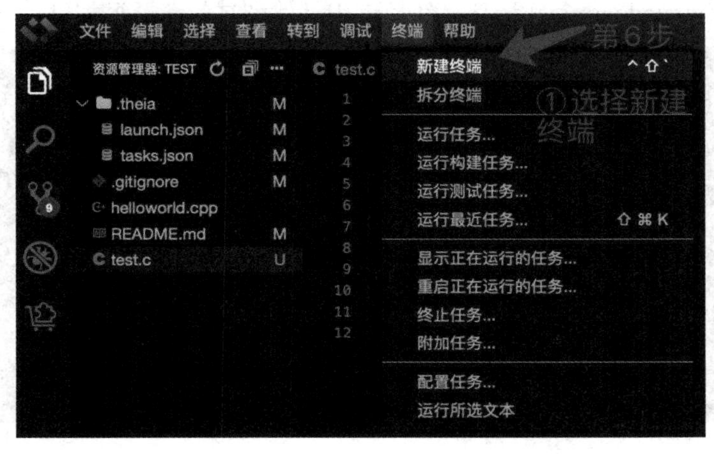

资源管理器: TEST

- .theia　M
  - launch.json　M
  - tasks.json　M
- .gitignore　M
- a.out
- helloworld.cpp
- README.md　M
- test.c　U

```c
#include <stdio.h>
int max(int x,int y)
{
    return x>y?x:y;
}
int main()
{
    int a,b;
    scanf("%d%d",&a,&b);
    printf("%d",max(a,b));
    return 0;
}
```

② 输入编译命令

```
user@h4vafewn1zs-machine:~/test$ gcc test.c
user@h4vafewn1zs-machine:~/test$ 
```

图 F6.6　编写代码并编译

(7) 在终端中输入“./a.out”后回车，运行程序，若有输入数据则直接在终端中输入后即可看到程序运行结果，如图 F6.7 所示。

```
user@h4vafewn1zs-machine:~/test$ gcc test.c
user@h4vafewn1zs-machine:~/test$ ./a.out
36 58
58
user@h4vafewn1zs-machine:~/test$ 
```

图 F6.7　运行程序

二、调试代码

(1) 若想调试程序，需要在编译程序时加入调试参数-o，编译命令为

gcc -o test.o test.c

test.o 是编译后的可执行文件的文件名，此文件名可自定义，test.c 是源代码文件；然后在程序中的某一行的行号前点击一次鼠标，创建断点；最后右键点击代码空白处，选择 Build and Debug Active File(Beta)选项，在弹出的窗口中选择 Integrated Terminal Run program in an integrated terminal 选项，在控制中开始调试的交互过程。如图 F6.8 所示。

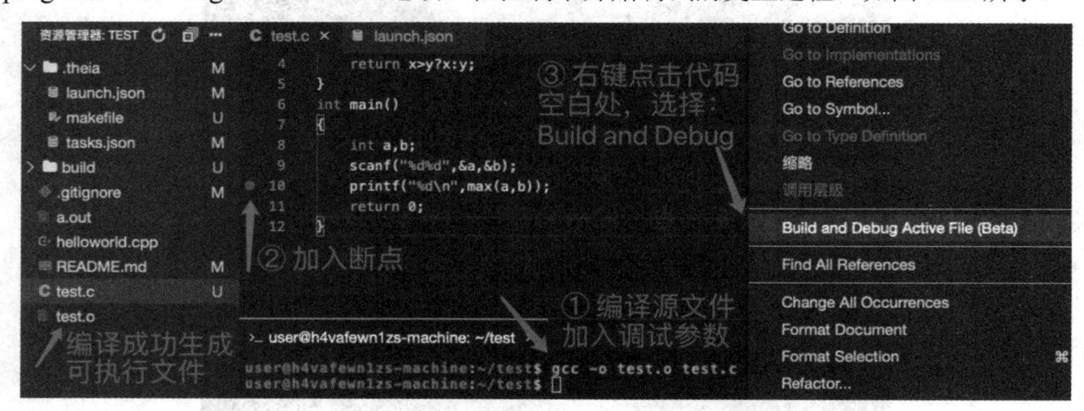

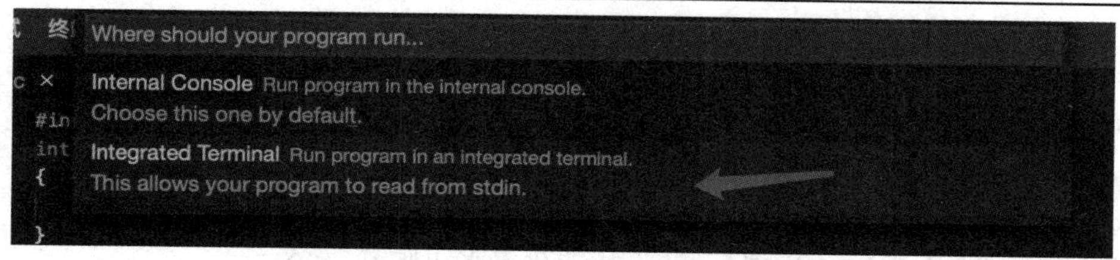

图 F6.8　启动调试

(2) 调试的过程中，当程序运行到断点处即暂停执行，之后需要点击(单步跳过)按钮单独执行。过程中，若想观察某一变量的值，可把鼠标放置在变量上即可。如图 F6.9 所示。

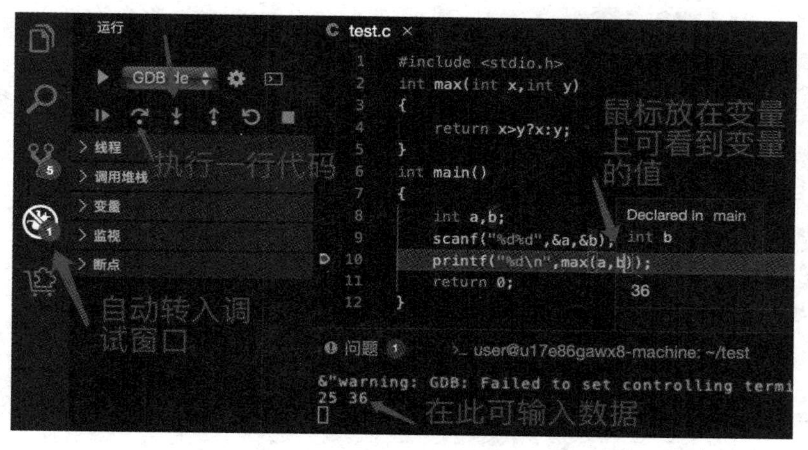

图 F6.9　调试过程

(3) 调试窗口中，为执行当前语句，此按钮将函数调用语句当作一条语句执行，不进入函数体内执行。若需进入函数体内单步调试，则需点击(单步进入)按钮，若需从函数体内跳出，则可点击(单步跳出)按钮；结束调试过程，点击(停止)按钮。可以在监视窗口，点击“+”，添加任意表达式，观察表达式的值。如图 F6.10 所示。

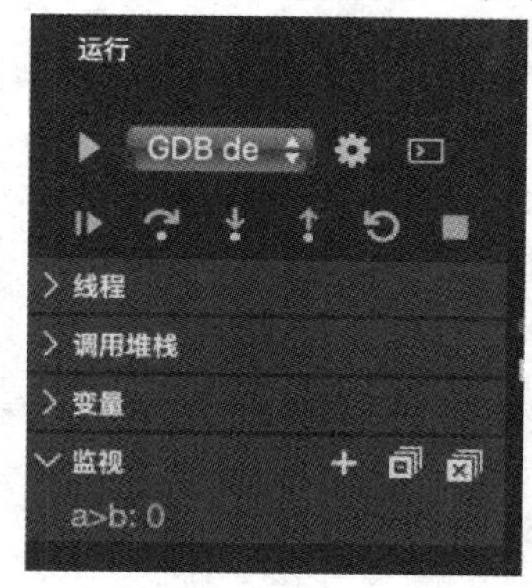

图 F6.10　调试窗口

参 考 文 献

[1] 谭浩强. C程序设计[M]. 5版，北京：清华大学出版社，2017.
[2] 赵晶，于万波. C C++程序设计教程[M]. 北京：清华大学出版社，2010.
[3] 苏小红，孙志岗，陈惠鹏，等. C语言大学实用教程[M]. 4版. 北京：电子工业出版社，2017.